JISUAN LIUTI LIXUE
JIQI YINGYONG

计算流体力学
及其应用

郭栋鹏 著

化学工业出版社

·北京·

内容简介

本书以计算流体力学（CFD）的应用为主线，重点介绍了 CFD 在大气环境领域中应用的基本理论，并用实例对 CFD 在大气环境领域中的应用进行详细验证及分析。本书分上下两篇，共 10 章：上篇为基础篇（第 1 章～第 5 章），主要介绍了计算流体力学的基础知识、湍流模型、控制方程的离散、流场数值计算等；下篇为应用篇（第 6 章～第 10 章），主要介绍了大气边界层与大气扩散、CFD 在大气边界层中应用实例等。

本书具有专业性强、应用范围广的特点，可供航空航天、动力工程、建筑、水利及环境领域的科学研究、管理和设计等从业人员参考，也可供高等学校环境科学与工程、大气科学、气象学、海洋科学与工程及相关专业师生参阅。

图书在版编目（CIP）数据

计算流体力学及其应用/郭栋鹏著.—北京：化学工业
出版社，2020.12（2022.1重印）
ISBN 978-7-122-38306-8

Ⅰ.①计… Ⅱ.①郭… Ⅲ.①计算流体力学-研究
Ⅳ.①O35

中国版本图书馆 CIP 数据核字（2020）第 265448 号

责任编辑：刘兰妹 刘兴春 　　　　　　　装帧设计：韩　飞
责任校对：王　静

出版发行：化学工业出版社（北京市东城区青年湖南街 13 号　邮政编码 100011）
印　　装：北京科印技术咨询服务有限公司数码印刷分部
787mm×1092mm　1/16　印张 14¾　彩插 2　字数 291 千字
2022 年 1 月北京第 1 版第 3 次印刷

购书咨询：010-64518888 　　　　　　　　售后服务：010-64518899
网　　址：http://www.cip.com.cn
凡购买本书，如有缺损质量问题，本社销售中心负责调换。

定　　价：98.00 元 　　　　　　　　　　版权所有　违者必究

前 言

　　流体流动与传热现象广泛存在于自然界与许多工程领域。继理论分析、实验研究之后，计算流体力学（Computational Fluid Dynamics, CFD）已经成为研究流动与传热问题的一种重要技术方法。经过多年的发展，CFD 已成为流体科学领域中一门新兴的独立学科，它建立在理论流体力学与数值计算的基础之上，通过对流动与传热等物理现象进行模拟分析，从而解决各种复杂的流动问题。近年来，随着计算机技术的快速发展，CFD 广泛应用于与流动现象有关的学科及工程领域。

　　CFD 软件最早于 20 世纪 70 年代在美国推出，近几年在我国国内得到广泛应用。CFD 软件在水利、航空、建筑、能源、气象、环境、海洋、流体工程等许多行业得到成功应用，成为解决各种流体流动与传热问题的重要工具。目前，掌握和熟练使用 CFD 成为现代科研人员和工程技术人员从事有关行业工作所需要的一项重要技能；同时，随着各类商用 CFD 软件的广泛应用，考虑各行业发展特点，迫切需要有关介绍 CFD 理论知识与行业应用的参考书。

　　本书以 CFD 的应用为主线，重点介绍了 CFD 在大气环境领域中应用的基本理论，并用实例对 CFD 在大气环境领域中的应用进行详细验证及分析。全书分上下两篇，共 10 章：上篇为基础篇（第 1 章～第 5 章），主要介绍了计算流体力学的基础知识、湍流模型、控制方程的离散、流场数值计算等；下篇为应用篇（第 6 章～第 10 章），主要介绍了大气边界层与大气扩散、CFD 在大气边界层中应用实例等。本书具有专业性强、应用范围广的特点，可供航空航天、动力工程、建筑、水利及环境领域的科研人员、工程技术人员和管理人员参考，也可供高等学校环境科学与工程、大气科学、气象学、海洋科学与工程及相关专业的师生参阅 。

本书由郭栋鹏著。另外，中国辐射防护研究院史学峰副研究员对本书进行了全面审阅，并提出了很多宝贵的意见，太原理工大学黄晓慧参与了本书的编排和校对工作，同时本书得到了中国辐射防护研究院姚仁太研究员的大力支持，化学工业出版社对本书的策划和组织开展了大量工作，在此一并致谢！

　　限于著者水平及时间，书中存在不足和疏漏之处在所难免，敬请读者提出修改建议。

著　者

2020 年 6 月

目 录

上篇　基础篇

第3章 湍流模型   20

下篇 应用篇

第6章 大气边界层与大气扩散 111

基 础 篇

第 1 章

绪　论

　　在整个流体力学学科的发展过程中，逐步形成了理论分析、实验研究和数值计算三种对流体进行研究和分析的方法。理论分析和实验研究方法历史悠久，而数值计算方法伴随着计算机技术的进步和性能的提高，经过数十年的快速发展，已经成为流体力学学科一个独立的学科分支，即计算流体力学（Computational Fluid Dynamics，CFD）。

　　CFD 是建立在现代流体力学与应用数学基础之上的一门新型学科，目前，CFD 已经广泛渗透到各种现代科学的许多相关学科和工程应用之中。

　　本章简要介绍 CFD 的概念和应用。

1.1　流体力学的研究方法

　　理论分析方法是在研究流体运动规律的基础上提出各种简化流动模型，建立各类控制方程并在一定条件下经过推导和运算获得问题的解析解。其优点在于各种影响因素清晰可见，所得结果具有普遍性，是指导实验研究和验证新的数值计算方法的理论基础。但是由于其要求对计算对象进行抽象和简化，才有可能得出理论解，一般只能研究简单流动模型。对于流体运动的非线性情况，所研究问题的数学模型必须经过很大的简化。在这种条件下得到的解析解的适用范围非常有限，而且能够得到解析解的问题也为数不多，远远不能满足工程设计的需要。

　　实验研究方法是研究流动机理、分析流动现象、探讨流动新概念，推动流体力学发展的主要研究手段，是获得和验证流动新现象的主要方法，是理论分析和数值方法的基础。其优点是可以借助各种先进仪器设备，给出多种复杂流动的准确、可靠的观测结果，实验结果真实可信，其重要性不容低估。然而，实验常受到模型尺寸、流场扰动、人身安全和测量精度的限制，有时甚至很难通过实验方法得到结果。此外，实验还会遇到经费投入、人力和物力的巨大耗费及周期长等困难。

　　CFD 方法弥补了理论分析和实验研究方法的不足。由于描述流动问题的控制方程一般呈非线性，其自变量多，计算域的几何形状和边界条件十分复杂，很难求得解析解。而采用CFD技术在计算机上实现一个特定的数值模拟计算，就像在计算机上做一次物理实验，可以形象地再现流动情景。其优点是可以选择不同的流动参数进行各种数值实验实现多方案比较，并且不受物理模型和实验模型的限制，具有较好的灵活性，省时省钱，非常经济，还可模拟特殊条件和实验中只能接近而无法达到的理想条件。但是，CFD得到的结果是某一特定流体运动区域内，在特定边界条件和参数的特定取值下的离散数值解。因而，无法预知参数变化对于流体的影响和流场的精确分布情况。因此，它提供的信息不如解析解详尽、完整。

CFD采用数值计算方法求解流体力学控制方程，并通过计算机数值计算和图像显示，得到流场参数在（时间、空间）离散点处的数值，以此预测流体运动规律。CFD的基本思想是：把原来在时间域及空间域上连续的物理量场，如速度场和压力场，用一系列有限个离散点上的变量值的集合来代替，通过一定的原则和方式对流动方程进行离散，建立起关于这些离散点上场变量之间关系的代数方程组，然后求解代数方程组获得场变量的近似值。

CFD可以看作是在流动基本方程（质量守恒方程、动量守恒方程、能量守恒方程）控制下对流动的数值模拟。通过这种数值模拟，可以得到极其复杂问题的流场内各个位置上的基本物理量（如速度、压力、温度、浓度等）的分布，以及这些物理量随时间的变化情况。此外，CFD还可与计算机辅助设计（CAD）联合，进行结构优化设计等。

CFD方法与传统的理论分析方法、实验研究方法组成了研究流体流动问题的完整体系，CFD有助于对理论分析和实验研究的结果进行解释和说明，但理论分析和实验研究一直是研究流体问题不可或缺、不可替代的。理论分析、实验研究和CFD三者各有特点，只有有机结合起来，取长补短，灵活应用，才能有效解决各类工程实际问题，从而推动流体力学向前发展。

1.2 计算流体力学的应用及前景分析

CFD以计算机模拟手段为基础，对涉及流体流动、热交换、分子输运等现象，都可以通过计算流体力学的方法进行分析和模拟。CFD不仅作为一种研究工具，而且还作为一种设计工具在流体机械、能源工程、汽车工程、船舶工程、航空航天、建筑工程、环境工程、食品工程等领域发挥作用，已覆盖了工程的或非工程的广大领域。CFD在环境工程领域的应用十分广泛，如在核电厂建设前期评价、规划环境影响评价、水利水电环境影响评价、风险物质环境风险评价等方面。

以前对这些问题的处理，主要借助于基本的理论分析和大量的物理模型实验，而现在大多采用CFD的方式加以分析和解决，CFD技术现已发展到完全可以分析三维黏性湍流及旋涡运动等复杂问题的程度。随着高性能计算（HPC）日新月异的发展，仿真技术即将面临革命性的范式转换。

CFD 作为依托计算技术的学科，未来发展必定依赖于计算能力的发展。不夸张地说，现今和未来的 CFD 能力基本取决于计算能力，例如超算系统。虽然研究者们在做各种各样的尝试以使高性能计算（HPC）环境下的编程更为简便，但是笔者预计几乎不可能出现一种新的编程模式，可以使程序员完全脱离复杂的底层结构同时达到良好的性能表现。故而硬件的异质化趋势必将提高 HPC 环境下 CFD 的编程复杂度。这对于开发者的知识和能力结构提出了新的挑战。另外，虽然现在高精度 CFD 的开发和应用主力军在学术界（包括国家实验室），随着开发复杂程度的提升，以后有独立开发最前沿高性能 CFD 软件的单位肯定会越来越少，CFD 代码开发人员和其他流体领域的研究者在知识能力结构上的差异会越来越大，因此跨学科合作越来越重要。此外，实验和模拟怎么更好地结合，模型怎样更好地验证，现在都有研究，但是真正在工程上应用需要很大的系统化建设，业界的接受能力也需要进一步提高。

第 2 章

计算流体力学基础知识

在自然界及工程领域中存在大量流体流动现象，而任何流体运动的规律都必须建立在以下三个基本守恒定律的基础之上：

① 质量守恒定律；

② 动量守恒定律（牛顿第二定律）；

③ 能量守恒定律。

本章主要介绍 CFD 的相关基础知识和三大基本守恒定律的数学表达式，在此基础上提出数值求解这些基本方程的思想，最后简要介绍 CFD 工作原理。

2.1 流体的基本特性

流体是 CFD 的研究对象，流体的性质及流动状态决定了 CFD 的计算模型、计算方法的选择以及流场各物理量的最终分布结果。本节将介绍 CFD 所涉及的流体及流动的基本概念和术语。

2.1.1 理想流体与黏性流体

所有的流体都有黏性，黏性是流体内部发生相对运动而引起的内部相互作用。流体在静止时虽不能承受切应力，但在运动时对相邻两层流体间的相对运动却是有抵抗的，这种抵抗力称为黏性应力。流体所具有的这种抵抗两层流体间相对滑动速度，或者抵抗变形的性质称为黏性。

黏性的大小取决于流体的性质，并显著地随温度而变化。实验表明，黏性应力的大小与黏性及相对速度成正比。当流体的黏性较小（如空气和水的黏性都很小），运动的相对速度也不大时，所产生的黏性应力比起其他类型的力（如惯性）可忽略不计。此时，可近似地把流体看作是无黏性的，即无黏性流体，也称为理想流体。而对于有黏性的流体，则称为黏性流体。显然，理想流体对于切向变形没有任何抗拒能力。事实上，真正的理想流体在客观实际中是不存在的，但在一定的情形下，在特定的流动区域，实际流体的流动非常接近于理想流体的条件，在分析处理问题时可以当作理想流体。

2.1.2 牛顿流体与非牛顿流体

依据内摩擦剪应力与速度变化率的关系不同，黏性流体又分为牛顿（Newton）流体与非牛顿流体。

观察近壁面处的流体流动可以发现，紧靠壁面的流体黏附在壁面上，静止不动。而在靠近这些静止流体的另一层流体，则在流体内部之间的黏性所导致的内摩擦力的作用下，速度降低。

流体的内摩擦剪切力 τ 由牛顿内摩擦定律决定，即

$$\tau = \mu \lim_{\Delta n \to 0} \frac{\Delta u}{\Delta n} = \mu \frac{\partial u}{\partial n} \tag{2.1}$$

式中 Δn——沿法线方向的距离增量；

       Δu——对应于 Δn 的流体速度的增量；

       $\dfrac{\Delta u}{\Delta n}$——法向距离上的速度变化率。

牛顿内摩擦定律表示：流体内摩擦应力和单位距离上的两层流体间的相对速度成比例。比例系数 μ 称为流体的动力黏度，简称为黏度。它的值取决于流体的性质、温度和压力大小。μ 的单位是 Pa·s。

若 μ 为常数，该类流体则称为牛顿流体；否则，称为非牛顿流体。空气、水等均为牛顿流体；聚合物溶液、含有悬浮粒杂质或纤维的流体为非牛顿流体。

对于牛顿流体，通常用运动黏度 ν 代替动力黏度 μ，二者之间的关系为

$$\nu = \frac{\mu}{\rho} \tag{2.2}$$

式中 ρ——流体的密度。

通过量纲分析可知，运动黏度 ν 的单位是 m^2/s。由于 ν 没有动力学中力的因次，只具有运动学的要素，所以称为运动黏度。

2.1.3 流体热传导及扩散

除了黏性外，流体还有热传导及扩散等性质。当流体中存在着温度差时，温度高的地方将向温度低的地方传送热量，这种现象称为热传导。同样，当流体混合物中存在着组元的浓度差时，浓度高的地方将向浓度低的地方输送该组元的物质，这种现象称为扩散。

流体的宏观性质，如扩散、黏性和热传导等，是分子输运性质的统计平

均。由于分子的不规则运动，在各层流体间交换着质量、动量和能量，使不同流体层内的平均物理量均匀化。这种性质称为分子运动的输运性质。质量输运在宏观上表现为扩散现象，动量输运表现为黏性现象，能量输运则表现为热传导现象。

理想流体忽略了黏性，即忽略了分子运动的动量输运性质，因此在理想流体中也不应考虑质量和能量输运性质——扩散和热传导，因为它们具有相同的微观机制。

2.1.4　可压流体与不可压流体

根据流体的密度 ρ 是否为常数，流体可分为可压流体与不可压流体两大类。当密度 ρ 为常数时，流体为不可压流体，否则为可压流体。空气为可压流体，因为气体的密度很容易随着温度和压强变化；水为不可压流体，因为液体是极难压缩的。事实上，有些可压流体在特定的流动条件下，可以按不可压流体对待，有时也称为可压流动与不可压流动。

在可压流体的连续方程中含密度 ρ，因而可把 ρ 视为连续方程中的独立变量进行求解，再根据气体的状态方程求出压力。

不可压流体的压力场是通过连续方程间接规定的。由于没有直接求解压力的方程，不可压流体流动方程的求解有其特殊的困难。

2.1.5　定常流动与非定常流动

根据流体流动的物理量（如速度、压力、温度等）是否随时间变化，将流动分为定常与非定常两大类。当流动的物理量不随时间变化，即 $\frac{\partial(\ )}{\partial t}=0$ 时，为定常流动；定常流动也称为恒定流动，或稳态流动。当流动的物理量随时间变化，即 $\frac{\partial(\ )}{\partial t}\neq 0$，则为非定常流动；非定常流动也称为非恒定流动、非稳态流动，或瞬态流动。许多流体机械在启动或停机时的流体流动一般是非定常流动，而正常运转时可看作是定常流动。

2.1.6　层流与湍流

自然界中的流体流动状态主要有两种形式，即层流和湍流。层流是指流体在流动过程中两层之间没有相互混掺，而湍流是指流体不是处于分层流动状态。一般湍流是普遍的，而层流则是特殊情况。

对于圆管内流动，雷诺数（Reynolds number，Re）的定义为：

$$Re = \frac{ud}{\nu} \tag{2.3}$$

式中　u——液体流速；

　　　ν——运动黏度；

　　　d——管径。

当 $Re \leqslant 2300$ 时，管流一定为层流；当 $2300 < Re < 8000$ 时，流动处于层流与湍流间的过渡区；当 $Re \geqslant 8000 \sim 12000$ 时，管流一定为湍流。

2.2　流体力学的控制方程

任何流动都必须遵守三个基本的物理守恒定律，即质量守恒定律、动量守恒定律和能量守恒定律。若流动包含有不同成分（组元）的混合或相互作用，系统还需遵守组分守恒定律；若流动处于湍流状态，系统还需遵守附加的湍流输运方程。

控制方程是对这些守恒定律的数学描述。本节先介绍这些基本守恒定律所对应的控制方程。

2.2.1　质量守恒方程

任何流动问题都必须满足质量守恒定律，该定律可表述为：单位时间内流体微元体中质量的增加等于同一时间间隔内流入该微元体的净质量。按照质量守恒这一定律，可以得出质量守恒方程，即

$$\frac{\partial \rho}{\partial t} + \frac{\partial(\rho u)}{\partial x} + \frac{\partial(\rho v)}{\partial y} + \frac{\partial(\rho w)}{\partial z} = 0 \tag{2.4}$$

引入矢量符号 $\mathrm{div}(\boldsymbol{a}) = \partial a_x / \partial x + \partial a_y / \partial y + \partial a_z / \partial z$，式(2.4) 可写成：

$$\frac{\partial \rho}{\partial t} + \mathrm{div}(\rho \boldsymbol{u}) = 0 \tag{2.5}$$

有的文献使用符号 ∇ 表示散度，即 $\nabla \cdot \boldsymbol{a} = \mathrm{div}(\boldsymbol{a}) = \partial a_x / \partial x + \partial a_y / \partial y + \partial a_z / \partial z$，这样，式(2.4) 可写成：

$$\frac{\partial \rho}{\partial t} + \nabla \cdot (\rho \boldsymbol{u}) = 0 \tag{2.6}$$

式中　　　ρ——密度；

　　　　　t——时间；

　　　　　$\boldsymbol{u}$——速度矢量。

u、v、w——速度矢量 $\boldsymbol{u}$ 在 x、y 和 z 方向的分量。

上面给出的是瞬态三维可压流体的质量守恒方程。若流体不可压，密度 ρ 为常

数，式(2.4) 变为：

$$\frac{\partial u}{\partial x}+\frac{\partial v}{\partial y}+\frac{\partial w}{\partial y}=0 \tag{2.7}$$

若流动处于稳态，则密度 ρ 不随时间变化，式(2.4) 变为：

$$\frac{\partial(\rho u)}{\partial x}+\frac{\partial(\rho v)}{\partial y}+\frac{\partial(\rho w)}{\partial y}=0 \tag{2.8}$$

质量守恒方程式(2.4) 或式(2.5) 称为连续方程。

2.2.2 动量守恒方程

动量守恒定律也是任何流动问题都必须满足的基本定律。该定律实际上是牛顿第二定律，可表述为：微元体中流体的动量对时间的变化率等于外界作用在该微元体上的各种力之和。按照这一定律，可导出 x、y 和 z 三个方向的动量守恒方程：

$$\frac{\partial(\rho u)}{\partial t}+\mathrm{div}(\rho u\boldsymbol{u})=-\frac{\partial p}{\partial x}+\frac{\partial \tau_{xx}}{\partial x}+\frac{\partial \tau_{yx}}{\partial y}+\frac{\partial \tau_{zx}}{\partial z}+F_x \tag{2.9a}$$

$$\frac{\partial(\rho v)}{\partial t}+\mathrm{div}(\rho v\boldsymbol{u})=-\frac{\partial p}{\partial y}+\frac{\partial \tau_{xy}}{\partial x}+\frac{\partial \tau_{yy}}{\partial y}+\frac{\partial \tau_{zy}}{\partial z}+F_y \tag{2.9b}$$

$$\frac{\partial(\rho w)}{\partial t}+\mathrm{div}(\rho w\boldsymbol{u})=-\frac{\partial p}{\partial z}+\frac{\partial \tau_{xz}}{\partial x}+\frac{\partial \tau_{yz}}{\partial y}+\frac{\partial \tau_{zz}}{\partial z}+F_z \tag{2.9c}$$

式中 p——流体微元体上的压力；

τ_{xx}、τ_{xy}、τ_{xz}、τ_{yy}、τ_{yx}、τ_{yz}、τ_{zz}、τ_{zx}、τ_{zy}——因分子黏性作用而产生的作用在微元体表面上的黏性应力 τ 的分量；

F_x、F_y、F_z——微元体上的体积力，若体积力只有重力，且 z 轴竖直向上，则 $F_x=0$，$F_y=0$，$F_z=\rho g$。

式(2.9) 是对任何类型的流体（包括非牛顿流体）均成立的动量守恒方程。对于牛顿流体，黏性应力 τ 与流体的变形率成比例，即

$$\begin{cases} \tau_{xx}=2\mu \dfrac{\partial u}{\partial x}+\lambda \,\mathrm{div}(\boldsymbol{u}) \\[2mm] \tau_{yy}=2\mu \dfrac{\partial v}{\partial y}+\lambda \,\mathrm{div}(\boldsymbol{u}) \\[2mm] \tau_{zz}=2\mu \dfrac{\partial w}{\partial z}+\lambda \,\mathrm{div}(\boldsymbol{u}) \\[2mm] \tau_{xy}=\tau_{yx}=\mu\left(\dfrac{\partial u}{\partial y}+\dfrac{\partial v}{\partial x}\right) \\[2mm] \tau_{xz}=\tau_{zx}=\mu\left(\dfrac{\partial u}{\partial z}+\dfrac{\partial w}{\partial x}\right) \\[2mm] \tau_{yz}=\tau_{zy}=\mu\left(\dfrac{\partial v}{\partial z}+\dfrac{\partial w}{\partial y}\right) \end{cases} \tag{2.10}$$

式中　μ——动力黏度；

　　　λ——第二黏度，一般可取 $\lambda = -\dfrac{2}{3}$。

将式（2.10）代入式（2.9），得

$$\frac{\partial(\rho u)}{\partial t} + \mathrm{div}(\rho u \boldsymbol{u}) = \mathrm{div}(\mu\,\mathrm{grad}\,u) - \frac{\partial p}{\partial x} + S_u \tag{2.11a}$$

$$\frac{\partial(\rho v)}{\partial t} + \mathrm{div}(\rho v \boldsymbol{u}) = \mathrm{div}(\mu\,\mathrm{grad}\,v) - \frac{\partial p}{\partial y} + S_v \tag{2.11b}$$

$$\frac{\partial(\rho w)}{\partial t} + \mathrm{div}(\rho w \boldsymbol{u}) = \mathrm{div}(\mu\,\mathrm{grad}\,w) - \frac{\partial p}{\partial z} + S_w \tag{2.11c}$$

式中，$\mathrm{grad}() = \partial\,()/\partial x + \partial\,()/\partial y + \partial\,()/\partial z$；$S_u$、$S_v$ 和 S_w 为动量守恒方程的广义源项，$S_u = F_x + s_x$，$S_v = F_y + s_y$ 和 $S_w = F_z + s_z$，其中 s_x、s_y 和 s_z 的表达式如下：

$$s_x = \frac{\partial}{\partial x}\left(\mu\frac{\partial u}{\partial x}\right) + \frac{\partial}{\partial y}\left(\mu\frac{\partial v}{\partial x}\right) + \frac{\partial}{\partial z}\left(\mu\frac{\partial w}{\partial x}\right) + \frac{\partial}{\partial x}\left[\lambda\,\mathrm{div}(\boldsymbol{u})\right] \tag{2.12a}$$

$$s_y = \frac{\partial}{\partial x}\left(\mu\frac{\partial u}{\partial y}\right) + \frac{\partial}{\partial y}\left(\mu\frac{\partial v}{\partial y}\right) + \frac{\partial}{\partial z}\left(\mu\frac{\partial w}{\partial y}\right) + \frac{\partial}{\partial y}\left[\lambda\,\mathrm{div}(\boldsymbol{u})\right] \tag{2.12b}$$

$$s_z = \frac{\partial}{\partial x}\left(\mu\frac{\partial u}{\partial z}\right) + \frac{\partial}{\partial y}\left(\mu\frac{\partial v}{\partial z}\right) + \frac{\partial}{\partial z}\left(\mu\frac{\partial w}{\partial z}\right) + \frac{\partial}{\partial z}\left[\lambda\,\mathrm{div}(\boldsymbol{u})\right] \tag{2.12c}$$

一般来讲，s_x、s_y 和 s_z 是小量，对于黏性为常数的不可压流体，$s_x = s_y = s_z = 0$。

式（2.11）还可写成如下的展开形式：

$$\frac{\partial(\rho u)}{\partial t} + \frac{\partial(\rho uu)}{\partial x} + \frac{\partial(\rho uv)}{\partial y} + \frac{\partial(\rho uw)}{\partial z} = \frac{\partial}{\partial x}\left(\mu\frac{\partial u}{\partial x}\right) + \frac{\partial}{\partial y}\left(\mu\frac{\partial u}{\partial y}\right) + \frac{\partial}{\partial z}\left(\mu\frac{\partial u}{\partial z}\right) - \frac{\partial p}{\partial x} + S_u$$
$$\tag{2.13a}$$

$$\frac{\partial(\rho v)}{\partial t} + \frac{\partial(\rho vu)}{\partial x} + \frac{\partial(\rho vv)}{\partial y} + \frac{\partial(\rho vw)}{\partial z} = \frac{\partial}{\partial x}\left(\mu\frac{\partial v}{\partial x}\right) + \frac{\partial}{\partial y}\left(\mu\frac{\partial v}{\partial y}\right) + \frac{\partial}{\partial z}\left(\mu\frac{\partial v}{\partial z}\right) - \frac{\partial p}{\partial y} + S_v$$
$$\tag{2.13b}$$

$$\frac{\partial(\rho w)}{\partial t} + \frac{\partial(\rho wu)}{\partial x} + \frac{\partial(\rho wv)}{\partial y} + \frac{\partial(\rho ww)}{\partial z} = \frac{\partial}{\partial x}\left(\mu\frac{\partial w}{\partial x}\right) + \frac{\partial}{\partial y}\left(\mu\frac{\partial w}{\partial y}\right) + \frac{\partial}{\partial z}\left(\mu\frac{\partial w}{\partial z}\right) - \frac{\partial p}{\partial z} + S_w$$
$$\tag{2.13c}$$

式（2.11）～式（2.13）为动量守恒方程，简称动量方程，也称为运动方程，还称为纳维-斯托克斯（Navier-Stokes）方程（简称 N-S 方程）。

2.2.3　能量守恒方程

能量守恒定律是包含有热交换的流动问题必须满足的基本定律。该定律实际是热力学第一定律，可表述为：微元体中能量的增加率等于进入微元体的净热流通量加上体积力与表面力对微元体所做的功。

流体的能量 E 通常是内能 i、动能 $K = \frac{1}{2}(u^2 + v^2 + w^2)$ 和势能 P 三项之和，可对总能量 E 建立能量守恒方程。但是，这样得到的能量守恒方程并不是很好用，一般是从中扣除动能的变化，从而得到关于内能 i 的守恒方程。而内能 i 与温度 T 之间存在一定关系，即 $i = c_p T$，其中 c_p 是定压比热容。这样，可得到以温度为变量的能量守恒方程：

$$\frac{\partial(\rho T)}{\partial t} + \text{div}(\rho \boldsymbol{u} T) = \text{div}(\frac{k}{c_p} \text{grad} T) + S_T \tag{2.14}$$

式(2.14) 还可写成展开形式：

$$\frac{\partial(\rho T)}{\partial t} + \frac{\partial(\rho u T)}{\partial x} + \frac{\partial(\rho v T)}{\partial y} + \frac{\partial(\rho w T)}{\partial z}$$

$$= \frac{\partial}{\partial x}\left(\frac{k}{c_p}\frac{\partial T}{\partial x}\right) + \frac{\partial}{\partial y}\left(\frac{k}{c_p}\frac{\partial T}{\partial y}\right) + \frac{\partial}{\partial z}\left(\frac{k}{c_p}\frac{\partial T}{\partial z}\right) + S_T \tag{2.15}$$

式中　c_p——定压比热容；

　　　T——温度；

　　　k——流体的传热系数；

　　　S_T——流体的内热源及由于黏性作用流体机械能转换为热能的部分，有时 S_T 简称为黏性耗散项。

一般将式(2.14) 或式(2.15) 简称为能量方程。综合基本方程式(2.5)、式(2.11a)、式(2.11b)、式(2.11c)、式(2.14)，共有 u、v、w、p、T 和 ρ 6 个未知量，还需要补充一个联系 p 和 ρ 的状态方程，方程组才能封闭，即

$$p = p(\rho, T) \tag{2.16}$$

对理想气体，状态方程为

$$p = \rho R T \tag{2.17}$$

式中　R——摩尔气体常数。

需要说明，虽然能量方程式(2.14) 是流体流动与传热问题的基本控制方程，但对于不可压流动，若热交换量很小以至可以忽略，可不考虑能量守恒方程。这样，只需要联立求解连续方程式(2.5) 及动量方程式(2.9a)、式(2.9b) 和式(2.9c)。

注意：式(2.14) 是针对牛顿流体得到出的，对于非牛顿流体应使用另外形式的能量方程。

2.2.4　组分质量守恒方程

在一个特定的系统中，可能存在质的交换，或者存在多种化学组分，每一种组分都需要遵守组分质量守恒定律。对于一个确定的系统而言，组分质量守恒定律可

表述为：系统内某种化学组分质量对时间的变化率，等于通过系统界面净扩散通量与通过化学反应产生的该组分的生产率之和。

根据组分质量守恒定律，可写出组分 s 的组分质量守恒方程：

$$\frac{\partial(\rho c_s)}{\partial t}+\mathrm{div}(\rho \boldsymbol{u} c_s)=\mathrm{div}[D_s\,\mathrm{grad}(\rho c_s)]+S_s \tag{2.18}$$

式中　c_s——组分 s 的体积浓度；

$\qquad \rho c_s$——该组分的质量浓度；

$\qquad D_s$——该组分的扩散系数；

$\qquad S_s$——系统内部单位时间内单位体积通过化学反应产生的该组分的质量，即生产率。

式(2.18)等号左侧第一项、第二项分别称为时间变化率、对流项；等号右侧第一项、第二项分别称为扩散项、反应项。各组分质量守恒方程之和就是连续方程，因为 $\Sigma S_s=0$。因此，如果共有 z 个组分，那么只有 $z-1$ 个独立的组分质量守恒方程。

将组分守恒方程各项展开，式(2.18)可改写为：

$$\frac{\partial(\rho c_s)}{\partial t}+\frac{\partial(\rho c_s u)}{\partial x}+\frac{\partial(\rho c_s v)}{\partial y}+\frac{\partial(\rho c_s w)}{\partial z}$$

$$=\frac{\partial}{\partial x}\left[D_s\frac{\partial(\rho c_s)}{\partial x}\right]+\frac{\partial}{\partial y}\left[D_s\frac{\partial(\rho c_s)}{\partial y}\right]+\frac{\partial}{\partial z}\left[D_s\frac{\partial(\rho c_s)}{\partial z}\right]+S_s \tag{2.19}$$

组分质量守恒方程常简称为组分方程。一种组分的质量守恒方程实际就是一个浓度传输方程。当水流或空气在流动过程中带有某种污染物质时，污染物质在流动情况下除有分子扩散外还会随流传输，即传输过程包括对流和扩散两部分，污染物质的浓度随时间和空间变化。因此，组分方程在有些情况下称为浓度传输方程，或浓度方程。

2.2.5　湍流的控制方程

湍流是自然界非常普遍的流动类型，湍流运动的特征是在运动过程中液体质点具有不断的互相混掺的现象，速度和压力等物理量在空间和时间上均具有随机性质的脉动值。

式(2.11)是三维瞬态 N-S 方程，无论对层流还是湍流都是适用的。但对于湍流，如果直接求解三维瞬态的 N-S 方程，需要采用对计算机内存和速度要求很高的直接模拟方法，但目前还不可能在实际工程中采用此方法。工程中广为采用的方法是对瞬态 N-S 方程做时间平均处理，同时补充反映湍流特性的湍流模型方程，如常用的湍流方程 k-ε，即湍动能方程 k 和湍流耗散率方程 ε 等。

湍动能 k 方程为：

$$\frac{\partial(\rho k)}{\partial t}+\mathrm{div}(\rho \boldsymbol{u}k)=\mathrm{div}\left[(\mu+\frac{\mu_t}{\sigma_k})\mathrm{grad}k\right]-\rho\varepsilon+\mu_t P_G \quad (2.20a)$$

湍流耗散率 ε 方程为:

$$\frac{\partial(\rho\varepsilon)}{\partial t}+\mathrm{div}(\rho \boldsymbol{u}\varepsilon)=\mathrm{div}\left[(\mu+\frac{\mu_t}{\sigma_\varepsilon})\mathrm{grad}\varepsilon\right]-\rho C_2\frac{\varepsilon^2}{k}+\mu_t C_1\frac{\varepsilon}{k}P_G \quad (2.20b)$$

$$P_G=2\left[\left(\frac{\partial u}{\partial x}\right)^2+\left(\frac{\partial v}{\partial y}\right)^2+\left(\frac{\partial w}{\partial z}\right)^2\right]+\left(\frac{\partial u}{\partial y}+\frac{\partial v}{\partial x}\right)^2+\left(\frac{\partial u}{\partial z}+\frac{\partial w}{\partial x}\right)^2+\left(\frac{\partial v}{\partial z}+\frac{\partial w}{\partial y}\right)^2$$

$$\mu_t=\rho C_\mu\frac{k^2}{\varepsilon}$$

式中　σ_k、σ_ε、C_1；C_2——常数；

μ_t——湍流黏度；

C_μ——常数。

2.2.6　控制方程的通用形式

为了便于对各控制方程进行分析，并用同一程序对各控制方程进行求解，现建立各基本控制方程的通用形式。

比较连续方程式(2.5)、动量方程式(2.11)、能量方程式(2.14)、组分方程式(2.18)和湍流方程式(2.20)等的控制方程，可以看出，尽管这些方程中因变量各不相同，但它们均反映了单位时间单位体积内物理量的守恒性质。如果用 ϕ 表示通用变量，则上述各控制方程都可以表示成如下的通用形式：

$$\frac{\partial(\rho\phi)}{\partial t}+\mathrm{div}(\rho \boldsymbol{u}\phi)=\mathrm{div}(\Gamma \mathrm{grad}\phi)+S \quad (2.21)$$

式(2.21) 的展开形式为

$$\frac{\partial(\rho\phi)}{\partial t}+\frac{\partial(\rho u\phi)}{\partial x}+\frac{\partial(\rho v\phi)}{\partial y}+\frac{\partial(\rho w\phi)}{\partial z}$$

$$=\frac{\partial}{\partial x}(\Gamma\frac{\partial\phi}{\partial x})+\frac{\partial}{\partial y}(\Gamma\frac{\partial\phi}{\partial y})+\frac{\partial}{\partial z}(\Gamma\frac{\partial\phi}{\partial z})+S \quad (2.22)$$

式中　ϕ——通用变量，可以代表 u、v、w、T 等求解变量；

Γ——广义扩散系数；

S——广义源项。

式(2.21)中各项依次为瞬态项、对流项、扩散项和源项。对于特定的方程，ϕ、Γ 和 S 具有特定的形式，表 2.1 给出了上述 3 个符号与各特定方程的对应关系。

所有控制方程都可经过适当的数学处理，将方程中的因变量、时变项、对流项和扩散项写成标准形式，然后将方程右端的其余各项集中在一起定义为源项，从而化为通用微分方程。只需考虑通用微分方程式(2.21) 的数值解，写出求解式

(2.21) 的源程序，就足以求解不同类型的流体流动及传热问题。对于不同的 ϕ，只要重复调用该程序，并给定 Γ 和 S 的适当表达式以及适当的初始条件和边界条件，便可求解。

表 2.1　通用控制方程中各符号的具体形式

方程　＼符号	ϕ	Γ	S
连续方程	1	0	0
动量方程	u_i	μ	$-\dfrac{\partial P}{\partial x_i}+S_i$
能量方程	T	$\dfrac{k}{c}$	S_T
组分方程	c_s	$D_s\rho$	S_s
湍动能方程	k	$\mu+\mu_t/\sigma_k$	$-\rho\varepsilon+\mu_t P_G$
湍流耗散率方程	ε	$\mu+\mu_t/\sigma_\varepsilon$	$-\rho C_2\varepsilon^2/k+\mu_t C_1(\varepsilon/k)P_G$

2.2.7　守恒型控制方程与非守恒型控制方程

在前面各基本控制方程及式(2.21) 所代表的通用控制方程中，对流项均采用散度的形式表示，各物理量都在微分符号内。在许多文献中，这种形式的方程称为控制方程的守恒形式或守恒型控制方程。

近年来，在许多文献中还常见到非守恒型控制方程。将式(2.21) 的瞬态项和对流项中的物理量从微分符号中移出，式(2.21) 所代表的通用控制方程可写成为

$$\phi\frac{\partial\rho}{\partial t}+\rho\frac{\partial\phi}{\partial t}+\phi\frac{\partial(\rho u)}{\partial x}+\rho u\frac{\partial\phi}{\partial x}+\phi\frac{\partial(\rho v)}{\partial y}+\rho v\frac{\partial\phi}{\partial y}+\phi\frac{\partial(\rho w)}{\partial z}+\rho w\frac{\partial\phi}{\partial z}$$
$$=\operatorname{div}(\Gamma\operatorname{grad}\phi)+S \tag{2.23}$$

式(2.23) 即为通用控制方程的非守恒形式，或称非守恒型控制方程。

从微元体的角度看，控制方程的守恒型与非守恒型是等价的，都是物理守恒定律的数学表示。但对有限大小的计算体积，两个形式的控制方程是有区别的。非守恒型控制方程便于对由此生成的离散方程进行理论分析，而守恒型控制方程更能保持物理量守恒的性质，便于克服对流项非线性引起的问题，且便于采用非矩形网格离散，可更为方便地建立基于有限体积法的离散方程，因此得到了广泛的应用。

本书主要使用守恒型控制方程来建立基于有限体积法的离散方程。

2.3　CFD 工作原理

为了进行 CFD 计算，用户可借助商用软件来完成所需要的任务，也可自己直接编写计算程序。两种方法的基本工作过程是相同的。本节给出基本计算思路，至于每一步的详细过程将在本书的后续章节逐一进行介绍。

2.3.1　计算流程

无论是流动问题、传热问题，还是污染物的运移问题，无论是稳态问题，还是瞬态问题，其求解过程如图 2.1 所示。

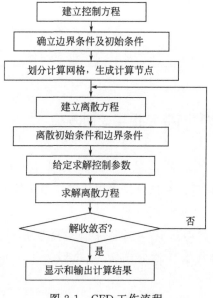

图 2-1　CFD 工作流程

如果所求解的问题是瞬态问题，则可将图 2.1 的过程理解为一个时间步的计算过程，循环这一过程求解下个时间步的解。下面对各求解步骤做简单介绍。

2.3.2　建立控制方程

建立控制方程是求解任何问题前都必须进行的。一般来讲，这一步是比较简单的。因为对于一般的流体流动而言，可根据 2.2 部分的分析直接写出其控制方程。例如，对于水流在水轮机内的流动分析问题，若假设没有热交换发生，则可直接将连续方程与动量方程作为控制方程使用。当然，由于水轮机内的流动大多是处于湍流范围，因此一般情况下需要增加湍流方程。

2.3.3　确定边界条件与初始条件

初始条件与边界条件是控制方程有确定解的前提，控制方程与相应的初始条件、边界条件的组合构成对一个物理过程完整的数学描述。

初始条件是所研究对象在过程开始时刻各个求解变量的空间分布情况。对于瞬态问题，必须给定初始条件；对于稳态问题，则不需要初始条件。

边界条件是在求解区域的边界上所求解的变量或其导数随地点和时间的变化规律。对于任何问题，都需要给定边界条件。例如，在锥管内的流动，在锥管进口断面上，可给定速度、压力沿半径方向的分布；而在管壁上，对速度取无滑移边界条件。

对初始条件和边界条件的处理会直接影响计算结果的精度，本书将在后续章节中对此进行详细讨论。

2.3.4　划分计算网格

采用数值方法求解控制方程时，都是将控制方程在空间域上进行离散，然后求解得到离散方程组。要想在空间域上离散控制方程，必须使用网格。现已发展出多种对各种区域进行离散以生成网格的方法，统称为网格生成技术。

不同的问题采用不同数值解法时，所需要的网格形式是有一定区别的，但生成网格的方法基本是一致的。目前，网格分结构网格和非结构网格两大类。结构网格在空间上比较规范，如对一个四边形区域，网格往往是成行成列分布的，行线和列线比较明显。而对非结构网格在空间分布上没有明显的行线和列线。

对于二维（2D）问题，常用的网格单元有三角形和四边形等形式；对于三维（3D）问题，常用的网格单元有四面体、六面体、三棱体等形式。在整个计算域上，网格通过节点联系在一起。

目前，各种 CFD 软件都配有专用的网格生成工具，如 FLUENT 使用 GAMBIT 作为前处理软件。多数 CFD 软件可接收采用其他 CAD 或 CFD/FEM 软件产生的网格模型。如 FLUENT 可以接收 ANSYS 所生成的网格。

当然，若问题不是特别复杂，用户也可自行编程生成网格。

2.3.5　建立离散方程

对于在求解域内所建立的偏微分方程，理论上是有真解（或称精确解或解析解）的。但由于所处理的问题自身的复杂性，一般很难获得方程的真解。因此，就需要通过数值方法把计算域内有限数量位置（网格节点或网格中心点）上的因变量值当作基本未知量来处理，从而建立一组关于这些未知量的代数方程组，然后通过求解代数方程组来得到这些节点上未知量的值，而计算域内其他位置上的值则根据节点位置上的值来确定。

根据所引入的应变量在节点之间的分布假设及推导离散化方程的方法不同，就形成了有限差分法、有限元法、有限元体积法等不同类型的离散化方法。

在同一种离散化方法中，如在有限体积法中，对式(2.21)中的对流项所采用的离散格式不同，也将导致最终有不同形式的离散方程。

对于瞬态问题，除了在空间域上的离散外，还涉及在时间域上的离散；离散后，将要涉及使用何种时间积分方案的问题。

2.3.6　离散初始条件和边界条件

前面所给定的初始条件和边界条件是连续性的，如在静止壁面上速度为 0，现在需要针对所生成的网格，将连续型的初始条件和边界条件转化为特定节点上的值，如静止壁面上共有 90 个节点，则这些节点上的速度值应均设为 0。这样，连同在各节点处所建立的离散的控制方程，才能对方程组进行求解。

在商用 CFD 软件中，往往在前处理阶段完成了网格划分后，直接在边界上指定初始条件和边界条件，然后由前处理软件自动将这些初始条件和边界条件按离散的方式分配到相应的节点上去。

2.3.7　给定求解控制参数

在离散空间上建立了离散化的代数方程组，并施加离散化的初始条件和边界条件后，还需要给定流体的物理参数和湍流模型的经验系数等。此外，还要给定迭代计算的控制精度、瞬态问题的时间步长和输出频率等。

在 CFD 的理论中，这些参数并不值得去探讨和研究，但在实际计算时它们对计算的精度和效率有着重要的影响。

2.3.8　求解离散方程

在进行了上述设置后生成了具有定解条件的代数方程组。对于这些方程组，数学上已有相应的解法，如线性方程组可采用高斯消去法（Gauss）或 Gauss-Seidel 迭代法求解，而对非线性方程组可采用 Newton-Raphson 方法。

在商用 CFD 软件中，往往提供多种不同的解法以适应不同类型的问题。

2.3.9　判断解的收敛性

对于稳态问题的解，或是瞬态问题在某个特定时间步上的解，往往要通过多次迭代才能得到。有时，因网格形式或网格大小、对流项的离散插值格式等原因，可能导致解的发散。对于瞬态问题，若采用显式格式进行时间域上的积分，当时间步长过大时也可能造成解的振荡或发散。因此，在迭代过程中，要对解的收敛性随时进行监视，并在系统达到指定精度后结束迭代过程。

2.3.10　显示和输出计算结果

通过上述求解过程得出了各计算节点上的解后，需要通过适当的方式将整个计算域上的结果表示出来。简单来说，可采用线值图、矢量图、等值线图、流线图、云图等方式对计算结果进行表示。

所谓线值图，是指在二维或三维空间上，将横坐标取为空间长度或时间历程，将纵坐标取为某一物理量，然后用光滑曲线或曲面在坐标系内绘制出某一物理量沿空间或时间的变化情况。矢量图是直接给出二维或三维空间里矢量（如速度）的方向及大小，一般用不同颜色和长度的箭头表示速度矢量。矢量图可以比较容易地让用户发现其中存在的旋涡区。等值线图是用不同颜色的线条表示相等物理量（如温度）的一条线。流线图是用不同颜色线条表示质点运动轨迹。云图是使用渲染的方式，将流场某个截面上的物理量（如压力或温度）用连续变化的颜色块表示其分布。

商用 CFD 软件均提供了上述各表示方式。用户也可以自己编写后处理程序进行结果显示。

第 3 章

湍流模型

湍流流动是自然界和工程应用中常见的流动现象。在多数工程问题中流体的流动往往处于湍流状态，为了准确确定湍流流动下的流动结构以及在实际工程中所关心的摩擦阻力、热流等物理量，湍流成为一个重要而困难的研究课题，一直被研究者高度重视。但由于湍流本身的高度复杂性，尤其是湍流在空间上的尺度多重性和时间上的高频脉动性，使得对其本身的模拟十分困难。本章不深入涉及湍流的结构及发生的机理，主要从工程实际应用的角度介绍不可压流体湍流流动与换热的常用数值模拟方法。

3.1 湍流及其数学描述

3.1.1 湍流流动的特征

流体实验表明，在临界雷诺数以下时，流动是平滑的，相邻的流体层彼此有序地流动，如果施加的边界条件不随时间变化，流动是定常的，这种流动称为层流。在临界雷诺数以上时会发生一系列复杂的变化，并导致流动特征的急剧变化，流动呈无序的混乱状态；这时，即使施加定常的边界条件，流动也是非定常的，速度等流动特性都随机变化，这种状态称为湍流。在湍流状态下在某一点测得的速度随时间的变化情况如图 3.1 所示。可以看出，速度值的脉动性很强。湍流中的脉动现象对工程设计有直接影响，压力的脉动增大了建筑物上承受的风载的瞬时载荷，有可能引起建筑物的有害振动；对于水轮机而言，脉动压力最大的负波峰则增加了发生空化的可能性。

实验研究表明，湍流带有旋涡流动结构，这就是所谓的湍流涡（简称涡）。从物理结构上看，可以把湍流看成是由各种不同尺度的涡叠合而成的流动，这些涡的大小及旋转轴的方向分布是随机的。大尺度的涡主要由流动的边界条件所决定，其尺寸可以与流场的大小相比拟，它主要受惯性影响而存在，是引起低频脉动的原因；小尺度的涡主要是由黏性力所决定，其尺寸可能只有流场尺度的千分之一的量

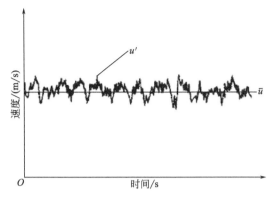

图 3.1　湍流状态下某特定点的实测速度

u'—脉动速度；$\overline{u}$—平均速度

级，是引起高频脉动的原因。大尺度的涡破裂后形成小尺度的涡，较小尺度的涡破裂后形成更小尺度的涡。在充分发展的湍流区域内，流体涡的尺寸可在相当宽的范围内连续变化。大尺度的涡不断地从主流获得能量，通过涡间的相互作用，能量逐渐向小尺寸的涡传递。最后由于流体黏性的作用，小尺度的涡不断消失，机械能就转化（或称耗散）为流体的热能。同时由于边界的作用、扰动及速度梯度的作用，新的涡旋又不断产生，这就构成了湍流运动。流体内不同尺度的涡的随机运动造成了湍流的一个重要特点——物理量的脉动（图 3.1）。

3.1.2　湍流的基本方程

　　一般认为，无论湍流运动多么复杂，非稳态的连续方程和 N-S 方程对于湍流的瞬时运动仍然是适用的。在此，考虑不可压流动，使用笛卡尔坐标系，速度矢量 $\boldsymbol{u}$ 在 x、y 和 z 方向的分量为 u、v 和 w，可以写出湍流瞬时控制方程：

$$\text{div } u = 0 \tag{3.1}$$

$$\begin{cases} \dfrac{\partial u}{\partial t} + \text{div}(u\boldsymbol{u}) = -\dfrac{1}{\rho}\dfrac{\partial p}{\partial x} + v\,\text{div}(\text{grad } u) \\[2mm] \dfrac{\partial v}{\partial t} + \text{div}(v\boldsymbol{u}) = -\dfrac{1}{\rho}\dfrac{\partial p}{\partial y} + v\,\text{div}(\text{grad } v) \\[2mm] \dfrac{\partial w}{\partial t} + \text{div}(w\boldsymbol{u}) = -\dfrac{1}{\rho}\dfrac{\partial p}{\partial z} + v\,\text{div}(\text{grad } w) \end{cases} \tag{3.2}$$

　　为了考察脉动的影响，目前广泛采用的方法是时间平均法，即把湍流运动看作由两种流动叠加而成：一是时间平均流动；二是瞬时脉动流动。这样，将脉动分离出来，便于处理和进一步的探讨。现引入 Reynolds 平均法，任意变量 ϕ 的时间平均值（时均值）定义为

$$\overline{\phi} = \frac{1}{\Delta t}\int_{t}^{t+\Delta t} \phi(t)\,\mathrm{d}t \tag{3.3}$$

式中，ϕ 的上划线 "-" 代表对时间的平均值。

如果用上标 " ' " 代表脉动值，物理量的瞬时值 ϕ、时均值 $\bar{\phi}$ 及脉动值 ϕ' 之间有如下关系：

$$\phi = \bar{\phi} + \phi' \tag{3.4}$$

采用时均值与脉动值之和代替流动变量的瞬时值，即

$$u = \bar{u} + u'; \quad v = \bar{v} + v'; \quad w = \bar{w} + w'; \quad p = \bar{p} + p' \tag{3.5}$$

将式(3.5)代入瞬时状态下的连续方程式(3.1)和动量方程式(3.2)，并对时间取平均，得到湍流时均流动的控制方程：

$$\mathrm{div}\,\bar{u} = 0 \tag{3.6}$$

$$\frac{\partial \bar{u}}{\partial t} + \mathrm{div}(\bar{u}\,\bar{u}) = -\frac{1}{\rho}\frac{\partial \bar{p}}{\partial x} + \nu\,\mathrm{div}(\mathrm{grad}\,\bar{u}) + \left[-\frac{\partial \overline{u'^2}}{\partial x} - \frac{\partial \overline{u'v'}}{\partial y} - \frac{\partial \overline{u'w'}}{\partial z}\right] \tag{3.7a}$$

$$\frac{\partial \bar{v}}{\partial t} + \mathrm{div}(\bar{v}\,\bar{u}) = -\frac{1}{\rho}\frac{\partial \bar{p}}{\partial y} + \nu\,\mathrm{div}(\mathrm{grad}\,\bar{v}) + \left[-\frac{\partial \overline{u'v'}}{\partial x} - \frac{\partial \overline{v'^2}}{\partial y} - \frac{\partial \overline{v'w'}}{\partial z}\right] \tag{3.7b}$$

$$\frac{\partial \overline{w}}{\partial t} + \mathrm{div}(\overline{w}\,\overline{u}) = -\frac{1}{\rho}\frac{\partial \overline{p}}{\partial z} + \nu\,\mathrm{div}(\mathrm{grad}\,\overline{w}) + \left[-\frac{\partial \overline{u'w'}}{\partial x} - \frac{\partial \overline{v'w'}}{\partial y} - \frac{\partial \overline{w'^2}}{\partial z}\right] \tag{3.7c}$$

对于其他变量 ϕ 的输运方程作类似处理，可得

$$\frac{\partial \bar{\phi}}{\partial t} + \mathrm{div}(\bar{\phi}\bar{u}) = \mathrm{div}(\Gamma\,\mathrm{grad}\,\bar{\phi}) + \left[-\frac{\partial \overline{u'\phi'}}{\partial x} - \frac{\partial \overline{v'\phi'}}{\partial y} - \frac{\partial \overline{w'\phi'}}{\partial z}\right] + S \tag{3.8}$$

在上述各方程中，假设流体密度为常数，但在实际流动中密度可能是变化的。在此，忽略密度脉动的影响，只考虑平均密度的变化，可以写出可压湍流平均流动的控制方程（为方便起见，除脉动值的时均值外，下式中去掉了表示时均值的上划线符号 "-"，如用 ϕ 来表示 $\bar{\phi}$）。

（1）连续方程

$$\frac{\partial \rho}{\partial t} + \mathrm{div}(\rho u) = 0 \tag{3.9}$$

（2）动量方程

$$\begin{cases} \dfrac{\partial \rho u}{\partial t} + \mathrm{div}(\rho u u) = \mathrm{div}(\mu\,\mathrm{grad}\,u) - \dfrac{\partial \rho}{\partial x} + \left[-\dfrac{\partial(\overline{\rho u'^2})}{\partial x} - \dfrac{\partial(\overline{\rho u'v'})}{\partial y} - \dfrac{\partial(\overline{\rho u'w'})}{\partial z}\right] + S_u \\[3mm] \dfrac{\partial \rho v}{\partial t} + \mathrm{div}(\rho v u) = \mathrm{div}(\mu\,\mathrm{grad}\,v) - \dfrac{\partial \rho}{\partial y} + \left[-\dfrac{\partial(\overline{\rho u'v'})}{\partial x} - \dfrac{\partial(\overline{\rho v'^2})}{\partial y} - \dfrac{\partial(\overline{\rho v'w'})}{\partial z}\right] + S_v \\[3mm] \dfrac{\partial(\rho w)}{\partial t} + \mathrm{div}(\rho w u) = \mathrm{div}(\mu\,\mathrm{grad}\,w) - \dfrac{\partial \rho}{\partial z} + \left[-\dfrac{\partial(\overline{\rho u'w'})}{\partial x} - \dfrac{\partial(\overline{\rho v'w'})}{\partial y} - \dfrac{\partial(\overline{\rho w'^2})}{\partial z}\right] + S_w \end{cases} \tag{3.10}$$

（3）其他变量的输运方程

$$\frac{\partial \rho \phi}{\partial t} + \mathrm{div}(\rho u \phi) = \mathrm{div}(\Gamma\,\mathrm{grad}\,\phi) + \left[-\frac{\partial(\overline{\rho u'\phi'})}{\partial x} - \frac{\partial(\overline{\rho v'\phi'})}{\partial y} - \frac{\partial(\overline{\rho w'\phi'})}{\partial z}\right] + S \tag{3.11}$$

式(3.9) 是时均形式的连续方程，式(3.10) 是时均形式的 N-S 方程。由于在式(3.3) 中采用雷诺（Reynolds）平均法，因此，式(3.10) 称为 Reynolds 时均 N-S 方程，又称为 Reynolds 方程。式(3.11) 是场变量 ϕ 的时均输运方程。

为了便于后续分析，现引入张量中的指标符号改写式(3.9)～式(3.11)，则有如下方程：

$$\frac{\partial \rho}{\partial t} + \frac{\partial (\rho u_i)}{\partial x_i} = 0 \tag{3.12}$$

$$\frac{\partial (\rho u_i)}{\partial t} + \frac{\partial (\rho u_i u_j)}{\partial x_j} = -\frac{\partial p}{\partial x_i} + \frac{\partial}{\partial x_j}\left(\mu\,\frac{\partial u_i}{\partial x_j} - \rho\overline{u_i' u_j'}\right) + S_i \tag{3.13}$$

$$\frac{\partial (\rho \phi)}{\partial t} + \frac{\partial (\rho u_j \phi)}{\partial x_j} = \frac{\partial}{\partial x_j}\left(\Gamma\,\frac{\partial \phi}{\partial x_j} - \rho\overline{u_j' \phi'}\right) + S \tag{3.14}$$

式(3.12)～式(3.14) 就是用张量的指标形式表示的时均连续方程、Reynolds 方程和场变量 ϕ 的时均输运方程。式中 i 和 j 的指标取值范围是（1，2，3）。

式(3.13) 里多出与 $-\rho\overline{u_i' u_j'}$ 有关的项为 Reynolds 应力项，即

$$\tau_{ij} = -\rho\overline{u_i' u_j'} \tag{3.15}$$

式中，τ_{ij} 实际对应 6 个不同的 Reynolds 应力项，即 3 个正应力和 3 个切应力。

由式(3.12)～式(3.14) 构成的方程组共有 5 个方程（Reynolds 方程实际是 3 个），在新增了 6 个 Reynolds 应力，再加上原来的 5 个时均未知量（u_x、u_y、u_z、p 和 ϕ），共有 11 个未知量，因此，方程组不封闭，必须引入新的湍流模型（方程）才能使方程组式(3.12)～式(3.14) 封闭。

3.2　湍流的数值模拟方法

湍流流动是一种高度非线性的复杂流动，但人们已经能够通过某些数值方法对湍流进行模拟，所得结果与实际比较吻合。本节将简要介绍湍流的各种数值模拟方法。

3.2.1　湍流数值模拟方法的分类

总体而言，目前的湍流数值模拟方法可以分为直接数值模拟法（Direct Numerical Simulation，DNS）和非直接数值模拟法。所谓直接数值模拟法是指直接求解瞬时湍流控制方程式(3.1) 和式(3.2)；而非直接数值模拟法就是不直接计算湍流的脉动特性，而是设法对湍流作某种程度的近似和简化处理，例如，采用 3.1 部分给出的时均性质的 Reynolds 方程就是其中一种典型做法。根据所采用的近似和简化方法不同，非直接数值模拟法分为大涡模拟法（Large Eddy Simulation，LES）、统计平均法和 Reynolds 平均法（RANS）。湍流数值模拟法分类如图 3.2 所示。

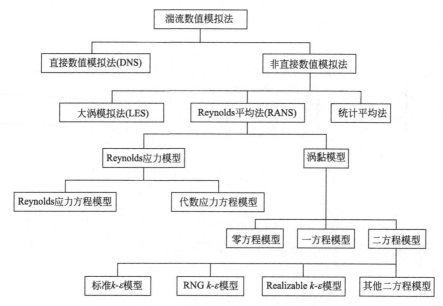

图 3.2 三维湍流数值模拟方法及相应的湍流模型

统计平均法是基于湍流相关函数的统计理论，主要用相关函数及谱分析的方法来研究湍流结构，统计理论主要涉及小尺度涡的运动，这种方法在工程上应用不广泛。下面简要介绍直接数值模拟法（DNS）、大涡模拟法（LES）、Reynolds 平均法。

3.2.2 直接数值模拟法

DNS 法就是直接用瞬时的 N-S 方程式（3.2）对湍流进行计算。DNS 法的最大好处是无须对湍流流动作任何简化或近似，理论上可以得到相对准确的计算结果。

但是，实验研究表明，在一个 $0.1\mathrm{m}\times0.1\mathrm{m}$ 的流动区域内，在大雷诺数的湍流中可能包含尺度有 $10\sim100\mu\mathrm{m}$ 的涡，一般需要高达 $10^9\sim10^{12}$ 个计算网格节点数来描述所有尺度的涡。同时，湍流脉动的频率约为 $10\mathrm{kHz}$，因此，必须将时间的离散步长取为 $100\mu\mathrm{s}$ 以下。在如此微小的空间和时间步长下，才能分辨出湍流中详细的空间结构及变化剧烈的时间特性。对于这样的计算要求，现有的计算机能力还是难以达到的。DNS 法对内存空间及计算速度的要求非常高，目前还无法用于真正意义上的工程计算，但大量的探索性工作正在进行之中。

随着计算机技术，特别是并行计算技术的飞速发展，有可能在不远的将来将这种方法用于实际工程计算。

3.2.3 大涡模拟法

为了模拟湍流流动，一方面要求计算区域的尺寸应大到足以包含湍流运动中出现的最大涡，另一方面要求计算网格的尺度应小到足以分辨最小涡的运动。然而，就目前的计算机能力来讲，能够采用的计算网格的最小尺度仍比最小涡的尺度大许多。因此，目前只能放弃对全尺度范围上涡的运动的模拟，只将比网格尺度大的湍流运动通过 N-S 方程直接计算出来，对于小尺度的涡对大尺度运动的影响则通过建立模型来模拟，从而形成了目前的 LES 法。

LES 法的基本思想：用瞬时 N-S 方程式（3.2）直接模拟湍流中的大尺度涡，不直接模拟小尺度涡，而小涡对大涡的影响通过近似的模型来考虑。

总体而言，LES 法对计算机内存及 CPU 速度的要求仍比较高，但低于 DNS 法。目前，在工作站和高档 PC 上已经可以开展 LES 工作。LES 方法是目前 CFD 研究和应用的热点之一，具体将在后面介绍这种方法。

3.2.4 Reynolds 平均法

多数观点认为，虽然瞬时的 N-S 方程可以用于描述湍流，但 N-S 方程的非线性使得采用解析方法精确描写三维瞬态问题的全部细节极端困难，即使能真正得到这些细节，对于解决实际问题也没有太大的意义。因为从工程应用的观点上看，湍流所引起的平均流场的变化是一个整体的效果。因此，人们很自然地想到求解时均化的 N-S 方程，而将瞬态的脉动量通过某种模型在时均化的方程中体现出来，由此产生了 Reynolds 平均法。Reynolds 平均法的核心是不直接求解瞬时的 N-S 方程，而是想办法求解时均化的 Reynolds 方程式（3.13）。这样，不仅可以避免 DNS 方法的计算量大的问题，而且对工程实际应用可以取得很好的效果。Reynolds 平均法是目前使用最为广泛的湍流数值模拟方法。

由于时均化的 Reynolds 方程式（3.13）简称为 RANS，因此，Reynolds 平均法也称为 RANS 法。

考察 Reynolds 方程式（3.13）可以看出，方程中有关于湍流脉动值的 Reynolds 应力项，这属于新的未知量。因此，要使方程组封闭，必须对 Reynolds 应力做出某种假设，即建立应力的表达式（或引入新的湍流模型方程），通过这些表达式或湍流模型，把湍流的脉动值与时均值等联系起来。由于没有特定的物理定律可以建立湍流模型，所以目前的湍流模型只能以大量的实验观测结果为基础。

根据对 Reynolds 应力做出的假设或处理方式不同，目前常用的湍流模型有 Reynolds 应力模型和涡黏模型两大类。下面分别介绍这两类湍流模型。

3.2.4.1 Reynolds 应力模型

在 Reynolds 应力模型方法中，直接构建 Reynolds 应力方程，然后联立求解式（3.12）～式（3.14）及新建立的 Reynolds 应力方程。通常情况下，Reynolds 应力方程是微分形式的，称为 Reynolds 应力方程模型。若将 Reynolds 应力方程的微分形式简化为代数方程的形式，则称这种模型为代数应力方程模型。这样，Reynolds 应力方程模型包括 Reynolds 应力方程模型和代数应力方程模型。后续内容将分别介绍这两种模型。

3.2.4.2　涡黏模型

在涡黏模型方法中，不直接处理 Reynolds 应力项，而是引入湍流黏度，或称涡黏系数，然后把湍流应力表示成湍流黏度的函数，整个计算的关键在于确定这种湍流黏度。

湍流黏度的提出来源于 Boussinesq 提出的涡黏假设，该假设建立了 Reynolds 应力相对于平均速度梯度的关系，即

$$-\rho \overline{u_i u_j} = \mu_t \left(\frac{\partial u_i}{\partial x_j} + \frac{\partial u_j}{\partial x_i} \right) - \frac{2}{3} \left(\rho k + \mu_t \frac{\partial u_i}{\partial x_j} \right) \delta_{ij} \tag{3.16}$$

$$k = \frac{\overline{u_i' u_j'}}{2} = \frac{1}{2} (\overline{u'^2} + \overline{v'^2} + \overline{w'^2}) \tag{3.17}$$

式中　μ_t——湍流黏度；

u_i、u_j——时均速度；

x_i、x_j——笛卡尔坐标；

δ_{ij}——Kronecker delta（克罗内克 δ）符号（当 $i=j$ 时，$\delta_{ij}=1$；当 $i \neq j$ 时，$\delta_{ij}=0$）；

k——湍动能。

湍流黏度 μ_t 是空间坐标的函数，取决于流动状态，而不是物性参数。下标"t"表示湍流流动。

由此可见，引入 Boussinesq 假设后，计算湍流流动的关键就在于如何确定 μ_t。所谓的涡黏模型，就是把湍流黏度 μ_t 与湍流时均参数联系起来的一种关系式。根据确定湍流黏度的微分方程数目的多少，涡黏模型包括零方程模型、一方程模型、二方程模型。

目前，二方程模型在工程中使用最为广泛，最基本的二方程模型是标准 k-ε 模型，即分别引入关于湍动能 k 和耗散率 ε 的方程。此外，还有各种改进的 k-ε 模型，比较著名的是 RNG（Renormalization Normal Group，重正化群）k-ε 模型和 Realizable k-ε 模型。对此，将在后面内容分别介绍这些涡黏模型。

3.3　零方程模型及一方程模型

3.2 部分提出了在 Reynolds 平均法中如何处理 Reynolds 应力项的若干湍流模型，本节介绍最简单的零方程模型及一方程模型。

3.3.1　零方程模型

所谓零方程模型，是指不使用微分方程，而是用代数关系式，把湍流黏度与时均值联系起来的模型。它只用湍流的时均连续方程式（3.12）和 Reynolds 方程式（3.13）组成方程组，把方程组中的 Reynolds 应力用平均速度场的局部速度梯度来表示。

零方程模型方案有多种，最著名的是普朗特（Prandtl）提出的混合长度模型。Prandtl 假设湍流黏度 μ_t 与时均速度 u_i 的梯度和混合长度 l_{m} 的乘积成正比。例如，在二维问题中则有：

$$\mu_t = l_{\mathrm{m}}^2 \left| \frac{\partial u}{\partial y} \right| \tag{3.18}$$

湍流切应力表示为：

$$-\rho \overline{u'v'} = \rho l_{\mathrm{m}}^2 \left| \frac{\partial u}{\partial y} \right| \frac{\partial u}{\partial y} \tag{3.19}$$

式中，混合长度 l_{m} 由经验公式或实验确定。

混合长度模型的优点是直观、简单，对于如射流、混合层、扰动和边界层等带有薄的剪切层的流动效果比较有效，但由于混合长度 l_{m} 在简单流动中比较容易确定，而在复杂流动中则很难确定，而且也不能用于模拟带有分离回流的流动，因此零方程模型在实际工程中很少使用。

3.3.2　一方程模型

在零方程模型中，湍流黏度 μ_t 和混合长度 l_{m} 都把 Reynolds 应力和当地平均速度梯度相联系，是一种局部平衡的概念，而忽略了对流和扩散的影响。为了弥补混合长度模型的局限性，在湍流的时均连续方程式（3.12）和 Reynolds 方程式（3.13）基础上，再建立一个湍动能 k 的输运方程，并将湍流黏度 μ_t 表示成湍动能 k 的函数，而使方程组封闭。这里，湍动能 k 的输运方程可写为：

$$\frac{\partial(\rho k)}{\partial t} + \frac{\partial(\rho k u_i)}{\partial x_i} = \frac{\partial}{\partial x_j}\left[\left(\mu + \frac{\mu_t}{\sigma_k}\right)\frac{\partial k}{\partial x_j}\right] + \mu_t\left(\frac{\partial u_i}{\partial x_j} + \frac{\partial u_j}{\partial x_i}\right)\frac{\partial u_i}{\partial x_j} - \rho C_D \frac{k^{3/2}}{l} \tag{3.20}$$

式（3.20）从左至右，各项依次为瞬态项、对流项、扩散项、产生项、耗散项。根据 Kolmogorov-Prandtl 表达式，有：

$$\mu_t = \rho C_\mu \sqrt{kl} \tag{3.21}$$

式中　σ_k、C_D、C_μ——经验常数，多数文献建议 $\sigma_k = 1.0$、$C_\mu = 0.09$；对于 C_D 的取值，在不同的文献中取值不同，一般取为 $0.08 \sim 0.38$；

l——湍流脉动的特征长度，依据经验公式或实验而定。

式(3.20)与式(3.21)构成一方程模型。一方程模型考虑到湍动的对流输运和扩散输运，因而比零方程模型更为合理。但是，一方程模型中如何确定特征长度 l 仍为不易解决的问题，因此很少在工程中得到应用。

3.4　标准 k-ε 二方程模型

标准 k-ε 模型是典型的两方程模型，它是在一方程模型的基础上，再引入一个关于湍流耗散率 ε 的方程后形成的，该模型是目前使用最广泛的湍流模型。本节介绍 k-ε 标准模型的定义及其相应的控制方程组。

3.4.1　标准 k-ε 模型

在湍动能 k 的方程的基础上，再引入一个关于湍流耗散率的 ε 方程，便构成了 k-ε 两方程模型，称为标准 k-ε 模型。在模型中，湍流耗散率 ε 的定义为：

$$\varepsilon = \frac{\mu}{\rho} \overline{\left(\frac{\partial u_i'}{\partial x_k}\right)\left(\frac{\partial u_j'}{\partial x_k}\right)} \tag{3.22}$$

将湍流黏度表示成 k 和 ε 的函数，即

$$\mu_t = \rho \, C_\mu \frac{k^2}{\varepsilon} \tag{3.23}$$

式中　C_μ——经验常数。

在标准 k-ε 模型中，k 和 ε 是两个基本未知量，与之相应的输运方程分别为：

$$\frac{\partial(\rho k)}{\partial t} + \frac{\partial(\rho k u_i)}{\partial x_i} = \frac{\partial}{\partial x_j}\left[\left(\mu + \frac{\mu_t}{\sigma_k}\right)\frac{\partial k}{\partial x_j}\right] + G_k + G_b - \rho\varepsilon - Y_M + S_k \tag{3.24}$$

$$\frac{\partial(\rho\varepsilon)}{\partial t} + \frac{\partial(\rho\varepsilon u_i)}{\partial x_i} = \frac{\partial}{\partial x_j}\left[\left(\mu + \frac{\mu_t}{\sigma_\varepsilon}\right)\frac{\partial\varepsilon}{\partial x_j}\right] + G_{1\varepsilon}\frac{\varepsilon}{k}(G_k + G_{3\varepsilon}G_b) - C_{2\varepsilon}\rho\frac{\varepsilon^2}{k} + S_\varepsilon \tag{3.25}$$

式中　　G_k——由平均速度梯度引起的湍动能 k 的产生项；

　　　　G_b——由浮力引起的湍动能 k 的产生项；

　　　　Y_M——可压湍流中的脉动扩张项；

$C_{1\varepsilon}$、$C_{2\varepsilon}$、$C_{3\varepsilon}$——经验常数；

　　σ_k、σ_ε——与湍动能 k 和耗散率 ε 二者相对应的 Prandtl 数；

　　S_k、S_ε——用户定义的源项。

3.4.2　标准 k-ε 模型的有关计算公式

在标准模型中，式(3.22)与式(3.23)中各项的计算公式如下。

首先，G_k 是由平均速度梯度起的湍动能 k 的产生项，其计算式为：

$$G_k = \mu_t \left(\frac{\partial u_i}{\partial x_j} + \frac{\partial u_j}{\partial x_i} \right) \frac{\partial u_i}{\partial x_j} \tag{3.26}$$

式(3.25)中 G_b 是由于浮力引起的湍动能 k 的产生项，对于不可压流体，$G_b = 0$；对于可压流体，有

$$G_b = \beta g_i \frac{\mu_t}{Pr_t} \frac{\partial T}{\partial x_i} \tag{3.27}$$

式中　Pr_t——湍动 Prandtl 数，在此模型中 $Pr_t = 0.85$；

　　　g_i——重力加速度在第 i 方向的分量；

　　　β——热膨胀系数，可由可压缩流体的状态方程求出，其表达式为：

$$\beta = -\frac{1}{\rho} \frac{\partial \rho}{\partial T} \tag{3.28}$$

式(3.24)中 Y_M 代表可压缩湍流中的脉动扩张项，对于不可压缩流体，$Y_M = 0$；对于可压缩流体，有

$$Y_M = 2\rho \varepsilon Ma_t^2 \tag{3.29a}$$

$$Ma_t^2 = \sqrt{k / a^2} \tag{3.29b}$$

$$a = \sqrt{\gamma R T} \tag{3.29c}$$

式中　Ma_t^2——湍流马赫（Mach）数；

　　　a——声速。

在标准 k-ε 模型中，根据 Launder 等的推荐值及后来的实验验证，模型常数 $C_{1\varepsilon}$、$C_{2\varepsilon}$、C_μ、σ_k 和 σ_ε 的取值为：

$$C_{1\varepsilon} = 1.44, C_{2\varepsilon} = 1.92, C_\mu = 0.09, \sigma_k = 1.0, \sigma_\varepsilon = 1.3 \tag{3.30}$$

对于可压缩流体的流动计算中与浮力相关的系数 $C_{3\varepsilon}$，当主流方向与重力方向平行时，$C_{3\varepsilon} = 1$；当主流方向与重力方向垂直时，$C_{3\varepsilon} = 0$。

根据以上分析，当流动为不可压，且不考虑用户自定义的源项时，$G_b = 0$、$Y_M = 0$、$S_k = 0$ 和 $S_\varepsilon = 0$，此时，标准 k-ε 模型分别为

$$\frac{\partial (\rho k)}{\partial t} + \frac{\partial (\rho k u_i)}{\partial x_i} = \frac{\partial}{\partial x_j} \left[\left(\mu + \frac{\mu_t}{\sigma_k} \right) \frac{\partial k}{\partial x_j} \right] + G_k - \rho \varepsilon \tag{3.31}$$

$$\frac{\partial (\rho \varepsilon)}{\partial t} + \frac{\partial (\rho \varepsilon u_i)}{\partial x_i} = \frac{\partial}{\partial x_j} \left[\left(\mu + \frac{\mu_t}{\sigma_\varepsilon} \right) \frac{\partial \varepsilon}{\partial x_j} \right] + \frac{C_{1\varepsilon}}{k} G_k - C_{2\varepsilon} \rho \frac{\varepsilon^2}{k} \tag{3.32}$$

式(3.31)和式(3.32)为标准 k-ε 模型简化后的形式，这便于分析不同湍流模型的特点，在后续介绍的改进的 k-ε 模型也将采用这种简化形式。

式(3.31)和式(3.32)中的 G_k 按式(3.26)计算，其展开式为：

$$G_k = \mu_t \left\{ 2 \left[\left(\frac{\partial u}{\partial x} \right)^2 + \left(\frac{\partial v}{\partial y} \right)^2 + \left(\frac{\partial w}{\partial z} \right)^2 \right] + \left(\frac{\partial u}{\partial y} + \frac{\partial v}{\partial x} \right)^2 + \left(\frac{\partial u}{\partial z} + \frac{\partial w}{\partial x} \right)^2 + \left(\frac{\partial v}{\partial z} + \frac{\partial w}{\partial y} \right)^2 \right\}$$

$$\tag{3.33}$$

3.4.3　标准 *k-ε* 模型的控制方程组

采用标准 *k-ε* 模型求解流动及换热问题时，控制方程包括连续性方程、动量方程、能量方程、*k* 方程、*ε* 方程与湍流黏度的定义式(3.23)。若不考虑热交换，只是单纯流场计算问题，则不需要包含能量方程。若考虑传质或有化学变化的情况，则应增加组分方程，这些方程均可用如下通用形式表示：

$$\frac{\partial(\rho\phi)}{\partial t}+\frac{\partial(\rho u\phi)}{\partial x}+\frac{\partial(\rho v\phi)}{\partial y}+\frac{\partial(\rho w\phi)}{\partial z}=\frac{\partial}{\partial x}\left(\Gamma\frac{\partial\phi}{\partial x}\right)+\frac{\partial}{\partial y}\left(\Gamma\frac{\partial\phi}{\partial y}\right)+\frac{\partial}{\partial z}\left(\Gamma\frac{\partial\phi}{\partial z}\right)+S$$

$$(3.34)$$

使用散度和梯度符号，式(3.34)可改为：

$$\frac{\partial(\rho\phi)}{\partial t}+\mathrm{div}(\rho\pmb{u}\phi)=\mathrm{div}(\Gamma\,\mathrm{grad}\,\phi)+S \tag{3.35}$$

为查阅方便，表 3.1 给出了在三维笛卡尔坐标系下，与式(3.35)所对应的标准 *k-ε* 模型的控制方程。

表 3.1　与式(3.35)对应的 *k-ε* 模型的控制方程

方程	ϕ	扩散系数 Γ	源项 S
连续方程	1	0	0
x-动量方程	u	$\mu_{\mathrm{eff}}=\mu+\mu_t$	$-\dfrac{\partial p}{\partial x}+\dfrac{\partial}{\partial x}\left(\mu_{\mathrm{eff}}\dfrac{\partial u}{\partial x}\right)+\dfrac{\partial}{\partial y}\left(\mu_{\mathrm{eff}}\dfrac{\partial v}{\partial x}\right)+\dfrac{\partial}{\partial z}\left(\mu_{\mathrm{eff}}\dfrac{\partial w}{\partial x}\right)+s_u$
y-动量方程	v	$\mu_{\mathrm{eff}}=\mu+\mu_t$	$-\dfrac{\partial p}{\partial y}+\dfrac{\partial}{\partial x}\left(\mu_{\mathrm{eff}}\dfrac{\partial u}{\partial y}\right)+\dfrac{\partial}{\partial y}\left(\mu_{\mathrm{eff}}\dfrac{\partial v}{\partial y}\right)+\dfrac{\partial}{\partial z}\left(\mu_{\mathrm{eff}}\dfrac{\partial w}{\partial y}\right)+s_v$
z-动量方程	w	$\mu_{\mathrm{eff}}=\mu+\mu_t$	$-\dfrac{\partial p}{\partial z}+\dfrac{\partial}{\partial x}\left(\mu_{\mathrm{eff}}\dfrac{\partial u}{\partial z}\right)+\dfrac{\partial}{\partial y}\left(\mu_{\mathrm{eff}}\dfrac{\partial v}{\partial z}\right)+\dfrac{\partial}{\partial z}\left(\mu_{\mathrm{eff}}\dfrac{\partial w}{\partial z}\right)+s_w$
湍动能	k	$\mu+\dfrac{\mu_t}{\sigma_k}$	$G_k+\rho\varepsilon$
耗散率	ε	$\mu+\dfrac{\mu_t}{\sigma_\varepsilon}$	$\dfrac{\varepsilon}{k}(C_{1\varepsilon}G_k-C_{2\varepsilon}\rho\varepsilon)$
能量方程	T	$\dfrac{\mu}{Pr}+\dfrac{\mu_t}{\sigma_T}$	S 按实际问题而定

3.4.4　标准 *k-ε* 模型方程的解法及适用性

在将各类变量的控制方程都写成式(3.35)所示的统一形式后，控制方程的离散化及求解方法可以求得统一，这为发展大型通用计算程序提供了条件。以式(3.35)为出发点所编制的程序可以适用于各种变量，不同变量间的区别仅在于广义扩散系数、广义源项及初值、边界条件三个方面。实际上，目前世界上研究计算流体动力学的主要机构所编制的程序多是针对式(3.35)写出的。应特别注意区别不同变量的源项在离散化及求解过程中的特殊问题。

对于标准 k-ε 模型的适用性，需注意以下几点。

（1）模型中的有关系数，如式（3.30）中的值，主要是根据一些特殊条件下的实验结果而确定的，在讨论不同问题时，这些值取值可能有所不同，但总体来讲本节推荐取值得到了广泛应用。虽然这组系数有较广泛的适用性，但也不能过高估计其适用性，在数值计算过程中针对特定的问题需要参考相关文献研究寻找更合理的取值。

（2）本节所给出的标准 k-ε 模型，是针对湍流发展非常充分的湍流流动来建立的，也就是说，它是一种针对高雷诺数的湍流计算模型，而当雷诺数比较低时，例如，在近壁区内的流动，湍流发展并不充分，湍流的脉动影响可能不如分子黏性的影响大，在更贴近壁面的底层内，流动可能处于层流状态。因此，对雷诺数较低的流动使用上面建立的标准 k-ε 模型进行计算，就会出现问题。因而必须采用特殊的处理方式，以解决近壁区内的流动计算及低雷诺数时的流动计算问题。常用的解决方法有两种：一种是采用壁面函数法；另一种是采用低雷诺数的 k-ε 模型。

（3）标准 k-ε 模型比零方程模型和一方程模型有了很大改进，在科学研究及工程实际中得到了最为广泛的检验和应用，但用于强旋流、弯曲壁面流动或弯曲线流动时会产生一定的失真。这是由于在标准 k-ε 模型中，对于 Reynolds 应力的各个分量，假定湍流黏度 μ_t 是各向同性的标量。而在流线弯曲的情况下，湍流是各向异性的，μ_t 应该是各向异性的张量。为了弥补标准 k-ε 模型的缺陷，许多学者提出了对标准 k-ε 模型的改进型模型，目前，应用比较广泛的改进型模型有两种：RNG（Renormalization Group，重正化群）k-ε 模型和 Realizable k-ε 模型。

3.5 改进型 k-ε 模型

本节介绍 RNG k-ε 模型和 Realizable k-ε 模型。

3.5.1 RNG k-ε 模型

在 RNG k-ε 模型中，通过在大尺度运动项和修正后的黏度项中体现小尺度的影响，而使这些小尺度运动系统地从控制方程中去除。得到的 k 方程和 ε 方程与标准 k-ε 模型非常相似，即

$$\frac{\partial(\rho k)}{\partial t}+\frac{\partial(\rho k u_i)}{\partial x_i}=\frac{\partial}{\partial x_j}\left(\alpha_k \mu_{\text{eff}}\frac{\partial k}{\partial x_j}\right)+G_k+\rho\varepsilon \tag{3.36}$$

$$\frac{\partial(\rho\varepsilon)}{\partial t}+\frac{\partial(\rho\varepsilon u_i)}{\partial x_i}=\frac{\partial}{\partial x_j}\left(\alpha_\varepsilon\mu_{\text{eff}}\frac{\partial\varepsilon}{\partial x_j}\right)+C_{1\varepsilon}^*\frac{\varepsilon}{k}G_k-C_{2\varepsilon}\rho\frac{\varepsilon^2}{k} \qquad (3.37)$$

式中

$$\begin{cases} \mu_{\text{eff}}=\mu+\mu_t \\[2mm] \mu_t=\rho C_\mu\dfrac{k^2}{\varepsilon} \\[2mm] C_\mu=0.0845, \alpha_k=\alpha_\varepsilon=1.39 \\[2mm] C_{1\varepsilon}^*=C_{1\varepsilon}-\dfrac{\eta(1-\eta/\eta_0)}{1+\beta\eta^3} \\[2mm] C_{1\varepsilon}=1.42, C_{2\varepsilon}=1.68 \\[2mm] \eta=(2E_{ij}E_{ij})^{1/2}\dfrac{k}{\varepsilon} \\[2mm] E_{ij}=\dfrac{1}{2}\left(\dfrac{\partial u_i}{\partial x_j}+\dfrac{\partial u_j}{\partial x_i}\right) \\[2mm] \eta_0=4.377, \beta=0.012 \end{cases} \qquad (3.38)$$

与标准 k-ε 模型比较，RNG k-ε 模型主要改进如下：

① 通过修正湍流黏度，考虑了平均流动中的旋转及旋流流动情况；

② 在 ε 方程中增加了 E_{ij} 项，从而反映了主流的时均应变率，使 RNG k-ε 模型中产生项不仅与流动情况有关，而且在同一问题中仍是空间坐标的函数。

从而，使得 RNG k-ε 模型可以更好地处理高应变率及流线弯曲程度较大的流动。

需要注意的是，RNG k-ε 模型仍是针对充分发展的湍流，即高雷诺数的湍流计算模型；而对近壁区内的流动及雷诺数较低的流动，必须采用 3.6 部分将要介绍的壁面函数法或低雷诺数的 k-ε 模型来模拟。

3.5.2 Realizable k-ε 模型

研究表明，标准 k-ε 模型对时均应变率特别大的情形有可能导致负的正应力。为使流动符合湍流的物理定律，需要对正应力进行某种数学约束。为保证这种约束的实现，有学者认为湍流黏度计算式中的系数 C_μ 不应是常数，而应与应变率联系起来。从而提出了 Realizable k-ε 模型，在该模型中湍动能 k 和耗散率 ε 的输运方程分别为：

$$\frac{\partial(\rho k)}{\partial t}+\frac{\partial(\rho k u_i)}{\partial x_i}=\frac{\partial}{\partial x_j}\left[\left(\mu+\frac{\mu_t}{\sigma_k}\right)\frac{\partial k}{\partial x_j}\right]+G_k-\rho\varepsilon \qquad (3.39)$$

$$\frac{\partial(\rho\varepsilon)}{\partial t}+\frac{\partial(\rho\varepsilon u_i)}{\partial x_i}=\frac{\partial}{\partial x_j}\left[\left(\mu+\frac{\mu_t}{\sigma_\varepsilon}\right)\frac{\partial\varepsilon}{\partial x_j}\right]+\rho C_1 E\varepsilon-\rho C_2\frac{\varepsilon^2}{k+\sqrt{v\varepsilon}} \qquad (3.40)$$

其中

$$\begin{cases} \sigma_k = 1.0, \sigma_\varepsilon = 1.2, C_2 = 1.9 \\[2mm] C_1 = \max\left(0.43, \dfrac{\eta}{\eta + 5}\right) \\[2mm] \eta = (2E_{ij}E_{ij})^{1/2} \dfrac{k}{\varepsilon} \\[2mm] E_{ij} = \dfrac{1}{2}\left(\dfrac{\partial u_i}{\partial x_j} + \dfrac{\partial u_j}{\partial x_i}\right) \end{cases} \tag{3.41}$$

式中：μ_t 可按下式计算：

$$\mu_t = \rho C_\mu \frac{k^2}{\varepsilon} \tag{3.42}$$

其中

$$C_\mu = \frac{1}{A_0 + A_S U^* k / \varepsilon} \tag{3.43}$$

$$\begin{cases} A_o = 4.0 \\[2mm] A_S = \sqrt{6}\cos\phi \\[2mm] \phi = \dfrac{1}{3}\arccos(\sqrt{6}W) \\[2mm] W = \dfrac{E_{ij}E_{jk}E_{kj}}{(E_{ij}E_{ij})} \\[2mm] E_{ij} = \dfrac{1}{2}\left(\dfrac{\partial u_i}{\partial x_j} + \dfrac{\partial u_j}{\partial x_i}\right) \\[2mm] U^* = \sqrt{E_{ij}E_{ij} + \overline{\Omega_{ij}\Omega_{ij}}} \\[2mm] \overline{\Omega_{ij}} = \Omega_{ij} - 2\varepsilon_{ijk}\omega_k \\[2mm] \Omega_{ij} = \overline{\Omega_{ij}} - \varepsilon_{ijk}\omega_k \end{cases} \tag{3.44}$$

式中　　$\overline{\Omega_{ij}}$——从角速度为 ω_k 的参考系中观察到的时均转动速率张量；

Ω_{ij}——从角速度为 ω_k 的参考系中观察到的转动速率张量；

ω_k——角速度；

E_{ij}，E_{jk}、E_{kj}——沿 x_{ij}、x_{jk}、x_{kj} 方向的速度应变率；

ε_{ijk}——耗散率函数；对无旋转的流场，U^* 计算式根号中的第二项为 0，这一项是专门用于表示旋转的影响的，也是本模型的特点之一。

与标准 k-ε 模型相比，Realizable k-ε 模型主要改进如下：

① 湍流黏度计算公式发生了变化，引入了与旋转和曲率有关的内容；

② ε 方程发生显著变化，方程中的产生项不再含有 k 方程中的产生项 G_k；

③ ε 方程中的倒数第二项不具有任何奇异性，即使 k 值很小或为 0，分母也不

会为 0。这与标准 k-ε 模型和 RNG k-ε 模型存在很大区别。

Realizable k-ε 模型已经有效地应用于各种不同类型的流动模拟，包括旋转均匀剪切流、含有射流和混合流的自由流动、管道内流动、边界层流动以及带有分离的流动等。

3.6 在近壁区使用 k-ε 模型的问题及对策

在 3.4 和 3.5 部分中介绍的标准 k-ε 模型和 RNG k-ε 模型等是针对充分发展的湍流才有效的，这些模型均是高雷诺数的湍流模型。可是，对近壁区内的流动，雷诺数较低，湍流发展并不充分，湍流的脉动影响不如分子黏性的影响大，在近壁区内就无法使用前面建立的 k-ε 模型进行模拟计算，必须采用特殊的处理方式。本节介绍壁面函数法和低雷诺数 k-ε 模型，这两种方法都可以与标准 k-ε 模型和 RNG k-ε 模型等配合，成功地解决近壁区及低雷诺数情况下的流动计算问题。

3.6.1 近壁区流动的特点

实验研究表明，对于有固体壁面的充分发展的湍流流动，沿壁面法线方向的不同距离上，可将流动划分为壁面区（或称内区、近壁区）和核心区（或称外区）。对于核心区的流动，认为是完全湍流区，在此不再讨论，只讨论壁面区的流动。

在壁面区，流体运动受壁面流动条件的影响比较明显，壁面区可分为黏性底层、过渡层和对数律层 3 个子层。

① 黏性底层是一个紧贴固体壁面的极薄层，其中黏性力在动量、热量及质量交换中起主导作用，湍流切应力可以忽略，流动几乎是层流流动，平行于壁面的速度分量沿壁面法线方向线性分布。

② 过渡层处于黏性底层的外面，其中黏性力与湍流切应力的作用相当，流动状况比较复杂，很难用一个公式或定律来描述。由于过渡层的厚度极小，因此在工程计算中通常将其归入对数律层。

③ 对数律层处于最外层，其中黏性力的影响不明显，湍流切应力占主要地位，流动处于充分发展的湍流状态，流速分布接近对数关系。

为了建立壁面函数，现引入两个无量纲的参数 u^+ 和 y^+，分别表示速度和距离，即

$$u^+ = \frac{u}{u_\tau} \tag{3.45}$$

$$y^+ = \frac{\Delta y \rho u_\tau}{\mu} = \frac{\Delta y}{v} \sqrt{\frac{\tau_w}{\rho}} \tag{3.46}$$

$$\mu_\tau = (\tau_w / \rho)^{\frac{1}{2}}$$

式中　μ——流体的时均速度；

　　　u_τ——壁面摩擦速度；

　　　τ_w——壁面切应力；

　　　Δy——到壁面的距离。

以 $\ln y^+$ 为横坐标，u^+ 为纵坐标，将壁面区内 3 个子层及核心区内的流动表示在图 3.3 中。图中的小三角形及小空心圆代表在两种不同雷诺数下实测得到的速度值 u^+，直线代表对速度进行拟合后的结果。

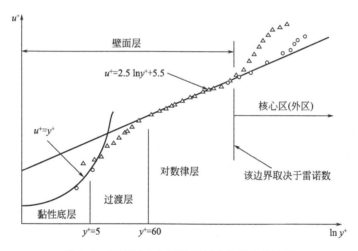

图 3.3　壁面区 3 个子层的划分与相应的速度

从图 3.3 可知，当 $y^+ < 5$ 时，所对应的区域是黏性底层，此时速度沿壁面法线方向呈线性分布，即

$$u^+ = y^+ \tag{3.47}$$

当 $60 < y^+ < 300$ 时，流动处于对数律层，此时速度沿壁面法线方向呈对数律分布，即

$$u^+ = \frac{1}{\kappa} \ln y^+ + B = \frac{1}{\kappa} \ln(E y^+) \tag{3.48}$$

式中　κ——卡门（Karman）常数；

B、E——与表面粗糙度有关的常数。

对于光滑壁面有 $\kappa = 0.4$、$B = 5.5$、$E = 9.8$，壁面粗糙度的增加将使 B 值减小。

注意：上面给出的各子层的 y^+ 分界值只是近似值。有文献提出，当 $60 < y^+ < 500$ 时流动处于对数律层。也有文献推荐将 $y^+ = 11.63$ 作为黏性底层与对数律层

的分界点（忽略过渡层）。

3.6.2 在近壁区使用 k-ε 模型的问题

无论是标准 k-ε 模型、RNG k-ε 模型，还是 Realizable k-ε 模型，都是针对充分发展的湍流才有效的，换句话说这些模型均是高雷诺数的湍流模型。它们只能用于求解图 3.3 中处于湍流核心区的流动。

而在壁面区，流动情况变化很大，特别是在黏性底层，流动几乎是层流，湍流应力几乎不起作用。因此，不能应用前面介绍的 k-ε 模型来求解这个区域内的流动。

目前，解决这一问题的途径有两种：一种途径是不对黏性影响比较明显的区域（黏性底层和过渡层）进行求解，而是通过采用一组半经验的公式（即壁面函数）将壁面上的物理量与湍流核心区内的相应物理量联系起来，这就是壁面函数法；另一种途径是采用低雷诺数 k-ε 模型来求解黏性影响比较明显的区域（黏性底层和过渡层），这时要求在壁面区划分比较细密的网格，越靠近壁面网格越细。

3.6.3 壁面函数法

壁面函数法实际是一组半经验的公式，用于将壁面上的物理量与湍流核心区内待求的未知量直接联系起来。它必须与高雷诺数 k-ε 模型配合使用。

壁面函数法的基本思想：对于湍流核心区的流动采用 k-ε 模型求解，而在壁面区不进行求解，直接使用半经验公式将壁面上的物理量与湍流核心区内的求解变量联系起来。这就不需要对壁面区内的流动进行求解，直接得到与壁面相邻控制体积的节点变量值。

使用壁面函数法，在划分网格时，不需要在壁面区加密，只需要将第一个内节点布置在对数律成立的区域内，即配置到湍流充分发展的区域，如图 3.4（a）所示；图中阴影部分是壁面函数公式有效的区域，在阴影以外的网格区域则是使用高 Re 数 k-ε 模型进行求解的区域。壁面函数公式就好像一个桥梁，将壁面值同相邻控制体积的节点变量值联系起来。

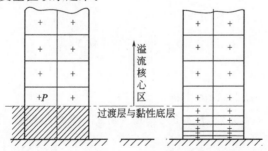

(a) 壁面函数对应的计算网格　　(b) 低雷诺数 k-ε 模型对应的计算网格

图 3.4　求解壁面湍流区流动的两种途径所对应的计算网格

壁面函数法针对各输运方程，分别给出联系壁面值与内节点值的计算公式。下面分别介绍这些公式。

3.6.3.1　动量方程中变量 u 的计算式

当与壁面相邻的控制体积节点满足 $y^+ > 11.63$，流动处于对数律层，此时的速度 u^+ 可根据式（3.48）计算，即

$$u^+ = \frac{1}{\kappa}\ln(Ey^+) \tag{3.49}$$

$$y^+ = \frac{\Delta y_P(C_\mu^{1/4}k_P^{1/2})}{\mu} \tag{3.50}$$

此时的壁面切应力 τ_w 应满足如下关系式，即

$$\tau_w = \rho C_\mu^{1/4}k_P^{1/2}u_P/u^+ \tag{3.51}$$

式中　u_P——节点 P 的时均速度；

　　　k_P——节点 P 的湍动能；

　　　Δy_P——节点 P 到壁面的距离；

　　　μ——流体的动力黏度。

当与壁面相邻的控制体积节点满足 $y^+ < 11.63$，控制体积的流动处于黏性底层，其速度 u_P 则由层流应力-应变关系式（3.47）确定。

3.6.3.2　能量方程中温度 T 的计算式

能量方程以温度 T 为求解未知量，为了建立网格节点上的温度与壁面上的物理量之间的关系，T^+ 定义为：

$$T^+ = \frac{(T_w - T_P)\rho c_P C_\mu^{1/4}k_P^{1/2}}{q_w} \tag{3.52}$$

式中　T_P——与壁面相邻的控制体积温度的节点 P 处的温度；

　　　T_w——壁面温度；

　　　ρ——流体密度；

　　　c_P——流体定压比热容；

　　　q_w——壁面的热流密度。

壁面函数法通过下式将网格节点上的温度与壁面上的物理量相联系，即

$$T^+ = \begin{cases} Pr\,y^+ + \dfrac{1}{2}\rho Pr\,\dfrac{C_\mu^{1/4}k_P^{1/2}}{q_w}u_P^2, & (y^+ \leqslant y_T^+) \\[4mm] Pr_t\left[\dfrac{1}{\kappa}\ln(Ey^+)+P\right] + \dfrac{1}{2}\rho\,\dfrac{C_\mu^{1/4}k_P^{1/2}}{q_w}[Pr_t u_P^2 + (Pr - Pr_t)u_c^2], & (y^+ > y_T^+) \end{cases}$$
$$\tag{3.53}$$

也有学者推荐利用下式计算，即

$$T^{+} = Pr_t \left[\frac{1}{\kappa} \ln(Ey^{+}) + P \right] \tag{3.54}$$

式中，参数 P 用下式计算，即

$$P = 9.24 \left[\left(\frac{Pr}{Pr_t} \right) - 1 \right] (1 + 0.28 e^{-0.007 Pr/Pr_t}) \tag{3.55}$$

式中　　Pr——分子 Prandtl 数（$Pr = \mu c_P / k_f$），k_f 为流体的传热系数；

　　　　Pr_t——湍动 Prandtl 数；

　　　　u_c——$y^{+} = y_T^{+}$ 处的平均速度，y_T^{+} 为在给定 Pr 的条件下所对应的黏性底
　　　　层与对数律层转换时的 y^{+}。

注意：若流体是不可压缩的，则式（3.53）中两个表达式的第二项都为 0。从这个意义上说，式（3.54）是流动不可压条件下的结果。

3.6.3.3　湍动能方程与耗散率方程中 k 和 ε 的计算式

在 k-ε 模型以及将要介绍的 Reynolds 应力方程模型（Reynolds Stress Equation Model，RSM）中，k 方程是针对在包括与壁面相邻的控制体积内的所有计算域上进行求解的，在壁面上湍动能 k 的边界条件为：

$$\frac{\partial k}{\partial n} = 0 \tag{3.56}$$

式中　　n——垂直于壁面的局部坐标。

在与壁面相邻的控制体积内，构成 k 方程源项的湍动能产生项 G_k 及耗散率 ε，按局部平衡假设来计算，即在与壁面相邻的控制体积内 G_k 和 ε 二者是相等的。因此，G_k 可用下式计算，即

$$G_k \approx \tau_w \frac{\partial k}{\partial n} = \tau_w \frac{\tau_w}{\kappa \rho C_\mu^{1/4} k_P^{1/2} \Delta y_P} \tag{3.57}$$

ε 可用下式计算，即

$$\varepsilon = \frac{C_\mu^{3/4} k_P^{3/2}}{\kappa \Delta y_P} \tag{3.58}$$

通常，在与壁面相邻的控制体积上是不对 ε 方程进行求解的，而是直接按式（3.51）确定节点 P 的 ε 值。

通过以上分析，针对各求解变量（包括平均流速、温度、k 和 ε）所给出的壁面边界条件均已由壁面函数考虑，因此不用担心壁面处的边界条件。

壁面函数法对各种壁面流动都非常有效。相对于将要介绍的低雷诺数 k-ε 型，壁面函数法计算效率高，工程实用性强。而在采用低雷诺数 k-ε 模型时，因壁面区（黏性底层和过渡层）内的物理量变化非常大，因此必须使用细密的网格，从而

造成计算成本的提高。当然，壁面函数法无法像低雷诺数 k-ε 模型一样得到黏性底层和过渡层内的"真实"速度分布。

壁面函数法也存在一定局限性，当流动分离过大或近壁面流动处于高压之下时该方法不很理想。

3.6.4　低雷诺数 k-ε 模型

壁面函数法的表达式主要是根据简单的平行流动边界层的实测资料归纳得到的，同时，此方法并未对壁面区内部的流动进行"细致"的研究，特别是在黏性底层内，分子黏性的作用并未得到充分考虑。为了能够使基于 k-ε 模型的数值计算能从高雷诺数区域一直进行到固体壁面上（该处 $Re=0$），有很多学者提出了对高雷诺数 k-ε 模型进行修正，使修正后的模型可以自动适应不同雷诺数的区域。下面介绍 Jones 和 Launder 提出的低雷诺数 k-ε 模型。

Jones 和 Launder 认为，低雷诺数的流动主要体现在黏性底层中，流体的分子黏性起着绝对的支配地位，为此，必须对高雷诺数 k-ε 模型进行以下 3 个方面的修正才能使其可用于计算各种雷诺数的流动。

① 为体现分子黏性的影响，控制方程的扩散系数项必须同时包括湍流扩散系数与分子扩散系数两部分。

② 控制方程的有关系数必须考虑不同流态的影响，即在系数计算公式中引入湍流雷诺数 Re_t，即 $Re_t = \rho k^2 / (\eta \varepsilon)$。

③ 在 k 方程中应考虑壁面附近湍动能的耗散不是各向同性这个因素。

在此基础上，低雷诺数 k-ε 模型的输运方程可写成：

$$\frac{\partial(\rho k)}{\partial t} + \frac{\partial(\rho k u_i)}{\partial x_i} = \frac{\partial}{\partial x_j}\left[\mu + \frac{\mu_t}{\sigma_k}\frac{\partial k}{\partial x_j}\right] + G_k - \rho\varepsilon - \left|2\mu\left(\frac{\partial k^{1/2}}{\partial n}\right)^2\right| \quad (3.59)$$

$$\frac{\partial(\rho\varepsilon)}{\partial t} + \frac{\partial(\rho\varepsilon u_i)}{\partial x_i} = \frac{\partial}{\partial x_j}\left[\left(\mu + \frac{\mu_t}{\sigma_\varepsilon}\right)\frac{\partial\varepsilon}{\partial x_j}\right] + \frac{C_{1\varepsilon}}{k}G_k\,|f_1| - C_{2\varepsilon}\rho\,\frac{\varepsilon}{k}\,|f_2| + \left|\frac{2\mu\mu_t}{\rho}\left(\frac{\partial^2 u}{\partial n^2}\right)^2\right| \quad (3.60)$$

$$\mu_t = C_\mu\,|f_\mu|\,\rho\,\frac{k^2}{\varepsilon} \quad (3.61)$$

式中　n——壁面法向坐标；

　　　u——与壁面平行的流速。

在实际计算时，法向坐标 n 可近似取为 x、y 和 z 中最满足条件的一个，系数 $C_{1\varepsilon}$、$C_{2\varepsilon}$、C_μ、σ_k、σ_ε 及产生项 G_k 与标准 k-ε 模型中的相同。上面公式中"｜　｜"所包围的部分就是低湍流雷诺数 k-ε 模型区别于高湍流雷诺数 k-ε 模型的部分，系

数 f_1、f_2 和 f_μ 的引入，实际上等于对标准 k-ε 模型中的系数 $C_{1\varepsilon}$、$C_{2\varepsilon}$ 和 C_μ 进行了修正。各系数的计算式如下：

$$\begin{cases} f_1 \approx 1.0 \\ f_2 = 1.0 - 0.3\exp(-Re_t^2) \\ f_\mu = \exp[-2.5/(1+Re_t/50)] \\ Re_t = \rho k^2/(\eta\varepsilon) \end{cases} \tag{3.62}$$

显然，当湍流雷诺数很大时，系数 f_1、f_2 和 f_μ 的值均趋近于 1.0。

除了对标准 k-ε 模型中有关系数进行修正外，Jones 和 Launder 在 k 和 ε 方程中还各自引入了一个附加项。k 方程中式（3.59）中的附加项 $-2\eta\left(\dfrac{\partial k^{1/2}}{\partial y}\right)^2$ 是为了考虑在黏性底层中湍动能的耗散不是各向同性的这一因素而加入的。在高 Re_t 数的区域，湍动能的耗散可以看成是各向同性的，而在黏性底层中，总耗散率中各向异性部分的作用逐渐增加。而 ε 方程中的附加项 $\dfrac{2\mu\mu_t}{\rho}\left(\dfrac{\partial^2 u}{\partial n^2}\right)^2$ 则是为了使 k 的计算结果更好地符合某些测定值而加入的。

在使用低雷诺数 k-ε 模型进行流动计算时，充分发展的湍流核心区及黏性底层均可用同一套公式计算，但由于黏性底层的速度梯度大，因此，在黏性底层的网格要密，如图 3.4（b）所示。

有文献提出，当局部湍流 $Re_t < 150$ 时，就应该使用低雷诺数 k-ε 模型，而不能再使用高雷诺数 k-ε 模型进行计算。

3.7 Reynolds 应力方程模型

前面介绍的各种两方程模型均采用各向同性的湍流黏度来计算湍流应力，使这些模型难以考虑旋转流动及流动方向表面曲率变化的影响。为了克服这些缺点，有必要直接对 Reynolds 方程中的湍流脉动应力直接建立微分方程式并进行求解。建立 Reynolds 应力方程的方式有两种：一种是 Reynolds 应力方程模型；另一种是代数应力方程模型。本节将介绍 Reynolds 应力方程模型。

3.7.1 Reynolds 应力输运方程

若使用 Reynolds 应力方程模型（RSM），必须先得到 Reynolds 应力输运方程。

所谓 Reynolds 应力输运方程，实质上是关于 $\overline{u_i' u_j'}$ 的输运方程。根据时均化法则 $\overline{u_i' u_j'} = \overline{u_i u_j} - \overline{u_i}\,\overline{u_j}$，只要分别得到了 $\overline{u_i u_j}$ 和 $\overline{u_i}\,\overline{u_j}$ 方程，就自然得到关于 $\overline{u_i' u_j'}$

的输运方程。因此，可从瞬时速度变量的 N-S 方程出发，按以下两个步骤生成关于 $\overline{u_i' u_j'}$ 的输运方程。

第一步，建立关于 $\overline{u_i u_j}$ 的输运方程。将 u_j 乘以 u_i 的 N-S 方程与 u_i 乘以 u_j 的 N-S 方程两方程相加，即可得到 $u_i u_j$ 的方程，将此方程作 Reynolds 时均、分解，就可得到 $\overline{u_i u_j}$ 的输运方程。注意，这里的 u_i 和 u_j 均指瞬时速度，非时均速度。

第二步，建立关于 $\overline{u_i} \, \overline{u_j}$ 的输运方程。将 $\overline{u_j}$ 乘以 $\overline{u_i}$ 的 Reynolds 时均方程与 $\overline{u_i}$ 乘以 $\overline{u_j}$ 的 Reynolds 时均方程两方程相加，即可得到 $\overline{u_i u_j}$ 的输运方程。

将以上两步得到的两个输运方程相减后，就可得到 $\overline{u_i' u_j'}$ 的输运方程，即 Reynolds 应力输运方程。经量纲分析、整理后的 Reynolds 应力方程可写成

$$
\underbrace{\frac{\partial(\rho \overline{u_i' u_j'})}{\partial t} + \frac{\partial(\rho u_k \overline{u_i' u_j'})}{\partial x}}_{C_{ij}\ \text{对流项}}
$$

$$
= -\frac{\partial}{\partial x_k} \underbrace{\left[\rho \overline{u_i' u_j' u_k} + \overline{p' u_i'} \delta_{kj} + \overline{p' u_j'} \delta_{ik} \right]}_{D_{T,ij}\ \text{流动扩散项}} + \underbrace{\frac{\partial}{\partial x_k} \left[\mu \frac{\partial}{\partial x_k} (\overline{u_i' u_j'}) \right]}_{D_{L,ij}\ \text{分子黏性扩散项}} - \underbrace{\rho \left(\overline{u_i' u_k'} \frac{\partial u_j}{\partial x_k} + \overline{u_j' u_k'} \frac{\partial u_i}{\partial x_k} \right)}_{P_{ij}\ \text{剪应力产生项}}
$$

$$
\underbrace{- \rho \beta (g_i \overline{u_j' \theta} + g_j \overline{u_i' \theta})}_{G_{ij}\ \text{浮力产生项}} + \underbrace{\overline{p' \left(\frac{\partial u_i'}{\partial x_j} + \frac{\partial u_j'}{\partial x_i} \right)}}_{\Phi_{ij}\ \text{应力应变项}} \underbrace{- 2\mu \overline{\frac{\partial u_i'}{\partial x_k} \frac{\partial u_j'}{\partial x_k}}}_{\varepsilon_{ij}\ \text{黏性耗散项}} \underbrace{- 2\rho \Omega_k (\overline{u_j' u_m'} e_{ikm} + \overline{u_i' u_m'} e_{jkm})}_{F_{ij}\ \text{系统旋转产生项}}
$$

$$\tag{3.63}$$

式中，第一项为瞬态项；其他各项中，C_{ij}、$D_{L,ij}$、P_{ij} 和 F_{ij} 只包含二阶关联项，不必进行处理；$D_{T,ij}$、G_{ij}、Φ_{ij} 和 ε_{ij} 包含有未知的关联项，必须与前面构造 k-ε 方程的过程一样，构造其合理的表达式，即给出各项的模型，才能得到真正有意义的 Reynolds 应力方程。下面给出各项相应的计算公式。

在说明具体公式前，先对式(3.63) 中的符号 e_{ijk} 及将要用到的符号 δ_{ij} 进行介绍。需要说明的是，这两个符号都是张量中的常用符号，e_{ijk} 称为转换符号，或称排列符号。

① 当 i、j、k 三个下标不同，并符合正序排列时，$e_{ijk} = 1$；

② 当 i、j、k 三个下标不同，并符合逆序排列时，$e_{ijk} = -1$；

③ 当 i、j、k 三个下标中有重复时，$e_{ijk} = 0$；

④ δ_{ij} 称为 "Kronecker delta"，在许多关于张量的文献中，直接使用其英文名称。当 i 和 j 两个下标相同时，$\delta_{ij} = 1$；当 i 和 j 两个下标不同时，$\delta_{ij} = 0$。

下面对式(3.63) 中各项的计算公式进行说明。

3.7.1.1　流动扩散项 $D_{T,ij}$ 的计算

$D_{T,ij}$ 可通过 Daly 和 Harlow 所给出的广义梯度扩散模型来计算，即

$$D_{T,ij} = C_s \frac{\partial}{\partial x_k} \left(\rho \frac{k \overline{u_k' u_l'}}{\varepsilon} \frac{\partial \overline{u_i' u_j'}}{\partial x_l} \right) \tag{3.64}$$

有学者认为，式（3.64）有可能导致数值上的不稳定，因此推荐采用下式计算：

$$D_{T,ij} = \frac{\partial}{\partial x_k} \left(\frac{\mu_t}{\sigma_k} \frac{\partial \overline{u_i' u_j'}}{\partial x_k} \right) \tag{3.65}$$

式中 μ_t——湍流黏度，按标准 k-ε 模型中的式（3.23）计算；

  σ_k——系数，$\sigma_k = 0.82$，但要注意该值在 Realizable k-ε 模型中取 1.0。

3.7.1.2 浮力产生项 G_{ij} 的计算

因浮力所导致的产生项用下式计算：

$$G_{ij} = \beta \frac{\mu_t}{Pr_t} \left(g_i \frac{\partial T}{\partial x_j} + g_j \frac{\partial T}{\partial x_i} \right) \tag{3.66}$$

式中 T——温度；

  Pr_1——能量的湍动 Prandtl 数，在该模型中可取 $Pr_t = 0.85$；

  g_i、g_j——重力加速度在第 ij 方向的分量；

  β——热膨胀系数，由式（3.28）计算。

对理想气体，有

$$G_{ij} = -\frac{\mu_t}{\rho Pr_t} \left(g_i \frac{\partial \rho}{\partial x_j} + g_j \frac{\partial \rho}{\partial x_i} \right) \tag{3.67}$$

如果流体是不可压缩的，则 $G_{ij} = 0$。

3.7.1.3 应力应变项 Φ_{ij} 的计算

应力应变项 Φ_{ij} 的存在是 Reynolds 应力模型与 k-ε 模型的最大区别之处，由张量原理和连续方程可知，$\Phi_{kk} = 0$。因此，Φ_{ij} 仅在湍流各分量间存在，当 $i \neq j$ 时，它表示减小剪切应力，使湍流趋向于各向同性；当 $i = j$ 时，它表示使湍动能在各应力分量间重新分配，对总量无影响。可见，此项并不产生脉动能量，仅起到再分配作用。因此，有的文献将此项称为再分配项。

应力应变项的模拟十分重要，目前有多个版本用于计算 Φ_{ij}。本书综合各文献考虑，给出一种相对普遍的形式，即

$$\Phi_{ij} = \Phi_{ij,1} + \Phi_{ij,2} + \Phi_{ij,w} \tag{3.68}$$

式中 $\Phi_{ij,1}$——慢的应力应变项；

  $\Phi_{ij,2}$——快的应力应变项；

  $\Phi_{ij,w}$——壁面反射项。

  $\Phi_{ij,1}$ 可用下式计算，即

$$\Phi_{ij,1} = -C_1 \rho \frac{\varepsilon}{k} \left(\overline{u_i' u_j'} - \frac{2}{3} k \delta_{ij} \right) \tag{3.69}$$

式中，$C_1 = 1.8$。

$\Phi_{ij,2}$ 可用下式计算，即

$$\Phi_{ij,2} = -C_2 \left(P_{ij} - \frac{2}{3} P \delta_{ij} \right) \tag{3.70}$$

式中，$C_2 = 0.60$；P_{ij} 的定义见式(3.63)，$P = P_{kk}/2$。

壁面反射项 $\Phi_{ij,w}$ 可对近壁面处的正应力进行再分配。它具有使垂直于壁面的应力变弱，而使平行于壁面的应力变强的趋势。可用下式计算，即

$$\Phi_{ij,w} = C_1' \rho \frac{\varepsilon}{k} \left(\overline{u_k' u_m'} n_k n_m \delta_{ij} - \frac{3}{2} \overline{u_i' u_k'} n_j n_k - \frac{3}{2} \overline{u_j' u_k'} n_i n_k \right) \frac{k^{3/2}}{C_1 \varepsilon d}$$

$$+ C_2' \left(\Phi_{km,2} n_k n_m \delta_{ij} - \frac{3}{2} \Phi_{ik,2} n_j n_k - \frac{3}{2} \Phi_{jk,2} n_i n_k \right) \frac{k^{3/2}}{C_1 \varepsilon d} \tag{3.71}$$

式中　$C_1' = 0.50$；$C_2' = 0.30$；

n_k——壁面单位法向矢量的 x_k 分量；

d——节点位置到固体壁面的距离；

$C_1 = C_\mu^{3/4}/\kappa$，其中，$C_\mu = 0.09$；

κ——Karman 常数，$\kappa = 0.4187$。

3.7.1.4　黏性耗散项 ε_{ij} 的计算

耗散项表示分子黏性对 Reynolds 应力产生的耗散。在建立耗散项的计算公式时，认为大尺度涡承担动能输运，小尺度涡承担黏性耗散，因此小尺度涡团可看成是各向同性的，即认为局部各向同性。依照该假设，耗散项最终可写成：

$$\varepsilon_{ij} = \frac{2}{3} \rho \varepsilon \delta_{ij} \tag{3.72}$$

将式(3.65)、式(3.67)~式(3.72) 代入式(3.63)，得到封闭的 Reynolds 应力输运方程：

$$\frac{\partial (\rho \overline{u_i' u_j'})}{\partial t} + \frac{\partial (\rho u_k \overline{u_i' u_j'})}{\partial x_k} = -\frac{\partial}{\partial x_k} \left(\frac{\mu_t}{\sigma_k} \frac{\partial \overline{u_i' u_j'}}{\partial x_k} + \mu \frac{\partial \overline{u_i' u_j'}}{\partial x_k} \right)$$

$$-\rho \left(\overline{u_i' u_k'} \frac{\partial u_j}{\partial x_k} + \overline{u_j' u_k'} \frac{\partial u_i}{\partial x_k} \right)$$

$$-\frac{\mu_t}{\rho Pr_t} \left(g_i \frac{\partial \rho}{\partial x_j} + g_i \frac{\partial \rho}{\partial x_i} \right)$$

$$-C_1 \rho \frac{\varepsilon}{k} \left(\overline{u_i' u_j'} - \frac{2}{3} k \delta_{ij} \right) - C_2 \left(p_{ij} - \frac{1}{3} p_{kk} \delta_{ij} \right)$$

$$+C_1 \rho \frac{\varepsilon}{k} \left(\overline{u_k' u_m'} n_k n_m \delta_{ij} - \frac{2}{3} \overline{u_i' u_k'} n_j n_k - \frac{3}{2} \overline{u_j' u_k'} n_i n_k \right) \frac{k^{3/2}}{C_1 \varepsilon d}$$

$$+C_2\rho\frac{\varepsilon}{k}\left(\Phi_{km,2}n_kn_m\delta_{ij}-\frac{2}{3}\Phi_{ik,2}n_jn_k-\frac{3}{2}\Phi_{jk,2}n_in_k\right)\frac{k^{3/2}}{C_1\varepsilon d}$$

$$-\frac{2}{3}\rho\varepsilon\delta_{ij}-2\rho\Omega_k\left(\overline{u_j'u_m'}e_{ikm}+\overline{u_i'u_m'}e_{jkm}\right) \tag{3.73}$$

式（3.73）为广义 Reynolds 应力输运方程，它体现了各种因素对湍流流动的影响，包括浮力、系统旋转和固体壁面反射等。若不考虑浮力作用（$G_{ij}=0$）及旋转影响（$F_{ij}=0$），同时在应力应变项中不考虑壁面反射（$\Phi_{ij,w}=0$），因而 Reynolds 应力输运方程可用以下的简化形式：

$$\frac{\partial(\rho\overline{u_i'u_j'})}{\partial t}+\frac{\partial(\rho u_k\overline{u_i'u_j'})}{\partial x_k}=-\frac{\partial}{\partial x_t}\left(\frac{\mu_t}{\sigma_k}\frac{\partial\overline{u_i'u_j'}}{\partial x_k}+\mu\frac{\partial\overline{u_i'u_j'}}{\partial x_j}\right)$$

$$-\rho\left(\overline{u_i'u_k'}\frac{\partial u_j}{\partial x_k}+\overline{u_j'u_k'}\frac{\partial u_i}{\partial x_k}\right)$$

$$-C_1\rho\frac{\varepsilon}{k}\left(\overline{u_i'u_j'}-\frac{2}{3}k\delta_{ij}\right)-C_2\left(P_{ij}-\frac{1}{3}P_{kk}\delta_{ij}\right)-\frac{2}{3}\rho\varepsilon\delta_{ij}$$

$$\tag{3.74}$$

如果将 RSM 只用于没有系统转动的不可压缩流动，则可以选择这种比较简单的 Reynolds 应力输运方程。

3.7.2 RSM 的控制方程组及其解法

在 Reynolds 应力输运方程中包含湍动能 k 和耗散率 ε，为此，在使用 RSM 时需要补充湍动能 k 和耗散率 ε 方程：

$$\frac{\partial(\rho k)}{\partial t}+\frac{\partial(\rho ku_i)}{\partial x_i}=\frac{\partial}{\partial x_j}\left[\left(\mu+\frac{\mu_t}{\sigma_k}\right)\frac{\partial k}{\partial x_j}\right]+\frac{1}{2}(P_{ij}+G_{ij})-\rho\varepsilon \tag{3.75}$$

$$\frac{\partial(\rho\varepsilon)}{\partial t}+\frac{\partial(\rho\varepsilon u_i)}{\partial x_i}=\frac{\partial}{\partial x_j}\left[\left(\mu+\frac{\mu_t}{\sigma_\varepsilon}\right)\frac{\partial\varepsilon}{\partial x_j}\right]+C_{1\varepsilon}\frac{1}{2}(P_{ij}+C_{3\varepsilon}G_{ij})-C_{2\varepsilon}\rho\frac{\varepsilon^2}{k}$$

$$\tag{3.76}$$

$$\mu_t=\rho C_\mu\frac{k^2}{\varepsilon} \tag{3.77}$$

式中　P_{ij}——剪应力产生项；

　　　G_{ij}——浮力产生项，对于不可压缩流体，$G_{ij}=0$；

　　　μ_t——湍流黏度。

$C_{1\varepsilon}$、$C_{2\varepsilon}$、$C_{3\varepsilon}$、C_μ、σ_k、σ_ε 均为常数，取值分别为 $C_{1\varepsilon}=1.44$、$C_{2\varepsilon}=1.92$、$C_\mu=0.09$、$\sigma_k=0.82$、$\sigma_\varepsilon=1.0$，$C_{3\varepsilon}$ 的取值与标准 k-ε 模型相同。

由此可知，由时均连续方程式（3.12）、Reynolds 方程式（3.13）、Reynolds 应力输运方程式（3.73）、湍动能 k 方程式（3.75）和耗散率 ε 方程式（3.76）共 12 个

方程式构成了封闭的三维湍流流动问题的基本控制方程组。

注意：Reynolds 方程式(3.13) 实际对应于 3 个方程，Reynolds 应力输运方程式(3.73) 实际对应于 3 个方程。而求解变量包括 4 个时均量（u、v、w、p），6 个 Reynolds 应力（$\overline{u'^2}$、$\overline{v'^2}$、$\overline{w'^2}$、$\overline{u'v'}$、$\overline{u'w'}$、$\overline{v'w'}$）、湍动能 k 和耗散率 ε，正好 12 个方程式，因此，可采用 SIMPLE 等算法求解，详细的求解方法将在后续章节介绍。

对于 RSM 的控制方程组，需要做以下说明。

① 如果需要对能量或组分等进行计算，需要建立其他针对标量型变量 ϕ（如温度、组分浓度）的脉动量控制方程。实际每个这样的方程均对应于 3 个偏微分模型方程，每个偏微分模型方程对应于计算方程式(3.14) 的一个湍动标量 $\overline{u'_i\phi'}$，即得到湍流标量输运方程。这样，将新得到的关于 $\overline{u'_i\phi'}$ 的 3 个输运方程与时均形式的标量方程(3.14) 一起加入上述基本控制方程组中，形成总共有 16 个方程式组成的方程组，求解变量除上述 12 个方程式外，还包括时均量 ϕ 和 3 个湍动标量（$\overline{u'\phi'}$、$\overline{v'\phi'}$、$\overline{w'\phi'}$）。

② 由于从 Reynolds 应力方程的 3 个正应力项可以得出脉动动能，即 $k = \dfrac{1}{2}\overline{(u_i u_j)}$，因此，有许多文献不把 k 作为独立的变量，也不引入 k 方程，但多数文献中仍把 k 方程列为控制方程之一。

3.7.3　对 RSM 适用性的讨论

与标准 $k\text{-}\varepsilon$ 模型一样，RSM 也属于高雷诺数的湍流计算模型，在固体壁面附近，由于分子黏性的作用，湍流脉动受到阻尼，雷诺数很小，RSM 不再适用。因而，必须采用类似 3.7.2 部分介绍的方法，或者用壁面函数法，或者用低雷诺数的 RSM 来处理近壁面区的流动计算问题。

有关低雷诺数的 RSM，其基本思想是：修正高雷诺数 RSM 中耗散函数（扩散项）及压力应变重新分配项的表达式，以使 RSM 模型方程可以直接应用到壁面区。

可以看出，尽管 RSM 比 $k\text{-}\varepsilon$ 模型应用范围广、包含更多的物理机理，但它仍有很多缺陷。实践表明，RSM 虽能考虑一些各向异性效应，但并不一定比其他模型效果好。对于在计算突扩流动分离区和计算湍流输运各向异性较强的流动时，RSM 优于双方程模型；但对于一般的回流流动，RSM 的结果并不一定比 $k\text{-}\varepsilon$ 模型好。另外，就三维问题而言，采用 RSM 意味着要多求解 6 个 Reynolds 应力微分方程，计算量大，对计算机的性能要求很高。因此，RSM 不如 $k\text{-}\varepsilon$ 模型应用更广泛，但许多学者认为 RSM 是一种更有潜力的湍流模型。

3.8 大涡模拟

大涡模拟（LES）是介于直接数值模拟与 Reynolds 平均法之间的一种湍流数值模拟方法。随有计算机硬件性能的快速提高，对大涡模拟方法的研究与应用呈明显上升趋势，已成为目前 CFD 领域的热点之一。

3.8.1 大涡模拟的基本思想

众所周知，湍流中包含着一系列大大小小的涡团，涡的尺度范围相当宽广。为了模拟湍流流动，总是希望计算网格的尺度小到足以分辨最小涡的运动，然而，就目前的计算机硬件性能来说，能够采用的计算网格的最小尺度仍比最小涡的尺度大许多。

由于系统中动量、质量、能量及其他物理量的输运主要由大尺度涡影响。大尺度涡与所求解的问题密切相关，其特性由几何及边界条件所规定，各个大尺度涡的结构式互不相同。而小尺度涡几乎不受几何及边界条件的影响，不像大尺度涡那样与所求解的特定问题密切相关。小尺度涡趋向于各向同性，其运动具有共性。因此，目前只能放弃对全尺度范围上涡的瞬时运动的模拟，只将比网格尺度大的湍流运动通过瞬时 N-S 方程直接计算出来，而小尺度涡对大尺度涡运动的影响则通过一定的模型在针对大尺度涡的瞬时 N-S 方程中体现出来，从而形成了目前的 LES。

应注意的是，实现 LES 有以下两个重要环节的工作必须完成。

① 建立一种数学滤波函数。从湍流瞬时运动方程中将尺度比滤波函数的尺度小的涡滤掉，从而分解出描写大涡流场的运动方程，而这时被滤掉的小涡对大涡运动的影响则通过在大涡流场的运动方程中引入附加应力项来体现。该应力项如同 Reynolds 平均法中的 Reynolds 应力项（称为亚格子尺度应力）。

② 建立这一应力项的数学模型。这一数学模型称为亚格子尺度模型（Sub Grid Scale model，SGS 模型）。

下面分别介绍如何生成大涡的运动方程和如何构建亚格子尺度模型，最后给出 LES 方法的数值求解思路。

3.8.2 大涡运动方程

在 LES 法中，通过使用滤波函数，每个变量都被分成两部分。例如，对于瞬时变量 ϕ 有以下两项。

① 大尺度的平均分量 $\overline{\phi}$。该部分称为滤波后的变量，是在 LES 时直接计算的部分。

② 小尺度分量 ϕ'。该部分需要通过模型来表示。

注意：平均分量 $\overline{\phi}$ 是滤波后得到的变量，它不是在时间域上的平均，而是在空间域上的平均。滤波后的变量 $\overline{\phi}$ 可用下式计算，即

$$\overline{\phi} = \int_D \phi G(x, x') \, \mathrm{d}x' \tag{3.78}$$

式中　　D——流动区域；

　　　　x'——实际流动区域中的空间坐标；

　　　　x——滤波后的大尺度空间上的空间坐标；

$G(x, x')$——滤波函数。

$G(x, x')$ 决定了所求解的涡的尺度，即将大涡与小涡划分开来。换句话说，$\overline{\phi}$ 只保留了 ϕ 在大于滤波函数 $G(x, x')$ 宽度的尺度上的可变性。$G(x, x')$ 表达式有多种选择，但有限体积法的离散过程本身就隐含地提供滤波功能，即在一个控制体积上对物理量取平均值，因此，$G(x, x')$ 可用下式计算，即

$$G(x, x') = \begin{cases} 1/V, & x' \in v \\ 0, & x' \notin v \end{cases} \tag{3.79}$$

式中　　V——控制体积所占几何空间的大小。

由此可知，式（3.78）可以写成

$$\overline{\phi} = \frac{1}{V} \int_D \phi \, \mathrm{d}x' \tag{3.80}$$

采用式（3.78）表示的滤波函数处理瞬时状态下的 N-S 方程及连续方程，有

$$\frac{\partial}{\partial t}(\rho \overline{u_i}) + \frac{\partial}{\partial x_j}(\rho \overline{u_i}\, \overline{u_j}) = -\frac{\partial \overline{p}}{\partial x_i} + \frac{\partial}{\partial x_j}\left(\mu \frac{\partial \overline{u_i}}{\partial x_j}\right) - \frac{\partial \tau_{ij}}{\partial x_j} \tag{3.81}$$

$$\frac{\partial \rho}{\partial t} + \frac{\partial}{\partial x_i}(\rho \overline{u_i}) = 0 \tag{3.82}$$

式（3.81）和式（3.82）构成了在大涡模拟 LES 法中使用的控制方程组，注意这完全是瞬时状态下的方程。式中带有上划线"-"的量为滤波后的场变量，τ_{ij} 定义为

$$\tau_{ij} = \overline{\rho u_i u_j} - \rho \overline{u_i}\, \overline{u_j} \tag{3.83}$$

式中　　τ_{ij}——亚格子尺度应力（Subgrid-scale Strees，SGS），它反映了小尺度涡的运动对所求解的运动方程的影响。

比较以上方程发现，滤波后的 N-S 方程式（3.81）与 RANS 方程式（3.13）在形式上非常相似，区别在于变量的取值是滤波后的值，仍为瞬时值，而非时均值，同时湍流应力的表示不同。而滤波后的连续方程式（3.82）与时均化的连续方程式（3.12）相比则没有变化，这是由于连续方程具有线性特征。

由于 SGS 是未知量，要想使式（3.81）与式（3.82）构成的方程组可解，必须

用相关物理量来构造 SGS 的数学表达式，即亚格子尺度模型。

下面介绍如何构建这一模型。

3.8.3 亚格子尺度应力模型

亚格子尺度应力模型（SGS 模型），是关于 SGS 应力 τ_{ij} 的表达式，建立该模型的目的，是为了使式(3.81) 与式(3.82) 封闭。

SGS 模型在 LES 法中占有十分重要的地位，最早的、也是最基本的模型是由 Smagorinsky 提出，根据 Smagorinsky 的基本 SGS 模型，假设 SGS 具有下面的形式：

$$\tau_{ij} - \frac{1}{3}\tau_{kk}\delta_{ij} = -2\mu_t \overline{S}_{ij} \tag{3.84}$$

$$\mu_t = (C_s\Delta)^2 |\overline{S}| \tag{3.85}$$

式中　μ_t——亚格子尺度的湍流黏度；

C_s——Smagorinsky 常数。

$$\overline{S}_{ij} = \frac{1}{2}\left(\frac{\partial \overline{u}_i}{\partial x_j} + \frac{\partial \overline{u}_j}{\partial x_i}\right), \qquad |\overline{S}| = \sqrt{2\overline{S}_{ij}\overline{S}_{ij}} \qquad \Delta = (\Delta_x \Delta_y \Delta_z)^{1/3} \tag{3.86}$$

式中　Δ——沿 i 轴方向的网格尺寸。

理论上，C_s 可通过 Smagorinsky 常数 C_k 来计算，即 $C_s = \frac{1}{\pi}\left(\frac{3}{2}C_k\right)^{3/4}$。当 $C_k = 1.5$ 时，$C_s = 0.17$。然而，实际应用表明 C_s 取值应是更小的值，来减小 SGS 应力的扩散影响。尤其是在近壁面处，该影响尤其明显。因此，建议应按下式调整 C_s，即

$$C_s = C_{s0}(1 - e^{y^+/A^+}) \tag{3.87}$$

式中　y^+——到壁面的最近距离；

A^+——半经验常数，$A^+ = 25.0$；

C_{s0}——Van Driest 常数，$C_{s0} = 0.1$。

3.8.4 LES 控制方程的求解

通过式(3.84) 将 τ_{ij} 用相关的滤波后的场变量表示后，式(3.81)（实际对应 3 个动量方程）与式(3.82) 便构成了封闭的方程组。在该方程组中，共包含 4 个未知量，而方程数目正好是 4 个，可利用 CFD 的各种方法进行求解。目前，多数文献中采用有限体积法求解，即将在后续章节介绍的方法，如 SIMPLEC 算法等。

为了让读者更好地了解 LES，将 LES 的求解过程补充说明如下。

① 如果需要对能量或组分等进行计算，需要建立其他针对滤波后的标量型变量 $\overline{\phi}$ 的控制方程。方程中会出现类似式(3.83) 中的项 $\overline{\rho u_i \phi} - \overline{\rho u_i}\,\overline{\phi}$。

② LES 方法在某种程度上属于 DNS，在时间离散格式上应该选择具有至少二阶精度的 Crank-Nicolson 半隐式格式。为克服假扩散，应选择具有至少二阶精度的离散格式，如 QUICK 格式、二阶迎风格式、四阶中心差分格式等。

③ 在计算网格的选择上，可使用交错网格、结构网格、同位网格。

④ 与标准 k-ε 模型等一样，LES 仍属于高雷诺数模型。当使用 LES 求解近壁面区内的低雷诺数流动时，同样需要使用壁面函数法或其他处理方式。

⑤ 考虑到计算的复杂性，LES 多在超级计算机或网络机群的并行环境下进行计算。

第 4 章

控制方程的离散

第 3 章给出了流体流动问题的控制方程，并介绍了 CFD 的基本思想与实现过程。目前，多数 CFD 软件使用有限体积法，本章讨论如何基于有限体积法对控制方程进行离散。

4.1 离散化概述

在对指定问题进行 CFD 计算之前，首先将计算区域离散化，即对空间上连续的计算区域进行划分，把它划分成许多个子区域，并确定每个区域中的节点，从而生成网格。然后将控制方程在网格上离散，即将偏微分格式的控制方程转化为各个节点上的代数方程组。此外，对于瞬态问题还需要涉及时间域离散。由于时间域离散相对比较简单，本节重点讨论空间域离散。

4.1.1 离散化的目的

对于在求解域内所建立的偏微分方程，理论上是有真解（或称精确解或解析解）的。但是，由于所处理的问题本身的复杂性，如复杂的边界条件或者方程本身的复杂性等，造成很难获得方程的真解，因此，就需要通过数值的方法把计算域内有限数量位置（网格节点）上的因变量值当作基本未知量来处理，从而建立一组关于这些未知量的代数方程，然后通过求解代数方程组来得到这些节点值，而计算域内其他位置上的值则根据节点位置上的值来确定。这样，偏微分方程定解问题的数值解法可以分为两个阶段。首先，用网格线将连续的计算域划分为有限离散点（网格节点）集，并选取适当的途径将微分方程及其定解条件转化为网格节点上相应的代数方程组，即建立离散方程组；然后，在计算机上求解离散方程组，得到节点上的解。节点之间的近似解，一般认为光滑变化原则上可以应用插值方法确定，从而得到定解问题在整个计算域上的近似解。这样，用变量的离散分布近似解代替了定解问题精确解的连续数据，这种方法称为离散近似。可以预料，当网格节点很密时，离散方程的解将趋近于相应微分方程的精确解。

除了对空间域进行离散化处理外，对于瞬态问题，在时间坐标上也需要进行离散化，即将求解对象分解为若干时间步进行处理。对于时间的离散将在后续章节讨论。

4.1.2　离散时所使用的网格

网格是离散的基础，网格节点是离散化的物理量的存储位置，网格在离散过程中起着关键的作用。网格的形式和密度等对数值计算结果有着重要的影响。

一般情况下，在二维问题中，有三角形和四边形单元；在三维问题中，有四面体、六面体、棱锥体和楔形体等单元。

不同的离散方法对网格的要求和使用方式不一样。表面上看起来一样的网格布局，当采用不同的离散化方法时网格和节点具有不同的含义和作用。例如，下面将要介绍的有限元法将物理量存储在真实的网格节点上，将单元看成是由周边节点及形函数构成的统一体；而有限体积法将物理量存储在网格单元的中心点上，把单元看成是围绕中心点的控制体积，或者在真实网格节点定义和存储物理量，而在节点周围构造控制体积。

4.1.3　常用的离散化方法

由于因变量在节点之间的分布假设及推导离散方程的方法不同，求解流体流动和传热方程的数值计算方法较多，如有限差分法、有限元法和有限体积法等不同类型的离散化方法。

4.1.3.1　有限差分法

有限差分法（Finite Difference Method，FDM）是数值解法中一种比较古老的算法，曾经是最主要的数值计算方法。它是将求解域划分为差分网格，用有限个网格节点代替连续的求解域，然后将偏微分方程（控制方程）的所有微分项用相应的差商代替，推导出含有离散点上有限个未知数的差分方程组。求差分方程组（代数方程组）的解，就是微分方程定解问题的数值近似解，这是一种直接将微分问题变为代数问题的近似数值解法。

这种方法发展较早，比较成熟，广为人知。对任意复杂的偏微分方程都可写出其对应的差分方程，但在差分方程中无法体现微分方程中各项的物理意义和所反映的物理定律，计算结果有可能表现出某些不合理现象。其较多用于求解双曲型和抛物型问题。用它求解边界条件复杂，尤其是椭圆形问题不如有限元法或有限体积法方便。

4.1.3.2　有限元法

有限元法（Finite Element Method，FEM）是 20 世纪 60 年代出现的一种数值计算方法。有限元法是将一个连续的求解域任意分成适当形状的许多微小单元，并于各小单元分片构造插值函数，然后根据极值原理（变分或加权余量法），将问题的控制方程转化为所有单元上的有限元方程，把总体的极值作为各单元极值之和，即将局部单元总体合成，形成嵌入了指定边界条件的代数方程组，求解该方程组就得到各节点上待求的函数值。

有限元法的基础是极值原理和划分插值，它吸收了有限差分法中离散处理的内核，又采用了变分计算中选择逼近函数并对区域进行积分的合理方法，是这两类方法相互结合、取长补短发展的结果。其优点是解题能力强，可比较精确地模拟各种复杂的曲线或曲面边界，网格的划分比较随意，可统一处理多种边界条件，离散方程形式规范，便于编制通用的计算机程序。但有限元离散方程中各项还无法给出合理的物理解释，对计算中出现的一些误差也难以改进，而且求解速度较有限差分法和有限体积法慢，因此在商用 CFD 软件中应用并不普遍。

4.1.3.3　有限体积法

有限体积法（Finite Volume Method，FVM）是在有限差分法的基础上发展起来的一种离散化方法，其特点是生成离散方程的方法简单、计算效率高。在CFD 领域得到了广泛应用，大多数商用 CFD 软件都采用这种方法，本书将主要介绍有限体积法。

4.2　有限体积法及其网格

有限体积法是目前 CFD 领域广泛使用的离散化方法，其特点不仅表现在对控制方程的离散结果上，还表现在所使用的网格上，因此本节除了介绍有限体积法的基本原理之外，还将讨论有限体积法所使用的网格系统。

4.2.1　有限体积法的基本思想

有限体积法又称控制体积法（Control Volume Method，CVM），其基本思路是：将计算区域划分为网格，并使每个网格点周围有一个互不重复的控制体积；将待解微分方程（控制方程）对每一个控制体积积分，从而得出一组离散方程。其中的未知数是网格点上的特征变量。为了求出控制体积的积分，必须假定特征变量值在网格点之间的变化规律。从积分区域的选取方法看，有限体积法属于加权余量法中的子域法；从未知解的近似方法看，有限体积法属于采用局部近似的离散方法。简而言之，子域法加离散就是有限体积法的基本方法。

有限体积法的基本思想易于理解，并能得出直接的物理解释。离散方程中各项的物理意义，就是特征变量在有限大小的控制体积中的守恒原理，如同微分方程表示因变量在无限小的控制体积中的守恒原理一样。

有限体积法得出的离散方程，要求特征变量的积分守恒对任意一组控制体积都得到满足，对整个计算区域自然也得到满足。这是有限体积法最大的优点。对于有限差分法，仅当网格极其细密时离散方程才满足积分守恒，而对于有限体积法，即使在粗网格情况下也显示出准确的积分守恒。

就离散方法而言，有限体积法可视作有限元法和有限差分法的中间物。有限元法必须假定特征变量值在网格节点之间的变化规律（插值函数），并将其作为近似解。有限差分法只考虑网格点上的特征变量值而不考虑特征变量值在网格节点之间如何变化。有限体积法只寻求特征变量的节点值，这与有限差分法相类似；但有限体积法在寻求控制体积的积分时，必须假定特征变量值在网格点之间的分布，这又与有限元法相类似。在有限体积法中，插值函数只用于计算控制体积的积分，得出离散方程之后便可忘掉插值函数；如果需要，可以对微分方程中不同的项采取不同的插值函数。

4.2.2　有限体积法的区域离散

有限体积法的核心体现在区域离散方式上。区域离散的实质就是用有限个离散点来代替原来的连续空间，即生成计算网格。有限体积法的区域离散实施过程：把所计算的区域划分成多个互不重叠的子区域，即计算网格，然后确定每个子区域中的节点位置及该节点所代表的控制体积。区域离散化过程结束后可以得到以下几何要素。

① 节点：需要求解的未知物理量几何位置。
② 控制体积：应用控制方程或守恒定律的最小几何单位。
③ 界面：规定了与各节点相对应的控制体积的分界面位置。
④ 网格线：联结相邻两节点而形成的曲线簇。

通常把节点看成是控制体积的代表。在离散过程中，将一个控制体积上的物理量定义并存储在该节点处。图 4.1 所示为一维问题的有限体积法计算网格，图中标出了节点、有限体积、界面、网格线。图中 P 表示所研究的节点，其周围的控制体积也用 P 表示，东侧相邻的节点及相应的控制体积均用 E 表示，西侧相邻的节点及相应的控制体积均用 W 表示。控制体积 P 的东西两个界面分别用 e 和 w 表示，两个界面的间距离用 Δx 表示。

图 4.2 所示为二维问题的有限体积法计算网格，图中阴影区域为节点 P 的控制体积。与一维问题不同节点 P 除了有西侧邻点 W 和东侧邻点 E 外，还有北侧邻点 N 和南侧邻点 S。控制体积 P 的 4 个界面分别用 e、w、s 和 n 表示，在东西和

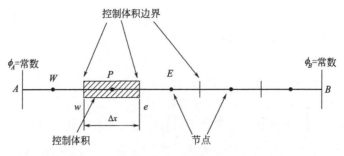

图 4.1 一维问题的有限体积法计算网格

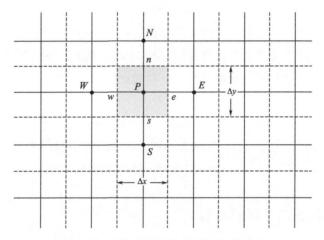

图 4.2 二维问题的有限体积法计算网格

南北两个方向上的控制体积宽度分别用 Δx 和 Δy 表示，Δx 可以不等于 Δy。

而对于三维问题，增加上、下方向的两个控制体积，分别用 T 和 B 表示，控制体积的上、下界面分别用 t 和 b 表示。

在图 4.1 和图 4.2 中，节点有序排列，即当给出了一个节点的编号后立即可以得出其相邻节点的编号。这种网格称为结构网格。结构网格是一种传统的网格形式，网格自身利用了几何体的规则形状。近年来，还出现了非结构网格（Unstructured Grid）。非结构网格的节点以一种不规则的方式布置在流场中。这种网格虽然生成过程比较复杂，但却有着极大的适应性，尤其对具有复杂边界的流场计算问题特别有效。非结构网格一般通过专门的程序或软件来生成。

4.3 一维稳态问题的有限体积法

对于给定的微分方程，可采用有限体积法建立其对应的离散方程。本节简要介绍用有限体积法对一维稳态问题基本控制方程生成离散方程的方法和过程，并对离散方程求解。

4.3.1　问题的描述

一维稳态对流扩散问题控制方程的通用形式为

$$\frac{d(\rho u \phi)}{dx} = \frac{d}{dx}\left(\Gamma \frac{d\phi}{dx}\right) + S \tag{4.1}$$

式中，包含对流项、扩散项及源项，其中 ϕ 为广义变量，可以是速度、温度、浓度等一些待求的物理量，变量 ϕ 在端点 A 和 B 的边界值已知；Γ 为相应于 ϕ 的广义扩散系数；S 为广义源项，无源情况下，$S = 0$。

采用有限体积法求解一维稳态对流扩散问题的主要步骤如下。

① 生成离散网格：在计算域内生成计算网格，包括节点及其控制体积。

② 方程的离散：在每个控制体积内对控制方程进行积分，得到离散后的关于节点未知量的代数方程组。

③ 解方程组：求解代数方程组，得到各计算节点的场变量值。

4.3.2　生成计算网格

有限体积法的第一步是将整个计算域划分为离散的控制体积。如图 4.1 所示，在端点 A 和 B 之间的空间域上放置一系列节点，将控制体积的边界（面）取在两个节点中间的位置，这样，每个节点由一个控制体积所包围。

如图 4.3 所示，用 P 表示一个广义的节点，其东西两侧的相邻节点分别用 E、W 表示；同时，与各节点对应的控制体积也用同一字符表示。控制体积 P 的东西两个界面分别用 e 和 w 表示，两个界面间的距离用 Δx 表示，E 点至节点 P 的距离用 $(\delta x)_e$ 表示，W 点至节点 P 的距离用 $(\delta x)_w$ 表示。

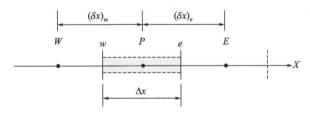

图 4.3　一维问题的计算网格

4.3.3　建立离散方程

有限体积法的特殊的一步是在控制体积上积分控制方程，以便在控制体积节点上产生离散的方程。对一维模型方程式(4.1)，在图 4.3 所示的控制体积 P 上积

分，即

$$\int_{\Delta V} \frac{\mathrm{d}(\rho u\phi)}{\mathrm{d}x} \mathrm{d}V = \int_{\Delta V} \frac{\mathrm{d}}{\mathrm{d}x}\left(\Gamma \frac{\mathrm{d}\phi}{\mathrm{d}x}\right)\mathrm{d}V + \int_{\Delta V} S\,\mathrm{d}V \tag{4.2}$$

式中 V——控制体积；

   ΔV——控制体积的体积值。

同理，对连续方程积分，有

$$\int_{\Delta V} \frac{\mathrm{d}}{\mathrm{d}x}(\rho u)\,\mathrm{d}V = 0 \tag{4.3}$$

由奥氏公式，式(4.2) 可写成

$$(\rho u\phi A)_e - (\rho u\phi A)_w = \left(\Gamma A \frac{\mathrm{d}\phi}{\mathrm{d}x}\right)_e - \left(\Gamma A \frac{\mathrm{d}\phi}{\mathrm{d}x}\right)_w + \overline{S}\Delta V \tag{4.4}$$

式中 A——控制体积界面（积分方向）的面积；

   $\overline{S}$——源项在控制体积中的平均值。

式(4.4) 中对流项和扩散项均已转化为控制体积界面上的值。有限体积法最显著的特点之一是离散方程中具有明确的物理插值，即界面的物理量要通过插值的方式由节点的物理量来表示。

为了建立所需形式的离散方程，需要找出如何表示式(4.4) 中界面 e 和 w 处的 ρ、u、Γ、ϕ 和 $\dfrac{\mathrm{d}\phi}{\mathrm{d}x}$。在有限体积法中规定，$\rho$、$u$、$\Gamma$、$\phi$ 和 $\dfrac{\mathrm{d}\phi}{\mathrm{d}x}$ 等物理量均是在节点处定义和计算的。因此，为了计算界面上的这些物理参数（包括其导数），需要有一个物理参数在节点间的近似分布。可以想象，线性近似是可用来计算界面物性值的最直接、最简单的方式。这种分布称为中心差分。如果网格是均匀的，则单个物理参数（以扩散系数 Γ 为例）的线性插值结果为

$$\begin{cases} \Gamma_e = \dfrac{\Gamma_P + \Gamma_E}{2} \\[2mm] \Gamma_w = \dfrac{\Gamma_W + \Gamma_P}{2} \end{cases} \tag{4.5}$$

$(\rho u\phi A)$ 的线性插值结果为

$$\begin{cases} (\rho u\phi A)_e = (\rho u)_e A_e \dfrac{\phi_P + \phi_E}{2} \\[2mm] (\rho u\phi A)_w = (\rho u)_w A_w \dfrac{\phi_W + \phi_P}{2} \end{cases} \tag{4.6}$$

与梯度项相关的扩散通量的线性插值为

$$\begin{cases} \left(\Gamma A \dfrac{\mathrm{d}\phi}{\mathrm{d}x}\right)_e = \Gamma_e A_e \left[\dfrac{\phi_E - \phi_P}{(\delta x)_e}\right] \\[3mm] \left(\Gamma A \dfrac{\mathrm{d}\phi}{\mathrm{d}x}\right)_w = \Gamma_w A_w \left[\dfrac{\phi_P - \phi_W}{(\delta x)_w}\right] \end{cases} \tag{4.7}$$

对于源项 $\overline{S}$，它通常是时间和物理量 ϕ 的函数。有限体积法通常将 $\overline{S}$ 线性化处理，即

$$\overline{S}=S_C+S_P\phi_P \tag{4.8}$$

式中　S_C——常数；

　　　S_P——随时间和物理量 ϕ 变化的项。

将式(4.5)～式(4.8) 代入式(4.4)，得

$$(\rho u)_eA_e\frac{\phi_P+\phi_E}{2}-(\rho u)_wA_w\frac{\phi_W+\phi_P}{2}$$

$$=\Gamma_eA_e\left[\frac{\phi_E-\phi_P}{(\delta x)_e}\right]-\Gamma_wA_w\left[\frac{\phi_P-\phi_W}{(\delta x)_w}\right]+(S_C+S_P\phi_P)\Delta V \tag{4.9}$$

整理后，可得

$$\left[\frac{\Gamma_e}{(\delta x)_e}A_e+\frac{\Gamma_w}{(\delta x)_w}A_w-S_P\Delta V\right]\phi_P$$

$$=\left[\frac{\Gamma_w}{(\delta x)_w}A_w+\frac{(\rho u)_w}{2}A_w\right]\phi_W+\left[\frac{\Gamma_e}{(\delta x)_e}A_e-\frac{(\rho u)_e}{2}A_e\right]\phi_E+S_C\Delta V \tag{4.10}$$

记为

$$a_P\phi_P=a_W\phi_W+a_E\phi_E+b \tag{4.11}$$

式中

$$\begin{cases} a_W=\dfrac{\Gamma_w}{(\delta x)_w}A_w+\dfrac{(\rho u)_w}{2}A_w \\[3mm] a_E=\dfrac{\Gamma_e}{(\delta x)_e}A_e+\dfrac{(\rho u)_e}{2}A_e \\[3mm] a_P=\dfrac{\Gamma_e}{(\delta x)_e}A_e+\dfrac{\Gamma_w}{(\delta x)_w}A_w-S_P\Delta V=a_E+a_W+\dfrac{(\rho u)_e}{2}A_e-\dfrac{(\rho u)_w}{2}A_w-S_P\Delta V \\[3mm] b=S_C\Delta V \end{cases}$$

$$\tag{4.12}$$

对于一维问题，控制体积界面 e 和 w 处的面积 A_e 和 A_w 均为 1，即单位面积。这样，$\Delta V=\Delta x$，式(4.12) 中各系数可转化为

$$\begin{cases} a_W=\dfrac{\Gamma_w}{(\delta x)_w}+\dfrac{(\rho u)_w}{2} \\[3mm] a_E=\dfrac{\Gamma_e}{(\delta x)_e}-\dfrac{(\rho u)_e}{2} \\[3mm] a_P=a_E+a_W+\dfrac{(\rho u)_e}{2}-\dfrac{(\rho u)_w}{2}-S_P\Delta x \\[3mm] b=S_C\Delta x \end{cases} \tag{4.13}$$

式(4.11) 即为一维稳态对流扩散控制方程式(4.1) 的离散形式，对所有节点均可列出对应的离散方程，最后得到一组离散方程。对于在计算域边界处的控制体

积上的积分，还需根据边界条件对各系数进行修正。

4.3.4　求解离散方程

为了求解所给出的流体流动问题，必须在整个计算域的每个节点上建立式 (4.11) 所示的离散方程。从而，每个节点上都有一个相应的式(4.11)，这些方程组成一个含有节点未知量的线性代数方程组。求解这个方程组，就可以得到物理量 ϕ 在各节点处的值。原则上，可采用任何求解代数方程组的方法，如 Gauss 消去法。但是考虑到所生成的离散方程组的系数矩阵为对角阵，因此，往往采用更简便且高效的解法。具体内容将在后续章节进行介绍。

下面举一个典型例子说明求解过程。

【例 4.1】　图 4.4 所示的是某场变量 ϕ 通过一维区域的对流扩散而输运，控制方程为

$$\frac{\mathrm{d}(\rho u \phi)}{\mathrm{d}x} = \frac{\mathrm{d}}{\mathrm{d}x}\left(\Gamma \frac{\mathrm{d}\phi}{\mathrm{d}x}\right)$$

式中　ϕ——x 的函数。

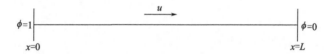

图 4.4　一维对流扩散问题

边界条件：在 $x=0$ 处，$\phi_0=1$；在 $x=L$ 处，$\phi_L=0$；已知数据：$L=1.0\mathrm{m}$，$\rho=1.0\mathrm{kg/m^2}$，$\Gamma=0.1\mathrm{kg/(m \cdot s)}$。

此问题的理论解为

$$\frac{\phi - \phi_0}{\phi_L - \phi_0} = \frac{\exp(\rho u x / \Gamma) - 1}{\exp(\rho u L / \Gamma) - 1}$$

并有如下结论：

① 当流速为 $u=0.1\mathrm{m/s}$、离散成 5 个节点网格时，ϕ 在区域内的分布；

② 当流速为 $u=2.5\mathrm{m/s}$、离散成 5 个节点网格时，ϕ 在区域内的分布；

③ 当流速为 $u=2.5\mathrm{m/s}$、离散成 20 个节点网格时，ϕ 在区域内的分布。

解：求解区域的离散网格如图 4.5 所示。

计算域分为 5 个控制体，第一控制体积长度 $\delta_x=0.2\mathrm{m}$，边界在 A、B 点。

为方便后续讨论，定义两个新的物理量 F 和 D，其中，

F——通过界面上单位面积的对流质量通量，简称对流质量流量；

D——界面的扩散传导性；

F_e，F_w——节点 e，w 对流质量流量；

D_e，D_w——节点 e，w 扩散传导性。

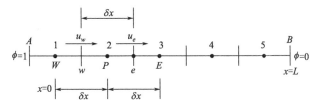

图 4.5　一维对流扩散问题的离散网格

此时，$F_e = F_w = F = \rho u$，$D_e = D_w = D = \Gamma/\delta_x$。控制体截面积取为 1。

内节点 2、3 和 4 有离散方程式(4.3) 及其系数，但是节点 1 和节点 5 需要特别处理，因为它们的控制体邻接边界。

对节点 1 所在控制体积进行积分，即

$$\int_{\Delta V} \frac{\mathrm{d}(\rho u \phi)}{\mathrm{d}x} \mathrm{d}V = \int_{\Delta V} \frac{\mathrm{d}}{\mathrm{d}x}(\Gamma \frac{\mathrm{d}\phi}{\mathrm{d}x}) \mathrm{d}V$$

则有

$$(\rho u \phi A)_e - (\rho u \phi A)_w = (\Gamma A \frac{\mathrm{d}\phi}{\mathrm{d}x})_e - (\Gamma A \frac{\mathrm{d}\phi}{\mathrm{d}x})_w$$

东侧界面值计算无问题，对于西侧界面，有

$$\phi_e = \phi_w = 1$$

$$\left(\frac{\mathrm{d}\phi}{\mathrm{d}x}\right)_w = \frac{\phi_P - \phi_A}{\delta_x/2}$$

则

$$\frac{F_e}{2}(\phi_P + \phi_E) - F_A \phi_A = D_e(\phi_E - \phi_P) - 2D_A(\phi_P - \phi_A)$$

按节点场变量整理，有

$$\left[\left(D_e + \frac{F_e}{2}\right) + 2D_A\right]\phi_P = 0 \times \phi_W + \left(D_e - \frac{F_e}{2}\right)\phi_E + (2D_A + F_A)\phi_A$$

即

$$a_P \phi_P = a_W \phi_W + a_E \phi_E + S_u$$

式中

$$a_W = 0$$

$$a_E = D_e - \frac{F_e}{2}$$

$$a_P = a_W + a_E + (F_e - F_w) - S_P$$

$$S_P = -(2D_A + F_w)$$

$$S_u = (2D_A + F_A)\phi_A$$

当 ρu 为常数时，a_P 的表达式中，$(F_e - F_w) = 0$。

同理，对节点 5 所在控制体积积分，并整理后得

$$F_B \phi_B - \frac{F_w}{2}(\phi_P + \phi_W) = 2D_B(\phi_B - \phi_P) - D_w(\phi_P - \phi_W)$$

按节点场变量整理，有

$$\left[\left(D_w - \frac{F_w}{2}\right) + 2D_B\right]\phi_P = \left(D_w + \frac{F_w}{2}\right)\phi_W + 0 \times \phi_E + (2D_B - F_B)\phi_B$$

即

$$a_P\phi_P = a_W\phi_W + a_E\phi_E + S_u$$

式中

$$a_W = D_w + \frac{F_w}{2}$$

$$a_E = 0$$

$$a_P = a_W + a_E + (F_e - F_w) - S_P$$

$$S_P = -(2D_B - F_e)$$

$$S_u = (2D_B - F_B)\phi_B$$

由于 $F_w = F_e = F_A = F_B = F$，$D_w = D_e = D_A = D_B = D$，则得到表 4.1 所列的离散方程系数和等效源项计算公式。

表 4.1 离散方程系数和等效源项计算公式

节点	a_W	a_E	S_P	S_u
1	0	$D - F/2$	$-(2D + F)$	$(2D + F)\phi_A$
2,3,4	$D + F/2$	$D - F/2$	0	0
5	$D + F/2$	0	$-(2D - F)$	$(2D - F)\phi_B$

（1）第一种计算工况

$u = 0.1\text{m/s}$ 时，$F = \rho u = 0.1$，$D = \Gamma/\delta_x = 0.1/0.2 = 0.5$，将其代入表 4.1 中，可得表 4.2 所列的离散方程系数。

表 4.2 离散方程系数（一）

节点	a_W	a_E	S_u	S_P	$a_P = a_W + a_E - S_P$
1	0	0.45	$1.1\phi_A$	-1.1	1.55
2	0.55	0.45	0	0	1.0
3	0.55	0.45	0	0	1.0
4	0.55	0.45	0	0	1.0
5	0.55	0	$0.9\phi_B$	-0.9	1.45

将 $\phi_A = 1$，$\phi_B = 0$ 代入表 4.2，并将离散方程写成矩阵形式，即

$$\begin{bmatrix} 1.55 & -0.45 & 0 & 0 & 0 \\ 0.55 & 1.0 & -0.45 & 0 & 0 \\ 0 & -0.55 & 1.0 & -0.45 & 0 \\ 0 & 0 & -0.55 & 1.0 & -0.45 \\ 0 & 0 & 0 & -0.55 & -1.45 \end{bmatrix} \begin{Bmatrix} \phi_1 \\ \phi_2 \\ \phi_3 \\ \phi_4 \\ \phi_5 \end{Bmatrix} = \begin{Bmatrix} 1.1 \\ 0 \\ 0 \\ 0 \\ 0 \end{Bmatrix}$$

解此方程，得

$$\begin{Bmatrix} \phi_1 \\ \phi_2 \\ \phi_3 \\ \phi_4 \\ \phi_5 \end{Bmatrix} = \begin{Bmatrix} 0.9421 \\ 0.8006 \\ 0.6276 \\ 0.4163 \\ 0.1579 \end{Bmatrix}$$

将已知数据代入分析解表达式，得

$$\phi(x) = \frac{2.7183 - \exp(x)}{1.7183}$$

分析解和数值解的结果比较见表 4.3，其图形比较如图 4.6 所示。

表 4.3 比较分析解与数值解（一）

节点	距离	有限体积解	分析解	偏差	误差/%
1	0.1	0.9421	0.9387	−0.003	0.36
2	0.3	0.8006	0.7963	−0.004	0.53
3	0.5	0.6276	0.6224	−0.005	0.83
4	0.7	0.4163	0.4100	−0.006	1.53
5	0.9	0.1579	0.1505	−0.007	4.91

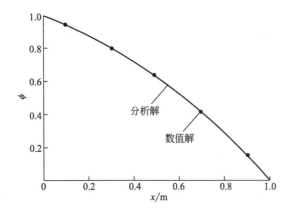

图 4.6 数值解与分析解比较（一）

由表 4.3 和图 4.6 可知，在给定的网格粗糙度下二者相当一致。

（2）第二种计算工况

$u = 2.5 \text{m/s}$ 时，$F = \rho u = 2.5$，$D = \Gamma / \delta_x = 0.1 / 0.2 = 0.5$。利用前面推导的离散方程系数计算公式，可得表 4.4 所列的各系数。

表 4.4 离散方程系数（二）

节点	a_W	a_E	S_u	S_P	$a_P = a_W + a_E - S_P$
1	0	0.75	$3.5\phi_A$	-3.5	2.75
2	1.75	0.75	0	0	1.0
3	1.75	0.75	0	0	1.0
4	1.75	0.75	0	0	1.0
5	1.75	0	$-1.5\phi_B$	1.5	0.25

将 $\phi_A = 1$，$\phi_B = 0$ 代入表 4.4，并将方程写成矩阵形式，即

$$\begin{bmatrix} 2.75 & -0.75 & 0 & 0 & 0 \\ -1.75 & 1.0 & -0.75 & 0 & 0 \\ 0 & -1.75 & 1.0 & -0.75 & 0 \\ 0 & 0 & -1.55 & 1.0 & -0.75 \\ 0 & 0 & 0 & -1.75 & -0.25 \end{bmatrix} \begin{Bmatrix} \phi_1 \\ \phi_2 \\ \phi_3 \\ \phi_4 \\ \phi_5 \end{Bmatrix} = \begin{Bmatrix} 3.5 \\ 0 \\ 0 \\ 0 \\ 0 \end{Bmatrix}$$

解此方程，得

$$\begin{Bmatrix} \phi_1 \\ \phi_2 \\ \phi_3 \\ \phi_4 \\ \phi_5 \end{Bmatrix} = \begin{Bmatrix} 1.0356 \\ 0.8694 \\ 1.2573 \\ 0.3521 \\ 2.4644 \end{Bmatrix}$$

将已知数据代入分析解表达式，得

$$\phi(x) = \frac{1 - \exp(2.5x)}{7.2 \times 10^{10}} + 1$$

分析解和数值解的结果比较见表 4.5，其图形比较如图 4.7 所示。

表 4.5 比较分析解与数值解（二）

节点	距离	有限体积解	分析解	偏差	误差/%
1	0.1	1.0356	1.0000	-0.035	3.56
2	0.3	0.8694	0.9999	-0.131	13.05
3	0.5	1.2573	0.9999	-0.257	25.74
4	0.7	0.3521	0.9994	-0.647	64.70
5	0.9	2.4644	0.9179	-1.546	168.48

由表 4.5 和图 4.7 可知，数值解在精确解周围振荡，计算精度是不可接受的，因此必须采取措施提高数值解的计算精度。对于数值计算，最直接的计算方法就是加密计算网格。

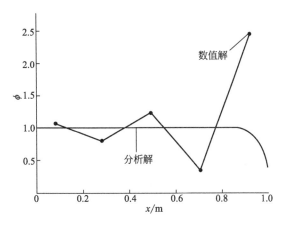

图 4.7 数值解与分析解比较（二）

（3）第三种计算工况

$u = 2.5 \text{m/s}$ 时，计算区域取节点，则 $\delta_x = 0.05$，$F = \rho u = 2.5$，$D = \Gamma / \delta_x = 0.1/0.05 = 2.0$。利用前面推导的离散方程系数计算公式，可得表 4.6 所列的各系数。

表 4.6 离散方程系数（三）

节点	a_W	a_E	S_u	S_P	$a_P = a_W + a_E - S_P$
1	0	0.75	$6.5\phi_A$	-6.5	7.25
2～19	3.25	0.75	0	0	4.00
5	3.25	0	$1.5\phi_B$	-1.5	4.74

图 4.8 比较了数值解和分析解，两者吻合很好。与情形 2 中 5 个节点的数据相比，网格细分将 F/D 从 5 降到 1.25。可见网格加密可有效改善数值解的计算精度。

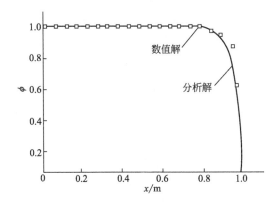

图 4.8 数值解与分析解比较（三）

4.4　常用的离散格式

在使用有限体积法建立离散方程时，关键是将控制体积界面上的物理量及其导数通过节点物理量插值求出。4.3 部分使用了线性插值，即中心差分格式。引入插值方式目的是为了建立离散方程，插值方式不同对应的离散结果不同，因此，插值方式又常称为离散格式。本节介绍最基本、也是使用最广泛的一阶离散格式。

4.4.1　问题描述

由于离散格式并不影响控制方程中的源项及瞬态项，因此，为了说明各种离散格式的特性，选取一维、稳态、无源项的对流-扩散问题为讨论对象。假设速度场为 u，其控制方程的通用形式为：

$$\frac{\mathrm{d}(\rho u \phi)}{\mathrm{d}x} = \frac{\mathrm{d}}{\mathrm{d}x}\left(\Gamma \frac{\mathrm{d}\phi}{\mathrm{d}x}\right) \tag{4.14}$$

因该流动必须满足连续方程，则

$$\frac{\mathrm{d}(\rho u)}{\mathrm{d}x} = 0 \tag{4.15}$$

图 4.9 所示的一维控制体积，在控制体积内对控制方程进行积分，并整理后得

$$(\rho u \phi A)_e - (\rho u \phi A)_w = \left(\Gamma A \frac{\mathrm{d}\phi}{\mathrm{d}x}\right)_e - \left(\Gamma A \frac{\mathrm{d}\phi}{\mathrm{d}x}\right)_w \tag{4.16}$$

对连续方程式(4.15)进行积分，得

$$(\rho u A)_e - (\rho u A)_w = 0 \tag{4.17}$$

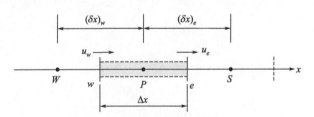

图 4.9　控制体积 P 及界面上的流速

为了获得对流-扩散问题的离散方程，必须对式(4.16)界面上的物理量做近似处理。为了方便起见

$$F = \rho u \tag{4.18}$$

$$D = \frac{\Gamma}{\delta x} \tag{4.19}$$

F 和 D 在控制体积 P 上的值分别为：

$$\begin{cases} F_w = (\rho u)_w \\ F_e = (\rho u)_e \end{cases} \tag{4.20}$$

$$\begin{cases} D_w = \dfrac{\Gamma_w}{(\delta x)_w} \\ D_e = \dfrac{\Gamma_e}{(\delta x)_e} \end{cases} \tag{4.21}$$

在此基础上，定义一维单元的贝克莱（Péclet）数为：

$$Pe = \frac{F}{D} = \frac{\rho u}{\Gamma / \delta x} \tag{4.22}$$

式中　Pe——对流与扩散的强度之比。

可以想象，当 $Pe=0$ 时，对流-扩散问题演变为纯扩散问题，即流场中没有流动，只有扩散；当 $Pe>0$ 时，流体沿正 x 方向流动；当 Pe 很大时，对流-扩散问题演变为纯对流问题，扩散的作用可以忽略；当 $Pe<0$ 时，情况正好相反。

此外，再引入以下两条假设。

① 在控制体积的界面 e 和 w 处的界面面积存在如下关系：$A_w = A_e = A$。

② 式(4.16) 等号右端的扩散项，总是用中心差分格式来表示（与 4.3 节的处理方式相同）。

这样，式(4.16) 可写为：

$$F_e \phi_e - F_w \phi_w = D_e (\phi_E - \phi_P) - D_w (\phi_P - \phi_W) \tag{4.23}$$

同时，连续方程式(4.16) 的积分结果为：

$$F_e - F_w = 0 \tag{4.24}$$

为了简化问题的讨论，假设速度场已通过某种方式变为已知（见第 5 章），这样 F_w 和 F_e 便为已知。为了求解式(4.23)，需要计算广义未知量 ϕ 在界面 e 和 w 处的值。为了完成这一任务，必须决定界面物理量如何通过节点物理量来插值表示，这就是以下内容将讨论的离散格式。

4.4.2　中心差分格式

4.4.2.1　中心差分格式

中心差分格式就是界面上的物理量采用相邻节点值的线性插值公式来计算。

在采用有限体积法推导控制方程的离散方程时，若没有特殊声明，即扩散项总是采用中心差分格式进行离散。显然，采用中心差分格式离散后的扩散项已经出现在离散方程(4.23) 的右端；同样，采用中心差分格式离散对流项，即方程式(4.23) 的左端项。

对于一个给定的均匀网格，可写出控制体积的界面上物理量 ϕ 的值，即

$$
\begin{cases}
\phi_e = \dfrac{\phi_P + \phi_E}{2} \\[3mm]
\phi_w = \dfrac{\phi_W + \phi_P}{2}
\end{cases}
\tag{4.25}
$$

将式(4.25) 代入式(4.23) 中的对流项，得

$$
\frac{F_e}{2}(\phi_P + \phi_E) - \frac{F_w}{2}(\phi_W + \phi_P) = D_e(\phi_E - \phi_P) - D_w(\phi_P - \phi_W)
\tag{4.26}
$$

按节点物理量整理后，得

$$
\left[\left(D_w - \frac{F_w}{2}\right) + \left(D_e + \frac{F_e}{2}\right)\right]\phi_P = \left(D_w + \frac{F_w}{2}\right)\phi_W + \left(D_e - \frac{F_e}{2}\right)\phi_E
\tag{4.27}
$$

引入连续方程的离散形式(4.24)，进一步整理后，可得

$$
\left[\left(D_w - \frac{F_w}{2}\right) + \left(D_e + \frac{F_e}{2}\right) + (F_e - F_w)\right]\phi_P = \left(D_w + \frac{F_w}{2}\right)\phi_W + \left(D_e - \frac{F_e}{2}\right)\phi_E
\tag{4.28}
$$

将式(4.28) 中 ϕ_P、ϕ_W 和 ϕ_E 前的系数分别用 a_P、a_W 和 a_E 表示，得到中心差分格式的对流—扩散方程的离散方程：

$$
a_P \phi_P = a_W \phi_W + a_E \phi_E
\tag{4.29}
$$

$$
\begin{cases}
a_W = D_w + \dfrac{F_w}{2} \\[3mm]
a_E = D_e - \dfrac{F_e}{2} \\[3mm]
a_P = a_W + a_E - (F_e - F_w)
\end{cases}
\tag{4.30}
$$

可写出所有网格节点（控制体积的中心）上的具有式(4.29)形式的离散方程，从而组成一个线性代数方程组，方程组中的未知量就是各节点上的 ϕ 值，如式(4.29)中 ϕ_P、ϕ_W 和 ϕ_E。求解这个方程组，可得到未知量 ϕ 在空间的分布。

4.4.2.2 中心差分格式的特点

式(4.29)是对扩散项和对流项均采用中心差分格式离散后得到的结果。系数 a_W 和 a_E 包括了扩散与对流作用的影响。其中，系数中的 D_w 和 D_e 是由扩散项的中心差分所形成的，代表了扩散过程的影响。系数中与流量 F_w 和 F_e 有关的部分是界面上的分段线性插值方式在均匀网格下的表现，体现了对流的作用。

可以证明，当 $Pe < 2$ 时，中心差分格式的计算结果与精确解基本吻合。但当 $Pe > 2$ 时，中心差分格式所得的解就完全失去了物理意义。从离散方程的系数来说，这是由于当 $Pe > 2$ 时，系数 $a_E < 0$ 所造成的。我们知道，系数 a_E 和 a_W 代表了邻点 W 和 E 处的物理量通过对流及扩散作用对 P 点产生影响的大小，当离散方

程写成式(4.29)的形式时，a_P、a_W 和 a_E 都必须大于零，负系数会导致物理上不真实的解。正系数的要求出自方程组迭代求解的考虑。式(4.29)一般采用迭代法求解，而迭代求解收敛的充分条件是在所有节点上有 $(\sum |a_{nb}|)/|a'_P| \leqslant 1$，且至少在一个节点上有 $(\sum |a_{nb}|)/|a'_P| < 1$，这里的 a'_P 是扣除源项后的方程组主系数 $a'_P = a_P - S_P$，记号 nb 代表节点 P 周围的所有相邻节点。

需要注意的是，通过式(4.22)所定义的控制体积上的 Pe 是如下参数的组合：流体特性（ρ 与 Γ）、流动特性 u 及计算网格特性 δx。对于给定的 ρ 与 Γ，要满足 $Pe < 2$，只能是速度 u 很小（对应于由对流支配的低雷诺数流动）或者网格间距很小。基于此限制，中心差分格式不能作为对于一般流动问题的离散格式，必须创建其他更合适的离散格式。

4.4.3 一阶迎风格式

4.4.3.1 一阶迎风格式

一阶迎风格式规定：因对流造成的界面上的 ϕ 值被认为等于上游节点（迎风侧节点）的 ϕ 值。于是，当流动为正方向时，即 $u_w > 0$、$u_e > 0$（$F_w > 0$、$F_e > 0$），一阶迎风格式取控制体积界面处值为：

$$\phi_w = \phi_W ; \phi_e = \phi_P \tag{4.31}$$

此时，离散方程式(2.23)变为：

$$F_e \phi_P - F_w \phi_W = D_e (\phi_E - \phi_P) - D_w (\phi_P - \phi_W) \tag{4.32}$$

引入连续方程的离散形式(4.24)整理后，可得：

$$[(D_w + F_w) + D_e + (F_e - F_w)]\phi_P = (D_w + F_w)\phi_W + D_e \phi_E \tag{4.33}$$

当流动为负方向时，即 $u_w < 0$、$u_e < 0$（$F_w < 0$、$F_e < 0$），一阶迎风格式取控制体积界面处值，即

$$\phi_w = \phi_P ; \phi_e = \phi_E \tag{4.34}$$

此时，离散方程式(4.23)变为：

$$F_e \phi_E - F_w \phi_P = D_e (\phi_E - \phi_P) - D_w (\phi_P - \phi_W) \tag{4.35}$$

引入连续方程的离散形式(4.24)整理后，可得：

$$[D_w + (D_e - F_e) + (F_e - F_w)]\phi_P = D_w \phi_W + (D_e - F_e)\phi_E \tag{4.36}$$

综合式(4.33)和式(4.36)，ϕ_P、ϕ_W 和 ϕ_E 前的系数分别用 a_P、a_W 和 a_E 表示，得到一阶迎风格式的对流-扩散方程的离散方程：

$$a_P \phi_P = a_W \phi_W + a_E \phi_E \tag{4.37}$$

$$\begin{cases} a_W = D_w + \max(F_w, 0) \\ a_E = D_e + \max(0, -F_e) \\ a_P = a_W + a_E + (F_e - F_w) \end{cases} \tag{4.38}$$

方程中界面上未知量恒取上游节点的值，而中心差分则取上、下游节点的算术平均值；这是两种格式间的基本区别。由于这种迎风格式具有一阶截差，因而称为一阶迎风格式。

4.4.3.2 一阶迎风格式的特点及适用性

一阶迎风格式考虑了流动方向的影响，由式(4.38)所表示的一阶迎风格式离散方程系数 a_W 和 a_E 永远大于零，因而在任何条件下都不会引起解的振荡，永远都可得到在物理上看起来是合理的解，没有中心差分格式中的 $Pe<2$ 的限制。正是由于这一点，使一阶迎风格式得到广泛应用。当然，一阶迎风格式在构造方式上仍有不足之处，主要表现如下。

① 迎风差分简单地按界面上流速大于还是小于 0 而决定其取值，但精确解表明界面上之值还与 Pe 的大小有关。

② 迎风格式中不管 Pe 的大小，扩散项永远按中心差分计算。但是，当 $|Pe|$ 足够大时，界面上的扩散作用接近于零，此时迎风格式夸大了扩散项的影响，必然会给计算带来误差。这种情况在计算流体力学中称为假扩散。

一阶迎风格式所生成的离散方程的截差等级比较低，虽不会出现解的振荡，但常限制了解的精度。除非采用相当细密的网格，否则计算结果的误差较大。研究证明，在对流项中心差分的数值解不出现振荡的参数范围内，在相同的网格节点数条件下，采用中心差分的计算结果要比采用一阶迎风格式的结果误差小。因此，随着计算机处理性能的提高，在正式计算时，一阶迎风格式目前常被后续讨论的二阶迎风格式或其他高阶格式所代替。

【例 4.2】 考虑用迎风差分格式和五点粗网格解【例 4.1】中的问题：① $u=0.1\text{m/s}$；② $u=2.5\text{m/s}$。

解：用图 4.5 所示的网格离散。在内节点 2～4 应用一般形式的离散方程和有关的邻点系数表达式。注意，$F=F_e=F_w=\rho u$，$D=D_e=D_w=\Gamma/\delta_x$。

在边界节点 1，将迎风差分格式应用于对流项给出，即

$$F_e\phi_P - F_A\phi_A = D_e(\phi_E - \phi_P) - D_A(\phi_P - \phi_A)$$

在边界节点 5，有

$$F_B\phi_P - F_w\phi_w = D_B(\phi_B - \phi_P) - D_w(\phi_P - \phi_w)$$

同时，在边界点，有

$$D_A = D_B = 2\Gamma/\delta_x = 2D$$

$$F_A = F_B = F$$

如一般做法，边界条件放进离散方程作为源项，即

$$a_P\phi_P = a_W\phi_W + a_E\phi_E + S_u$$

式中，$a_P = a_W + a_E + (F_e - F_w) - S_P$，其他系数列于表 4.7 中。

表 4.7 离散方程系数 (一)

节点	a_W	a_E	S_u	S_P
1	0	D	$(2D+F)\phi_A$	$-(2D+F)$
2~4	$D+F$	D	0	0
5	$D+F$	0	$2D\phi_B$	$2D$

（1）第一种计算工况

$u=0.1\text{m/s}$ 时，$F=\rho u=0.1$，$D=\Gamma/\delta_x=0.1/0.2=0.5$，由网格 $Pe=F/D=0.2$，可得表 4.8 所列的离散方程系数。

表 4.8 离散方程系数 (二)

节点	a_W	a_E	S_u	S_P	$a_P=a_W+a_E-S_P$
1	0	0.45	$1.1\phi_A$	-1.1	1.6
2	0.6	0.5	0	0	1.1
3	0.6	0.5	0	0	1.1
4	0.6	0.5	0	0	1.1
5	0.6	0	$1.0\phi_B$	-1.0	1.6

将 $\phi_A=1$，$\phi_B=0$ 代入表 4.8，解此离散方程，得

$$\begin{Bmatrix} \phi_1 \\ \phi_2 \\ \phi_3 \\ \phi_4 \\ \phi_5 \end{Bmatrix} = \begin{Bmatrix} 0.9337 \\ 0.7879 \\ 0.6130 \\ 0.4031 \\ 0.1512 \end{Bmatrix}$$

分析解和数值解的结果比较见表 4.9，图形比较如图 4.10 所示。

表 4.9 比较分析解与数值解 (一)

节点	距离	数值解	分析解	偏差	误差/%
1	0.1	0.9337	0.9387	0.005	0.53
2	0.3	0.7879	0.7963	0.008	1.05
3	0.5	0.6130	0.6224	0.009	1.51
4	0.7	0.4031	0.4100	0.007	1.68
5	0.9	0.1512	0.1505	-0.001	0.02

（2）第二种计算工况

$u=2.5\text{m/s}$ 时，$F=\rho u=2.5$，$D=\Gamma/\delta_x=0.1/0.2=0.5$。由网格 $Pe=F/D=5$，可得表 4.10 所列的离散方程系数。

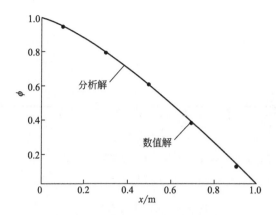

图 4.10 迎风差分格式分析解与数值解比较（一）

表 4.10 离散方程系数（三）

节点	a_W	a_E	S_u	S_P	$a_P = a_W + a_E - S_P$
1	0	0.45	$3.5\phi_A$	-3.5	4.0
2	3.0	0.5	0	0	3.5
3	3.0	0.5	0	0	3.5
4	3.0	0.5	0	0	3.5
5	3.0	0	$1.0\phi_B$	-1.0	4.0

将 $\phi_A = 1$，$\phi_B = 0$ 代入表 4.10，解此离散方程，得

$$\begin{Bmatrix} \phi_1 \\ \phi_2 \\ \phi_3 \\ \phi_4 \\ \phi_5 \end{Bmatrix} = \begin{Bmatrix} 0.9998 \\ 0.9987 \\ 0.9921 \\ 0.9524 \\ 0.7143 \end{Bmatrix}$$

分析解和数值解的结果比较见表 4.11，图形比较如图 4.11 所示。

表 4.11 比较分析解与数值解（二）

节点	距离	数值解	分析解	偏差	误差/%
1	0.1	0.9998	0.9999	0.0001	0.00
2	0.3	0.9987	0.9999	0.001	0.01
3	0.5	0.9921	0.9999	0.007	0.78
4	0.7	0.9524	0.9994	0.047	4.70
5	0.9	0.7143	0.8946	-0.180	20.15

从计算结果可以看出，中心差分格式不能得合理结果的算例（第二种计算情况），采用迎风差分格式可以得到合理的结果。

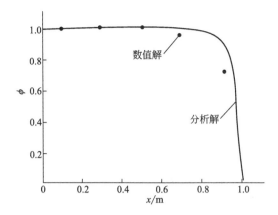

图 4.11 迎风差分格式分析解与数值解比较（二）

4.4.4 混合格式

为了解决一阶迎风格式易出现的假扩散问题，Spalding 于 1972 年提出了混合差分格式，综合了中心差分格式和迎风格式两方面的优点。该格式规定：当 $|Pe|<2$ 时，应用具有二阶精度的中心差分格式计算控制体积界面值；当 $|Pe| \geqslant 2$ 时，应用具有一阶精度但考虑流动方向的一阶迎风格式计算控制体积界面对流项，同时忽略扩散项。

在混合格式下，与 ϕ 的输运方程式(4.14) 所对应的离散方程为：

$$a_P \phi_P = a_W \phi_W + a_E \phi_E \tag{4.39}$$

$$\begin{cases} a_W = \max\left[F_w, \left(D_w + \dfrac{F_w}{2}\right), 0\right] \\[2mm] a_E = \max\left[-F_e, \left(D_e - \dfrac{F_e}{2}\right), 0\right] \\[2mm] a_P = a_W + a_E + (F_e - F_w) \end{cases} \tag{4.40}$$

混合格式根据流体流动的 Pe 在中心差分格式和迎风格式之间进行切换，该格式综合了中心差分格式和迎风格式的优点，部分克服了它们的不足。因其离散方程的系数总是正的，因此是无条件稳定的。与高阶离散格式相比，混合格式计算效率高，总能产生物理上比较真实的解，且是高度稳定的，混合格式在 CFD 软件中广为采用，是非常实用的离散格式。混合格式的缺点是计算结果只具有一阶精度，为提高计算精度必须采用较为密集的网格系统。

【例 4.3】 利用混合差分格式算例 4.1 第二种计算工况 （$u=2.5 \text{m/s}$），并比较采用 5 节点网格和 25 节点网格的计算结果。

解：采用 5 节点网格时，$\delta_x = 0.2 \text{m}$，$u=2.5 \text{m/s}$，则 $F = F_e = F_w = \rho u = 2.5$，$D = D_e = D_w = \Gamma/\delta_x = 1/0.2 = 0.5$，$Pe_e = Pe_w = \rho u \delta_x/\Gamma = 5$。可见网格 $Pe > 2$，

因此混合差分格式计算界面对流流量时采用迎风差分，不考虑扩散项的影响。

利用式(4.39)可求出内节点 2、3、4 的离散方程系数，对边界点需特殊处理。

在边界节点 1，将混合差分格式近似计算，得

$$F_e\phi_P - F_A\phi_A = 0 - D_A(\phi_P - \phi_A)$$

在边界节点 5，有

$$F_B\phi_P - F_w\phi_W = D_B(\phi_B - \phi_P) - 0$$

只考虑边界边的扩散流量，对流仍按迎风差分格式计算。由于 $F_A = F_B = F$，$D_A = D_B = 2\Gamma/\delta_x = 2D$，可得表 4.12 所列的各节点离散方程系数。

表 4.12　各节点的离散方程系数（一）

节点	a_W	a_E	S_u	S_P	$a_P = a_W + a_E - S_P$
1	0	0	$(2D+F)\phi_A$	$-(2D+F)$	0
2~4	F	0	0	0	F
5	F	0	$2D\phi_B$	$-2D$	$2D+F$

用已知数据可得表 4.13 所列计算结果。

表 4.13　各节点的离散方程系数（二）

节点	a_W	a_E	S_u	S_P	$a_P = a_W + a_E - S_P$
1	0	0	$3.5\phi_A$	-3.5	3.5
2~4	2.5	0	0	0	2.5
5	2.5	0	$1.0\phi_B$	-1.0	3.5

将方程写成矩阵形式，即

$$
\begin{bmatrix}
3.5 & 0 & 0 & 0 & 0 \\
-2.5 & 2.5 & 0 & 0 & 0 \\
0 & -2.5 & 2.5 & 0 & 0 \\
0 & 0 & -2.5 & 2.5 & 0 \\
0 & 0 & 0 & 2.5 & 3.5
\end{bmatrix}
\begin{Bmatrix}
\phi_1 \\ \phi_2 \\ \phi_3 \\ \phi_4 \\ \phi_5
\end{Bmatrix}
=
\begin{Bmatrix}
3.5 \\ 0 \\ 0 \\ 0 \\ 0
\end{Bmatrix}
$$

解此方程，得

$$
\begin{Bmatrix}
\phi_1 \\ \phi_2 \\ \phi_3 \\ \phi_4 \\ \phi_5
\end{Bmatrix}
=
\begin{Bmatrix}
1.0 \\ 1.0 \\ 1.0 \\ 1.0 \\ 0.7143
\end{Bmatrix}
$$

分析解和数值解的结果比较见表 4.14，图形比较如图 4.12 所示。

表 4.14　比较分析解与数值解

节点	距离	数值解	分析解	偏差	误差/%
1	0.1	1.0	0.9999	-0.0001	0.01
2	0.3	1.0	0.9999	-0.0001	0.01
3	0.5	1.0	0.9999	-0.0001	0.01
4	0.7	1.0	0.9994	-0.0006	0.06
5	0.9	0.7143	0.8946	-0.1803	20.15

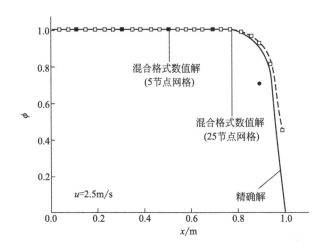

图 4.12　混合差分格式数值解与精确解比较

将求解区域离散成 25 个节点的网格系统，则 $\delta_x = 0.04$，$F = D = 2.5$，$Pe = F/D = 1$。混合差分格式采用中心差分计算控制体积界面处的对流量和扩散量。

5 节点网格和 25 节点网格数值解与精确解比较，如图 4.12 所示。

从图 4.12 中可以看出，密集的网格系统可得相当好的计算结果。

4.4.5　指数格式

指数格式是利用式(4.14)的精确解建立的一种离散格式。它将扩散与对流的作用合在一起来考虑，这一点与中心差分格式和迎风格式不同。

与指数格式对应的离散方程写成标准形式为：

$$a_P \phi_P = a_W \phi_W + a_E \phi_E \tag{4.41}$$

$$\begin{cases} a_W = \dfrac{F_w \exp(F_w/D_w)}{\exp(F_w/D_w) - 1} \\[3mm] a_E = \dfrac{F_e}{\exp(F_e/D_e) - 1} \\[3mm] a_P = a_W + a_E + (F_e - F_w) \end{cases} \tag{4.42}$$

应用于一维的稳态问题时，采用指数格式计算可以得到精确解，而且计算精度高。但指数运算是很费时的，且对二维或三维问题以及源项不为 0 的情况，计算结果是不准确的，因而未得到广泛应用。

4.4.6 乘方格式

指数格式计算精度较高，但指数的计算很费时。Patanker 于 1980 年提出了一种与指数格式相似，同时计算工作量又比较小的离散格式，即乘方格式。该格式规定，当 $Pe > 10$ 时，扩散项按零对待；当 $0 < Pe < 10$ 时，单位面积上的通量按 5 次幂的乘方格式计算，

与乘方格式对应的离散方程为

$$a_P \phi_P = a_W \phi_W + a_E \phi_E \tag{4.43}$$

式中

$$
\begin{cases}
a_W = D_w \max[0, (1-0.1|Pe|)^5] + \max[F_w, 0] \\
a_E = D_e \max[0, (1-0.1|Pe|)^5] + \max[-F_e, 0] \\
a_P = a_W + a_E + (F_e - F_w)
\end{cases} \tag{4.44}
$$

乘方格式的计算结果在 $|Pe| \leqslant 20$ 时与解析解结果基本一致，与指数格式的计算精度非常接近，但比指数格式要省时。它与混合格式性质类似，可用作混合格式的替代格式。在许多 CFD 软件中这种离散格式使用比较普遍。

4.5 高阶离散格式

根据泰勒（Taylor）级数的截差理论，中心差分格式计算精度较高，具有二阶截差，但不具有输运特征；迎风格式和混合格式具有输运特征，但计算精度较差只具有一阶截差，同时还可能引起假扩散。为提高计算精度，在计算控制体积界面参数值时考虑更多的相关节点，采用高阶离散格式降低这种误差。

4.5.1 二阶迎风格式

二阶迎风格式与一阶迎风格式的相同之处在于，控制体积界面的物理量都通过上游单元节点的物理量来确定。但二阶迎风格式不仅要用到上游最近一个节点的值，还要用到另一个上游节点的值。

如图 4.13 所示的均匀网格，图中阴影部分为计算节点 P 处的控制体积，二阶迎风格式规定，当流动为正方向时，即 $u_w > 0$、$u_e > 0(F_w > 0$、$F_e > 0)$，有：

$$\phi_w = 1.5\phi_W - 0.5\phi_{WW}, \quad \phi_e = 1.5\phi_P - 0.5\phi_W \tag{4.45}$$

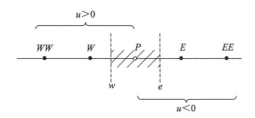

图 4.13 二阶迎风格式示意

此时，离散方程式（4.23）可改写为（这里对扩散项仍采用中心差分格式进行离散）

$$F_e(1.5\phi_P - 0.5\phi_W) - F_w(1.5\phi_W - 0.5\phi_{WW}) = D_e(\phi_E - \phi_P) - D_w(\phi_P - \phi_W)$$

$$(4.46)$$

整理后，可得

$$\left(\frac{3}{2}F_e + D_e + D_w\right)\phi_P = \left(\frac{3}{2}F_w + \frac{1}{2}F_e + D_w\right)\phi_W + D_e\phi_E - \frac{1}{2}F_w\phi_{WW} \quad (4.47)$$

当流动为负方向时，即 $u_w < 0$、$u_e < 0$（$F_w < 0$、$F_e < 0$），则

$$\phi_w = 1.5\phi_P - 0.5\phi_E , \phi_e = 1.5\phi_E - 0.5\phi_{EE} \quad (4.48)$$

此时，离散方程式（4.23）变为

$$F_e(1.5\phi_E - 0.5\phi_{EE}) - F_w(1.5\phi_P - 0.5\phi_E) = D_e(\phi_E - \phi_P) - D_w(\phi_P - \phi_W)$$

$$(4.49)$$

整理后，可得

$$\left(D_e - \frac{3}{2}F_w + D_w\right)\phi_P = D_w\phi_W + \left(D_e - \frac{3}{2}F_e - \frac{1}{2}F_w\right)\phi_E + \frac{1}{2}F_E\phi_{EE} \quad (4.50)$$

综合式（4.47）和式（4.50），将式中 ϕ_P、ϕ_W、ϕ_{WW}、ϕ_E、ϕ_{EE} 前的系数分别用 a_P、a_W、a_{WW}、a_E、a_{EE} 表示，得到二阶迎风格式的对流-扩散方程的离散方程：

$$a_P\phi_P = a_W\phi_W + a_{WW}\phi_{WW} + a_E\phi_E + a_{EE}\phi_{EE} \quad (4.51)$$

$$
\begin{cases}
a_W = D_w + \frac{3}{2}aF_w + \frac{1}{2}aF_e \\
a_{WW} = -\frac{1}{2}aF_w \\
a_E = D_e - \frac{3}{2}(1-a)F_e - \frac{1}{2}(1-a)F_w \\
a_{EE} = \frac{1}{2}(1-a)F_e \\
a_P = a_W + a_{WW} + a_E + a_{EE} + (F_e - F_w)
\end{cases}
\quad (4.52)
$$

式中，当流动沿着正方向，即 $F_w > 0$、$F_e > 0$ 时，$a = 1$；当流动沿着负方向，

即 $F_w<0$、$F_e<0$ 时，$a=0$。

二阶迎风格式是在一阶迎风格式的基础上，考虑了物理量在节点间分布曲线的曲率影响。在二阶迎风格式中，实际上只是对流项采用了二阶迎风格式，而扩散项仍采用中心差分格式。二阶迎风格式具有二阶精度的截差。此外，二阶迎风格式的一个显著特点是单个方程不仅包含有相邻节点的未知量，还包括相邻节点旁边的其他节点的物理量，使离散方程不再是原来的三对角方程组。

4.5.2 QUICK 格式

QUICK 格式为对流运动的二次迎风插值，是一种改进离散方程截差的方法。

4.5.2.1 QUIGK 格式

如图 4.14 所示，在控制体积右界面上的值 ϕ_e 如采用分段线性插值（中心差分），有 $\phi_e=(\phi_P+\phi_E)/2$，由图 4.14 可以看出，当实际的 ϕ 曲线下凸时实际 ϕ 值要小于插值结果，而当曲线上凸时实际 ϕ 值则又要大于插值结果。因此，在分段线性插值基础上引入一个曲率修正，即利用控制体积界面两侧的三个节点值进行插值计算，其中两个节点位于界面的两侧；另一个节点位于迎风侧的远邻点。

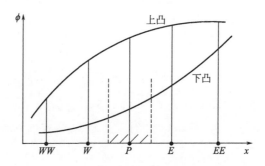

图 4.14 二阶迎风格式中的曲率修正

当流动为正方向时，即 $u_w>0$、$u_e>0(F_w>0，F_e>0)$，则

$$\phi_w=\frac{6}{8}\phi_W+\frac{3}{8}\phi_P-\frac{1}{8}\phi_{WW}，\phi_e=\frac{6}{8}\phi_P+\frac{3}{8}\phi_E-\frac{1}{8}\phi_W \tag{4.53}$$

将离散方程式(4.23)改写成：

$$\left(D_w-\frac{3}{8}F_w+D_e+\frac{6}{8}F_e\right)\phi_P=\left(D_w+\frac{6}{8}F_w+\frac{1}{8}F_e\right)\phi_W+\left(D_e-\frac{3}{8}F_e\right)\phi_E-\frac{1}{8}F_w\phi_{WW}$$

$$\tag{4.54}$$

当流动为负方向时，可得相应的离散方程：

$$\left(D_w - \frac{6}{8}F_w + D_e + \frac{3}{8}F_e\right)\phi_P = \left(D_w + \frac{3}{8}F_w\right)\phi_W + \left(D_e - \frac{6}{8}F_e - \frac{1}{8}F_w\right)\phi_E + \frac{1}{8}F_e\phi_{EE}$$

$$(4.55)$$

综合正、负两个方向的结果，即式(4.54)、式(4.55)，得出 QUICK 格式下的离散方程：

$$a_P\phi_P = a_W\phi_W + a_{WW}\phi_{WW} + a_E\phi_E + a_{EE}\phi_{EE} \qquad (4.56)$$

$$\begin{cases}
a_W = D_w + \dfrac{6}{8}a_wF_w + \dfrac{1}{8}a_wF_e + \dfrac{3}{8}(1-a_w)F_w \\[2mm]
a_{WW} = -\dfrac{1}{8}a_wF_w \\[2mm]
a_E = D_e - \dfrac{3}{8}a_eF_e - \dfrac{6}{8}(1-a_e)F_e - \dfrac{1}{8}(1-a_e)F_w \\[2mm]
a_{EE} = \dfrac{1}{8}(1-a_e)F_e \\[2mm]
a_P = a_W + a_{WW} + a_E + a_{EE} + (F_e - F_w)
\end{cases} \qquad (4.57)$$

4.5.2.2　QUICK 格式的改进格式

QUICK 格式具有三阶截差、精度高、扩散小等特点，但其有以下两个缺点限制了它的应用：

① 插值计算需要用三个节点，而计算边界节点离散方程时没有迎风侧的远邻节点可利用；

② QUICK 格式中的一维问题为 5 节点格式，二维问题为 9 节点格式，与一阶差分中一维问题为 3 节点格式，二维问题为 5 节点格式不同，使非常有效的三对角矩阵方程的求解方法无法应用。

针对 QUICK 格式不具备有界性特征和不是三对角方程的缺陷，不少学者提出了 QUICK 格式改进算法。如 Hayase 等提出的改进 QUICK 算法规定：

$$\phi_w = \phi_W + \frac{1}{8}(3\phi_P - 2\phi_W - \phi_{WW}), F_w > 0$$

$$\phi_e = \phi_P + \frac{1}{8}(3\phi_E - 2\phi_P - \phi_W), F_e > 0$$

$$\phi_w = \phi_P + \frac{1}{8}(3\phi_W - 2\phi_P - \phi_E), F_w > 0 \qquad (4.58)$$

$$\phi_e = \phi_E + \frac{1}{8}(3\phi_P - 2\phi_E - \phi_{EE}), F_e > 0$$

与之相对应的离散方程为：

$$a_P\phi_P = a_W\phi_W + a_E\phi_E + \overline{S} \qquad (4.59)$$

$$\begin{cases} a_W = D_w + a_w F_w \\ a_E = D_e - (1 - a_e) F_e \\ a_P = a_W + a_E + (F_e - F_w) \\ \overline{S} = \dfrac{1}{8}(3\phi_P - 2\phi_W - \phi_{WW})a_w F_w + \dfrac{1}{8}(\phi_W + 2\phi_P - 3\phi_E)a_e F_e \\ \qquad + \dfrac{1}{8}(3\phi_W - 2\phi_P - \phi_E)(1 - a_W)F_W + \dfrac{1}{8}(2\phi_E + \phi_{EE} - 3\phi_P)(1 - a_E)F_E \end{cases}$$

$$(4.60)$$

式中,当流动沿正方向时,即 $F_w > 0$、$F_e > 0$, $a_w = 1$、$a_e = 1$;当流动沿负方向时,即 $F_w < 0$、$F_e < 0$, $a_w = 0$、$a_e = 0$。

式(4.60)对应的方程系数总是正值,因此在求解方程组时总能得到稳定解。这种改进的 QUICK 格式与标准的 QUICK 格式得到相同的收敛解。

【例 4.4】 利用 QUICK 格式离散方程解(例 4.1)一维对流扩散问题,$u = 0.2 \text{m/s}$。采用 5 节点网格,并将 QUICK 格式的数值计算结果与分析解及中心差分解比较。

解:当 $u = 0.2 \text{m/s}$ 时,有

$$F_e = F_w = F = \rho u = 1.0 \times 0.2 = 0.2$$

$$D_e = D_w = D = \Gamma/\delta_x = 0.1/0.2 = 0.5$$

$$Pe_e = Pe_w = \rho u \delta_x / \Gamma = 0.4$$

在内节点 3 和 4 的离散方程用式(4.56)及其系数定义;在靠近边界的节点 1、2 和 5 离散方程时,因受到域边界的影响需要特别处理。

在边界节点 1 处,控制体积西侧界面 ϕ 值由边界值 ϕ_A 给出,即 $\phi_w = \phi_A$。但是计算控制体积东侧界面值要用到西侧节点值 ϕ_W,而此边界控制体积没有西侧节点,因此无法计算控制体积东侧界面值。为解决这一问题,Lenonar 建议用线性插值在物理边界以西 $\delta_x/2$ 处创造一个镜像点 O。如图 4.15 所示。

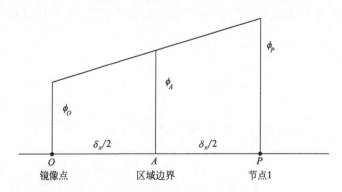

图 4.15 边界线性插值构造镜像点

镜像点的线性插值为:

$$\phi_O = 2\phi_A - \phi_P$$

将求得的 ϕ_O 作为计算边界控制体积东侧界面值 ϕ_e 所用的西侧节点值，即

$$\phi_e = \frac{6}{8}\phi_P + \frac{3}{8}\phi_E - \frac{1}{8}\phi_O = \frac{7}{8}\phi_P + \frac{3}{8}\phi_E - \frac{2}{8}\phi_A$$

由节点 P、节点 E 和镜像点 O 构造的拟合曲线在边界处的斜率为：

$$\frac{1}{3}(9\phi_P - 8\phi_A - \phi_E)$$

则控制体积西侧界面的扩散流量为：

$$\Gamma\frac{\mathrm{d}\phi}{\mathrm{d}x}\Big|_A = \frac{D_A}{3}(9\phi_P - 8\phi_A - \phi_E)$$

故节点 1 的离散方程为：

$$F_e\left(\frac{7}{8}\phi_P + \frac{3}{8}\phi_E - \frac{2}{8}\phi_A\right) - F_A\phi_A = D_e(\phi_E - \phi_P)_E - \frac{D_A}{3}(9\phi_P - 8\phi_A - \phi_E)$$

在边界节点 5，已知 $\phi_e = \phi_B$，经过东边界的扩散通量为：

$$\Gamma\frac{\mathrm{d}\phi}{\mathrm{d}x}\Big|_B = \frac{D_B}{3}(8\phi_B - 9\phi_P + \phi_W)$$

故节点 5 的离散方程为：

$$F_B\phi_B - F_w\left(\frac{6}{8}\phi_W + \frac{3}{8}\phi_P - \frac{1}{8}\phi_{WW}\right) = \frac{D_B}{3}(8\phi_B - 9\phi_P + \phi_W) - D_w(\phi_P - \phi_W)$$

节点 2 的离散方程本来是可以采用内节点通用式计算的，但是由于在计算节点 1 控制体积东侧界面对流时采用了特殊计算公式，所以计算节点 2 控制体积西侧界面的对流量时必须用同样的计算公式，以保证流动计算有守恒性。因此，节点 2 的离散方程为：

$$F_e\left(\frac{6}{8}\phi_P + \frac{3}{8}\phi_E - \frac{2}{8}\phi_W\right) - F_w\left(\frac{7}{8}\phi_W + \frac{3}{8}\phi_P - \frac{2}{8}\phi_A\right)$$

$$= D_w(\phi_P - \phi_W) - D_e(\phi_e - \phi_P)$$

把节点 1、2、5 的离散方程写成标准形式：

$$a_P\phi_P = a_W\phi_W + a_{WW}\phi_{WW} + a_E\phi_E + S_u$$

各节点离散方程系数计算公式见表 4.15。

表 4.15 各节点离散方程系数

节点	1	2	5
a_W	0	$D_w + \frac{7}{8}F_w + \frac{1}{8}F_e$	$D_w + \frac{1}{3}D_B + \frac{6}{8}F_w$
a_E	$D_e + \frac{1}{3}D_A - \frac{3}{8}F_e$	$D_e - \frac{3}{8}F_e$	0
a_{WW}	0	0	$-\frac{1}{8}F_w$
S_u	$\left(\frac{8}{3}D_A + \frac{2}{8}F_e + F_A\right)\phi_A$	$-\frac{1}{4}F_w\phi_A$	$\left(\frac{8}{3}D_e - F_B\right)\phi_B$

节点	1	2	5
S_P	$-\left(\dfrac{8}{3}D_A+\dfrac{2}{8}F_e+F_A\right)\phi$	$\dfrac{1}{4}F_w$	$-\left(\dfrac{8}{3}D_e-F_B\right)$
a_P	$a_W+a_E+a_{WW}$ $+(F_e-F_w)+S_P$	$a_W+a_E+a_{WW}$ $+(F_e-F_w)+S_P$	$a_W+a_E+a_{WW}$ $+(F_e-F_w)+S_P$

将已知数值代入表 4.15 后，得到各节点离散方程系数值见表 4.16。

表 4.16　各节点离散方程系数值

节点	a_W	a_E	a_{WW}	S_u	S_P	a_P
1	0	0.592	0	$1.583\phi_A$	-1.583	2.175
2	0.7	0.425	0	$0.05\phi_A$	0.05	1.075
3	0.675	0.425	-0.025	0	0	1.075
4	0.675	0.425	-0.025	0	0	1.075
5	0.817	0	-0.025	$1.133\phi_B$	-1.133	1.925

将 $\phi_A=1$，$\phi_B=0$ 代入表 4.16，并将方程写成矩阵形式，即

$$\begin{bmatrix} 2.175 & -0.592 & 0 & 0 & 0 \\ -0.7 & 1.075 & -0.425 & 0 & 0 \\ 0.025 & -0.675 & 1.075 & -0.425 & 0 \\ 0 & 0.025 & -0.675 & 1.075 & -0.425 \\ 0 & 0 & 0.25 & -0.817 & -1.925 \end{bmatrix} \begin{Bmatrix} \phi_1 \\ \phi_2 \\ \phi_3 \\ \phi_4 \\ \phi_5 \end{Bmatrix} = \begin{Bmatrix} 1.583 \\ -0.05 \\ 0 \\ 0 \\ 0 \end{Bmatrix}$$

解此方程，得

$$\begin{Bmatrix} \phi_1 \\ \phi_2 \\ \phi_3 \\ \phi_4 \\ \phi_5 \end{Bmatrix} = \begin{Bmatrix} 0.9648 \\ 0.8707 \\ 0.7309 \\ 0.5226 \\ 0.2123 \end{Bmatrix}$$

数值解和分析解的结果比较见表 4.17，图形比较如图 4.16 所示。

表 4.17　比较分析解与数值解

节点	距离	分析解	QUICK 格式数值解	偏差	中心差分格式数值解	偏差
1	0.1	0.9653	0.9648	-0.0005	0.9696	0.0043
2	0.3	0.8713	0.8707	-0.0006	0.8786	0.0073
3	0.5	0.7310	0.7309	-0.0001	0.7421	0.0111
4	0.7	0.5218	0.5226	-0.0008	0.5374	0.0156
5	0.9	0.2096	0.2123	-0.0027	0.2303	0.0207

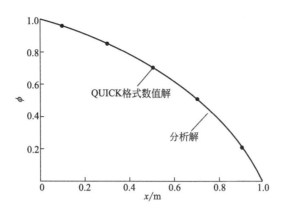

图 4.16　QUICK 格式数值解与分析解比较

由图 4.16 可知，采用 QUICK 格式计算的数值解结果与分析解结果几乎完全重合。

4.6　各种离散格式的性能对比

对于任意一种离散格式，都希望其既具有稳定性又具有较高的精度，同时又能适应不同的流动形式，但实际上这种理想的离散格式是不存在的。下面对前面介绍的各种离散格式的性能进行对比，以便于用户在实际计算时选用合适的格式。

表 4.18 给出了常见的几种离散格式的性能对比，并在此基础上归纳如下。

表 4.18　常见离散格式的性能对比

离散格式	稳定性及稳定条件	精度与经济性
中心差分	条件稳定 $Pe \leqslant 2$	在不发生振荡的参数范围内，可以获得较准确的解
一阶迎风	绝对稳定	虽然可以获得物理上可接受的解，但当 Pe 数较大时，假扩散较严重。为避免此问题，常需要加密计算网格
二阶迎风	绝对稳定	精度较一阶迎风高，但仍有假扩散问题
混合格式	绝对稳定	当 $Pe \leqslant 2$ 时，性能与中心差分格式相同；当 $Pe > 2$ 时，性能与一阶迎风格式相同
指数格式、乘方格式	绝对稳定	主要适用于无源项的对流-扩散问题。对有非常数源项的场合，当 Pe 数较高时有较大误差
QUICK 格式	条件稳定 $Pe \leqslant 8/3$	可以减少假扩散误差，精度较高，应用较广泛，但主要用于六面体或四边形网格
改进的 QUICK 格式	绝对稳定	性能同标准 QUICK 格式，只是不存在稳定性问题

① 在满足稳定性条件时，一般在截差误差阶数较高的格式下解的准确度要高一些。例如，具有三阶截差的 QUICK 格式通常可使解获得较高的精度。在采用低阶截差格式时应注意使计算网格足够密，以减少假扩散影响。

② 稳定性与准确性常常是互相矛盾的。准确性较高的格式（如 QUICK 格式）都不是无条件稳定的，而假扩散现象相对严重的一阶迎风格式则是无条件稳定的。其中一个原因是，为了提高离散格式的截差误差等级，需要从所研究节点的两侧取用一些节点以构造该节点上的导数计算式，而下游节点值一旦出现在导数离散格式中且其系数为正时，迁移特性必遭破坏，格式就只能是条件稳定的。

第 5 章

流场数值计算

第 4 章建立了与控制方程相应的离散方程，即代数方程组。该方程中没有压力梯度项，压力梯度项是引起流体流动最直接的动力，而实际是在讨论对流扩散问题时将压力项归入源项中处理了。但在流场分析中压力场也是需要求解的，而且压力场与速度分布密切相关，即压力与速度相互耦合、相互影响。

本章首先简要介绍流场计算中的背景知识；然后讨论基于交错网格与同位网格的控制方程离散方式；最后详细介绍工程上应用最广泛的流场计算方法——压力速度耦合流场的求解方法（Semi-Implicit Method for Pressure-Linked Equation，SIMPLE）算法，并讨论其各种修正方法，特别是 SIMPLEC 算法（SIMPLE Consistent）。

5.1 流场数值解法概述

5.1.1 常规解法存在的主要问题

考察如下二维稳态压力速度耦合问题的基本控制方程。

① x 方向动量方程

$$\frac{\partial(\rho u)}{\partial t}+\frac{\partial(\rho u u)}{\partial x}+\frac{\partial(\rho u v)}{\partial y}=\frac{\partial}{\partial x}\left(\mu\,\frac{\partial u}{\partial x}\right)+\frac{\partial}{\partial y}\left(\mu\,\frac{\partial u}{\partial y}\right)-\frac{\partial p}{\partial x}+S_u \tag{5.1}$$

② y 方向动量方程

$$\frac{\partial(\rho v)}{\partial t}+\frac{\partial(\rho v u)}{\partial x}+\frac{\partial(\rho v v)}{\partial y}=\frac{\partial}{\partial x}\left(\mu\,\frac{\partial v}{\partial x}\right)+\frac{\partial}{\partial y}\left(\mu\,\frac{\partial v}{\partial y}\right)-\frac{\partial p}{\partial y}+S_v \tag{5.2}$$

③ 连续方程

$$\frac{\partial\rho}{\partial t}+\frac{\partial(\rho u)}{\partial x}+\frac{\partial(\rho v)}{\partial y}=0 \tag{5.3}$$

在式(5.1) 和式(5.2) 中，压力梯度也应该在源项中，但由于其在动量方程中占有重要位置，为了讨论方便，压力梯度项从源项中分离出来而单独写出。

若采用数值方法直接求解由式(5.1)～式(5.3)所组成的控制方程组，将会出现如下两个主要问题。

① 动量方程中的对流项包含非线性量，如式(5.1)中的第二项 $\rho u u$ 是对 x 的导数。

② 由于每个速度分量既出现在动量方程中，又出现在连续方程中，这样导致各方程错综复杂地耦合在一起；同时，更为复杂的是压力项的处理，它出现在两个动量方程中，但却没有可用以直接求解压力的方程。

对于第 1 个问题，可通过迭代的办法加以解决。迭代法是处理非线性问题经常采用的方法。从一个估计的速度场开始，可以迭代求解动量方程，从而得到速度分量的收敛解。

对于第 2 个问题，如果压力梯度已知，可按标准过程依据动量方程生成速度分量的离散方程，求解离散方程即可。但在一般情况下，在求解速度场之前压力场也是待求的未知量。考虑到压力场间接地满足连续方程规定，因此，最直接的想法是求解由动量方程与连续方程所构成的离散方程组，这种方法就是耦合求解法。这一离散方程组在形式上是关于（u、v、p）的复杂方程组。这种方法虽然是可行的，但即便是单个因变量的离散化方程组，也需要大量的内存及时间，因此，解如此大且复杂的方程组只有对小规模问题才可以使用。

为了解决因压力与速度耦合所带来的流场求解难题，人们提出了若干从控制方程中消去压力的方法。这类方法称为非原始变量法，这是因为求解未知量中不再包括原始未知量（u、v、p）中的压力项 p。例如，涡量和流函数方法针对二维问题，通过交叉微分，从两个动量方程中可消去压力，然后可取涡量和流函数作为变量来求解流场。该方法成功地解决了直接求解压力所带来的问题，且在某些边界上可较容易地给定边界条件；但它也存在一些明显不足之处，如壁面上的涡量值很难给定时计算量及存储空间都很大。对于三维问题，自变量为 6 个，其复杂性可能超过上述直接求解（u、v、p）的方程组。因此，这类方法在目前工程中使用并不普遍，而使用最广泛的是求解原始变量（u、v、p）的分离求解法。

5.1.2 流场数值计算的主要方法

流场计算的基本过程是在空间上用有限体积法或其他类似方法将计算域离散成许多小的体积单元，在每个体积单元上对离散后的控制方程组进行求解。流场计算方法的本质就是对离散后的控制方程组的求解。根据前面分析，对离散后的控制方程组的求解可分为耦合式解法和分离式解法，详细分类如图 5.1 所示。

5.1.2.1 耦合式解法

耦合式解法为同时求解离散化的控制方程组，联立求解出各变量，其求解过程

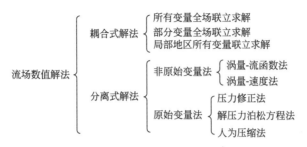

图 5.1　流场数值计算方法分类

如下：

① 假设初始压力和速度等变量，确定离散方程的系数及常数项等；

② 联立求解连续方程、动量方程、能量方程；

③ 求解湍流方程及其他标量方程；

④ 判断当前时间步上计算是否收敛，若不收敛，返回第 2 步，迭代计算；若收敛，重复上述步骤，计算下一时间步的物理量。

耦合式解法可以分为所有变量整场联立求解（隐式解法）、部分变量整场联立求解（显隐式解法）、在局部地区（如一个单元上）对所有变量联立求解（显式解法）。对于显式求解方法，是在某一个单元上求解所有变最后，逐一地在其他单元上求解所有的未知量。这种方法在求解某个单元时要求相邻单元的变量都是已知的。

当计算中流体的密度、能量、动量等参数存在相互依赖关系时，采用耦合式解法具有很大优势，其主要应用包括高速可压流动、有限速率反应模型等。耦合式解法中隐式解法应用较普遍，而显式求解法仅用于动态性极强的场合，如激波捕捉。

总之，耦合式解法计算效率较低、内存消耗大。

5.1.2.2　分离式解法

分离式解法不直接联立方程组，而是顺序地、逐个地求解各变量代数方程组。根据是否直接求解原始变量（u、v、w、p）将分离式解法分为原始变量法和非原始变量法。

（1）原始变量法

原始变量法包含的解法比较多，常用的有解压力泊松（Poisson）方程法、人为压缩法和压力修正法。

1）解压力泊松方程

解压力泊松方程法需要采用对方程取散度等方法将动量方程转变为泊松方程，然后对泊松方程进行求解。与这种方法对应的是著名的 MAC 方法和分布法。

2）人为压缩法

人为压缩法主要是受可压的气体可以通过联立求解速度分量与密度的方法来求解的启发，引入人为压缩性和人为状态方程，以此对不可压缩流体的连续方程进行修正，引入人为密度项，将连续方程转化为求解人为密度的基本方程。但这种方法要求时间步长必须很小，从而限制了它的广泛应用。

3）压力修正法

目前工程上使用最为广泛的流场数值计算方法是压力修正法。压力修正法的实质是迭代法。在每一时间步长的运算中，先给出压力场的初始值，据此求出速度场。再求解根据连续方程导出的压力修正方程，对假设的压力场和速度场进行修正。如此循环往复，可得出压力场和速度场的收敛解。其基本思路如下：

① 假设初始压力场；

② 利用压力场求解动量方程，得到速度场；

③ 利用速度场求解连续方程，使压力场得到修正；

④ 根据需要，求解湍流方程及其他标量方程；

⑤ 判断当前时间步上的计算是否收敛，若不收敛，返回到第 2 步，迭代计算；若收敛，重复上述步骤，计算下一时间步的物理量。

压力修正法有多种实现方式，其中，压力耦合方程组的半隐式方法（SIMPLE 算法）应用最为广泛，也是各种商用 CFD 软件普遍采用的算法。在这种算法中，流过每个单元面上的对流通量是根据所谓的"猜测"速度来估算的。首先，假设一个压力场来解动量方程，得到速度场；接着求解通过连续方程所建立的压力修正方程，得到压力场的修正值；然后，利用压力修正值更新速度场和压力场；最后，检查结果是否收敛，若不收敛，以得到的力场作为新的假设的压力场，重复该过程。为了启动该迭代过程，需要假设初始的压力场与速度场。随着迭代的进行，所得到的压力场与速度场不断改善并逐渐逼近真解。

（2）非原始变量法

涡量-速度法和涡量-流函数法是两种典型的非原始变量法。涡量-流函数法不直接求解原始变量（u、v、w、p），而是求解旋度 ω 和流函数 ψ。涡量-速度法不直接求解流场的原始变量 p，而是求解旋度 ω 和速度（u、v、w）。这两种方法的本质、求解过程和特点基本一致，共同的优点是：方程中不出现压力项，因而可避免因求压力带来的问题。另外，涡量-流函数法在某些条件下，容易给定旋度值，比给定速度值要容易。这类非原始变量法的缺点：a. 不易扩展到三维情况，因为三维水流不存在流函数；b. 当需要得到压力场时，需要额外的计算；c. 对于固壁面边界，其上的旋度极难确定，没有适宜的固体壁面上的边界条件，往往使涡量方程的数值解发散或不合理。因此，尽管非原始变量的解法巧妙地消去了压力梯度项，且在二维情况下涡量-流函数法要少解一个方程，却未得到广泛应用。人们宁可想办法处理压力梯度项，即直接利用原始变量作为因变量进行求解。

5.2　交错网格技术

交错网格是指将速度分量与压力在不同的网格系统上离散。使用交错网格的目的，是为了解决在普通网格上离散控制方程时给计算带来的严重问题。交错网格也是 SIMPLE 算法实现的基础。

本节将首先对使用普通网格所出现的问题进行分析，引出使用交错网格的必要性；然后介绍交错网格的特点；再介绍在交错网格的建立离散方程的过程。

5.2.1　普通网格

在使用有限体积法时，先将计算域划分成若干个单元，然后在各个单元及节点上离散相关的控制方程。在离散控制方程时，首先需要决定在哪个位置上存储速度分量值。表面上，将速度与其他标量（如压力、温度、密度等）在同一空间位置处进行定义和存储是合情合理的。但是，对于任意给定的一个控制体积，如果将速度与压力在同样的节点上定义和存储，即把（u、v 和 p）均存于同一套网格的节点上，则有可能出现一个高度非均匀的压力场在离散后的动量方程中的影响与均匀压力场相同的情况。图 5.2 所示为一个二维压力分布图。

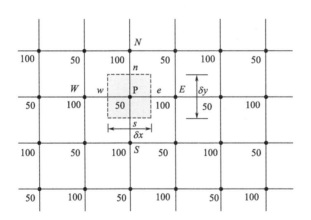

图 5.2　二维压力分布

如图 5.2 所示，假设计算域离散成均匀网格，同时压力梯度在控制体积界面 e 和 w 处的压力采用中心差分格式计算，则 x 方向动量方程中的压力梯度为：

$$\frac{\partial p}{\partial x}=\frac{p_e-p_w}{\delta x}=\frac{(\frac{p_E+p_P}{2})-(\frac{p_P+p_W}{2})}{\partial x}=\frac{p_E-p_W}{2\delta x} \tag{5.4}$$

同理，y 方向动量方程压力梯度为：

$$\frac{\partial p}{\partial y} = \frac{p_N - p_S}{2\delta y} \tag{5.5}$$

从式(5.4)和式(5.5)可知，中心节点 P 处的压力值没有出现在式中。将图 5.2所示的压力场分布值代入式(5.4)和式(5.5)，可发现离散后的压力梯度在任何节点处均为0，而实际上在空间两个方向上均存在明显的压力振荡。这样，该压力场将导致在离散后的动量方程中，由压力产生的源项为0，与均匀压力场所产生的结果完全一样，压力场的影响被忽略掉了，流体流动的动力项在离散方程中没体现出来，显然是不符合实际的。特别明显，若速度也在相同的标量网格节点（存储压力的网格节点）上定义，则压力的影响将不可能正确地在离散的动量方程中得到表示。

同样，若在流场迭代求解过程的某一层次上，在压力场的当前值中加上一个锯齿状的压力波（图5.3），则动量方程的离散形式无法将这一不合理的分量检测出来，它会一直保留到迭代过程收敛而且被作为正确的压力场输出（图5.3中的虚线）。因此，如何建立和使用动量方程中的网格系统，使动量方程的离散形式可以检测出不合理的压力场，是动量方程离散中首先需要解决的问题。

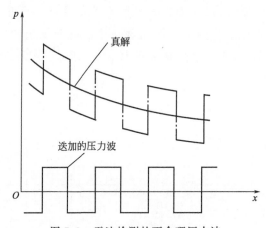

图 5.3　无法检测的不合理压力波

5.2.2　交错网格

一种非常有效的办法是使用交错网格来存储速度分量以解决上面提到普通网格遇到的问题。

交错网格就是将标量（如压力 p、温度 T 和密度 ρ 等）在正常的网格节点上存储和计算，而将速度的各分量分别在错位后的网格上存储和计算，错位后网格的中心位于原控制体积的界面上。这样，对于二维问题就有3套不同的网格系统，分别用于存储 p、u 和 v。而对于三维问题，就有4套网格系统，分别用于存储 p、u、v 和 w。

二维流动计算的交错网格系统如图 5.4 所示。其中,主控制体积为求解压力 p 的控制体积,称为标量控制体积,控制体积的节点 P 称为节点或标量节点,如图 5.4 (a) 所示。速度 u 在主控制体积的东、西界面 e 和 w 上定义和存储,速度 v 在主控制体积的南、北界面 s 和 n 上定义和存储。u 和 v 各自的控制体积则是分别以速度所在位置(界面 e 和界面 n)为中心的,分别称为 u 控制体积和 v 控制体积,如图 5.4 (b) 和图 5.4 (c) 所示。u 控制体积和 v 控制体积是与主控制体积不一致的,u 控制体积与主控制体积在 x 方向有 1/2 个网格步长的错位,而 v 控制体积与主控制体积则在 y 方向上有 1/2 个步长的错位。这样,u、v、p 就存储在 3 个不同控制体积的网格系统中,各网格位置相互交错,因此称交错网格。

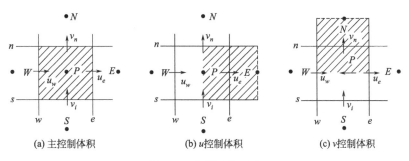

(a) 主控制体积   (b) u 控制体积   (c) v 控制体积

图 5.4 交错网格示意

在交错网格系统中,关于 u 和 v 的离散方程可通过对 u 和 v 各自的控制体积作积分得出。这时,由于有交错网格的安排,压力节点与 u 控制体积的界面相一致,x 方向动量方程为:

$$\frac{\partial p}{\partial x} = \frac{p_E - p_P}{(\delta x)_e} \tag{5.6}$$

式中 $(\delta x)_e$——u 控制体积的宽度。

同理,y 方向动量方程中的压力梯度为

$$\frac{\partial p}{\partial y} = \frac{p_N - p_P}{(\delta y)_n} \tag{5.7}$$

可知,此时的压力梯度 $\dfrac{\partial p}{\partial x}$ 和 $\dfrac{\partial p}{\partial y}$ 是通过相邻两个节点间的压力差,而不是相间两个节点间的压力差来描述了。

将图 5.2 所示的压力场分布数值代入式(5.6) 和式(5.7) 之中,离散后的压力梯度项不为 0。对于图 5.2 所示压力场,速度的错位避免了离散后的动量方程与实际不符的情况,从而解决了普通网格遇到的问题。网格交错排列的另一个特点是:它在恰当的位置产生速度,这一位置正好是在标量输运计算时所需要的位置,因此不需要任何插值就可得到压力控制体积界面上的速度。

当然,使用交错网格也要付出一定的代价。首先增加了计算工作量,所有存储于主节点上的物性值在求解 u、v 方程时必须通过插值才能得出 u、v 位置上的数

据；同时由于 u、v、p 及一般变量不在同一网格上，在求解各自的离散方程时往往要做一些插值。其次，程序编制的工作量也有所增加，三套网格中节点的编号必须仔细处理方可协调一致。但由于交错网格能成功地解决压力梯度离散时所遇到的问题，该方法得到了广泛应用。

5.2.3 动量方程的离散

为了便于编程计算，针对图 5.5 所示的网格图来说明基于交错网格的动量方程的离散过程。本节只讨论稳态问题的动量方程。

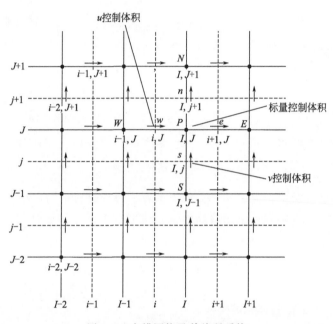

图 5.5 交错网格及其编码系统

在图 5.5 中，实线表示原始的计算网格线，实心小圆点表示计算节点（主控制体积的中心），虚线表示主控制体积的界面。图中，实线所表示的网格线用大写字母标识，如在 x 方向上各条实竖线的号码分别是…，$I-1$，I，$I+1$，…，在 y 方向上各条实横线的号码分别是…，$J-1$，J，$J+1$，…；虚线所表示的各标量控制体积界面的用小写字母标识，如在 x 方向上各条虚竖线的号码分别是…，$i-1$，i，$i+1$，…，在 y 方向上各条虚横线的号码分别是…，$j-1$，j，$j+1$，…。

上述编码系统可准确地表示任何一个网格节点和控制体积界面的位置。用于存储标量的节点，在本书中称为标量节点，它是两条网格线（实线）交点，用两个大写字母表示，如图 5.5 中的 P 点通过（I、J）表示。在标量节点（I、J）上定义并存储压力值 p 等，标量节点（I、J）周围的矩形区域（由图 5.5 右上部的 4 个阴影方格组成）称为标量控制体积。速度 u 存储在标量控制体积的界面

e 和界面 w 上，这些位置是标量控制体积界面线与网格线的交点，该位置称为 u 速度节点。简称速度节点。由一个小写字母和一个大写字母的组合来表示，例如，界面 w 由（i、J）来定义。速度节点（i、J）周围的矩形区域（由图 5.5 左上部的 4 个阴影方格组成）是 u 控制体积。同样，v 速度存储位置称为 v 速度节点，由一个大写字母和一个小写字母的组合来表示，例如，界面 s 由（I、j）来定义。速度节点（I、j）周围的矩形区域（由图 5.5 右下部的 4 个阴影方格组成）是 v 控制体积。

在使用交错网格时既可使用向前错位，也可使用向后错位的速度网格。图 5.5 所示的交错网格是向后错位，因为网格 u 和网格 v 都是相对于主控制体积的网格在各自的方向上向后错位了 1/2 个网格步长。因为速度 u 的位置 i 到标量节点（I、J）的距离为 $-1/2\delta x_u$；同样，速度 v 的位置 j 到标量节点（I、J）的距离为 $-1/2\delta y_v$。另外，错位形式为向前错位，即网格 u 和网格 v 都是相对于主控制体积的网格在各自的方向上向前错位了 1/2 个网格步长。这两种交错网格的布置形式都可以采用，其效果是一致的。

使用交错网格生成离散方程的方法和过程，与基于普通网格的方法和过程完全一样，只是需要注意控制体积有所变化。在交错网格中，由于所有标量（如压力、温度、密度等）仍然在主控制体积上存储，因此，以这些标量为因变量的输运方程的离散过程及离散结果仍与第 4 章完全一样。在交错网格中生成 u 和 v 两个动量方程的离散方程时，主要的变化是积分用的控制体积不再是原来的主控制体积，而是 u 和 v 各自的控制体积，同时压力梯度项从源项中分离出来。例如，对 u 控制体积，该项积分为：

$$\int_{y_j}^{y_{j+1}} \int_{x_{I-1}}^{x_I} (-\frac{\partial p}{\partial x}) \mathrm{d}x\mathrm{d}y \approx (p_{I-1,J} - p_{I,J}) A_{i,J}$$

5.2.3.1　x 方向动量方程的离散

按照建立离散方程的方法，并考虑到 u 方向的动量方程使用 u 控制体积，可写出在位置（i、J）处的关于速度 $u_{i,J}$ 的动量方程的离散形式：

$$a_{i,J}u_{i,J} = \sum a_{nb}u_{nb} + (p_{I-1,J} - p_{I,J})A_{i,J} + b_{i,J} \tag{5.8}$$

式中　$A_{i,J}$——u 控制体积的东界面或西界面的面积，在二维问题中实际是 Δy，即：

$$A_{i,J} = \Delta y = y_{j+1} - y_j \tag{5.9}$$

　　　　$b_{i,J}$——u 动量方程的源项部分（不包括压力在内），对于稳态问题，有：

$$b_{i,J} = S_{uC}\Delta V_u \tag{5.10}$$

式中　S_{uC}——基于式（5.1）中的源项 S_u 可按线性化分解为 $S_u = S_{uC} + S_{uP}u_p$ 的结果，若 S_u 不随速度 u 而变化，则有 $S_{uC} = S_u$，$S_{uP} = 0$；

　　　　ΔV_u——u 控制体积的体积。

式(5.8) 中的压力梯度项已经按线性插值的方式进行了离散，线性插值时使用了 u 控制体积边界上的两个节点间的压力差。

在求和记号 $\sum a_{nb}u_{nb}$ 中所包含的 E、W、N 和 S，4 个邻点是 $(i-1、J)$、$(i+1、J)$、$(i、J+1)$ 和 $(i、J-1)$，它们的位置及主速度如图 5.6 所示。图 5.6 中阴影部分是 u 控制体积。图 5.6 中控制体积与图 5.5 是一致的，这可从节点的编号中看出。但是，图 5.6 中 u 控制体积的中心也用 P 来标记，其界面点也用 e、w、n 和 s 来标记。

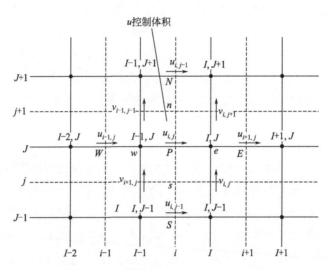

图 5.6　u 控制体积及其邻点的速度分量

注意：这里的标记与图 5.5 中的同名标记并不是指同一位置。系数 $a_{i,J}$ 用下式计算，即

$$a_{i,J} = \sum a_{nb} + \Delta F - S_{uP}\Delta V_u \tag{5.11}$$

式(5.11) 中，系数 a_{nb} 取决于所采用的离散格式。

实际上，各种离散格式计算离散方程系数都是控制体积边界单位面积对质量流量 F 和单位面积扩散量 D 的组合。为了编程方便，采用新编号系统相对应的计算公式：

$$F_w = (\rho u)_w = \frac{F_{i,J} + F_{i-1,J}}{2} = \frac{1}{2}\left(\frac{\rho_{I,J} + \rho_{I-1,J}}{2}u_{i,J} + \frac{\rho_{I-1,J} + \rho_{I-2,J}}{2}u_{i-1,J}\right)$$

$$\tag{5.12a}$$

$$F_e = (\rho u)_e = \frac{F_{i+1,J} + F_{i,J}}{2} = \frac{1}{2}\left(\frac{\rho_{I+1,J} + \rho_{I,J}}{2}u_{i+1,J} + \frac{\rho_{I,J} + \rho_{I-1,J}}{2}u_{i,J}\right)$$

$$\tag{5.12b}$$

$$F_S = (\rho v)_S = \frac{F_{I,j} + F_{I-1,j}}{2} = \frac{1}{2}\left(\frac{\rho_{I,J} + \rho_{I,J-1}}{2}v_{I,j} + \frac{\rho_{I-1,J} + \rho_{I-1,J-1}}{2}v_{I-1,j}\right)$$

$$\tag{5.12c}$$

$$F_n = (\rho v)_n = \frac{F_{I,J+1} + F_{I-1,j+1}}{2} = \frac{1}{2}\left(\frac{\rho_{I,j+1} + \rho_{I,J}}{2} v_{I,j+1} + \frac{\rho_{I-1,J+1} + \rho_{I-1,J}}{2} v_{I-1,j+1}\right)$$

$$\tag{5.12d}$$

$$D_w = \frac{\Gamma_{I-1,j}}{x_i - x_{i-1}} \tag{5.12e}$$

$$D_e = \frac{\Gamma_{I,J}}{x_{i+1} - x_i} \tag{5.12f}$$

$$D_s = \frac{\Gamma_{I-1,J} + \Gamma_{I,J} + \Gamma_{I-1,J-1} + \Gamma_{I,J-1}}{4(y_J - y_{J-1})} \tag{5.12g}$$

$$D_n = \frac{\Gamma_{I-1,J+1} + \Gamma_{I,J+1} + \Gamma_{I-1,J} + \Gamma_{I,J}}{4(y_{J+1} - y_J)} \tag{5.12h}$$

采用交错网格对动量程离散时，涉及不同类别的控制体积，不同的物理量分别在各自相应的控制体积的节点上定义和存储，例如，密度是在标量控制体积的节点上存储的，如图 5.6 中的标量节点（I、J）；而速度分量却是在错位后的速度控制体积的节点上存储的，如图 5.6 中的速度节点（i、J）。这样就会出现这种情况：在速度节点处不存在密度值，而在标量节点处找不到速度值，当在某个确定位置处的某个复合物理量［式(5.12a～d) 中的流通量 F］同时需要该处的密度及速度时，要么找不到该处的密度，要么找不到该处的速度。因此，需要在计算过程中通过插值来解决。式(5.12) 表明，标量（密度）及速度分量在 u 控制体积的界面上是不存在的，这时，根据周边的最近邻点的信息，使用二点或四点平均的办法来处理。

在每次迭代过程中，用于估计上述各表达式的速度分量 u 和速度分量 v 是上一次迭代后的数值（在首次迭代时是初始假定值）。特别地，这些"已知的"速度值 u 和 v 也用于式(5.8) 中的系数 a，但是，它们与式(5.8) 中的待求未知量 $u_{i,J}$ 和 u_{nb} 是完全不同的。

需要指出，式(5.12) 中的线性插值是基于均匀网格而言的，若网格是不均匀的，应该将式(5.12) 中的系数 2 或系数 4 等改为相应的网格长度或宽度值的组合。例如，对于不均匀网格上的 F_w，按下式计算，即

$$F_w = (\rho u)_w = \frac{x_i - x_{I-1}}{x_i - x_{i-1}} F_{i,J} + \frac{x_{I-1} - x_{i-1}}{x_i - x_{i-1}} F_{i-1,J}$$

$$= \frac{x_i - x_{I-1}}{x_i - x_{i-1}}\left(\frac{x_I - x_i}{x_I - x_{I-1}}\rho_{I,J} + \frac{x_i - x_{I-1}}{x_I - x_{I-1}}\rho_{I-1,J}\right) u_{i,J}$$

$$+ \frac{x_{I-1} - x_{i-1}}{x_i - x_{i-1}}\left(\frac{x_{I-1} - x_{i-1}}{x_{I-1} - x_{I-2}}\rho_{I-1,J} + \frac{x_{i-1} - x_{I-2}}{x_{I-1} - x_{I-2}}\rho_{I-2,J}\right) u_{i-1,J}$$

$$\tag{5.13}$$

5.2.3.2　y 方向动量方程的离散

按上述同样的方式，在新的编号系统中，对于在位置 (I, j) 处的关于速度

$v_{I,j}$ 的离散动量方程:

$$a_{I,j}v_{I,j} = \sum a_{nb}v_{nb} + (p_{I,J-1} - p_{I,J})A_{I,j} + b_{I,j} \qquad (5.14)$$

建立式(5.14) 所使用的 v 控制体积,如图 5.7 所示。

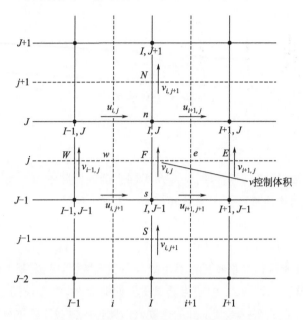

图 5.7 v 控制体积及其邻点的速度分量

在求和记号 $\sum a_{nb}v_{nb}$ 中所包含的 4 个邻点及其主速度如图 5.7 所示。在系数 $a_{I,j}$ 和 a_{nb} 中,同样包含在 v 控制体积界面上的单位面积对流质量流量 F 与单位面积扩散量 D,计算公式如下:

$$F_w = (\rho u)_w = \frac{F_{i,J} + F_{i,J-1}}{2} = \frac{1}{2}\left(\frac{\rho_{I,J} + \rho_{I-1,J}}{2}u_{i,J} + \frac{\rho_{I-1,J-1} + \rho_{I,J-1}}{2}u_{i,J-1}\right)$$

$$(5.15a)$$

$$F_e = (\rho u)_e = \frac{F_{i+1,J} + F_{i+1,J-1}}{2} = \frac{1}{2}\left(\frac{\rho_{I+1,J} + \rho_{I,J}}{2}u_{i+1,J} + \frac{\rho_{I,J-1} + \rho_{I+1,J-1}}{2}u_{i+1,J-1}\right)$$

$$(5.15b)$$

$$F_S = (\rho v)_S = \frac{F_{I,j-1} + F_{I,j}}{2} = \frac{1}{2}\left(\frac{\rho_{I,J-1} + \rho_{I,J-2}}{2}v_{I,j-1} + \frac{\rho_{I,J} + \rho_{I,J-1}}{2}v_{I,j}\right)$$

$$(5.15c)$$

$$F_n = (\rho v)_n = \frac{F_{I,j} + F_{I,j+1}}{2} = \frac{1}{2}\left(\frac{\rho_{I,J} + \rho_{I,J-1}}{2}v_{I,j} + \frac{\rho_{I,J+1} + \rho_{I,J}}{2}v_{I,j+1}\right)$$

$$(5.15d)$$

$$D_w = \frac{\Gamma_{I-1,J-1} + \Gamma_{I,J-1} + \Gamma_{I-1,J} + \Gamma_{I,J}}{4(x_I - x_{I-1})} \qquad (5.15e)$$

$$D_e = \frac{\Gamma_{I,J-1} + \Gamma_{I+1,J-1} + \Gamma_{I,J} + \Gamma_{I+1,J}}{4(x_{I+1} - x_I)} \qquad (5.15f)$$

$$D_s = \frac{\Gamma_{I,J-1}}{y_j - y_{j-1}} \tag{5.15g}$$

$$D_n = \frac{\Gamma_{I,J}}{y_{j+1} - y_j} \tag{5.15h}$$

同样的，在每个迭代层次上，用于估计上述各表达式的速度分量 u 和速度分量 v 均取上一次迭代后的数值（在首次迭代时是初始假定值）。

给定一个压力场 p，可针对每个 u 控制体积和 v 控制体积写出式(5.8)和式(5.14)所示的动量方程的离散方程，并可从中求解出速度场。如果压力场是正确的，所得到的速度场将满足连续方程。但压力场还是未知的，因此需寻求计算压力场的方法。

5.3　流场计算的 SIMPLE 算法

目前，SIMPLE（Semi-Implicit Method for Pressure Linked Equations）算法是工程上应用最为广泛的一种流场计算方法，它属于压力修正法的一种。传统意义上的 SIMPLE 算法是基于交错网格的，本节介绍基于交错网格的 SIMPLE 算法。通过一个二维层流稳态问题来说明 SIMPLE 算法的原理及使用方法，在本章最后介绍如何将 SIMPLE 算法用于非稳态问题。

5.3.1　SIMPLE 算法的基本思路

SIMPLE 算法由 Patankar 与 Spalding 于 1972 年提出，是求解压力耦合方程组的半隐式方法。它是一种压力"预测-修正"的方法，通过不断地修正计算结果，反复迭代，最后求出 u、v、p 的收敛解。

SIMPLE 算法的基本思路：对于给定的压力场（它可以是假设的值，或是上一次迭代计算所得到的结果），求解离散形式的动量方程，得出速度场，因为压力场是假定的或不精确的，这样，由此得到的速度场一般不满足连续方程，因此必须对给定的压力场加以修正。修正的原则：与修正后的压力场相对应的速度场能满足这一迭代层次上的连续方程。据此原则，把由动量方程的离散形式所规定的压力与速度的关系代入连续方程的离散形式，从而得到压力修正方程，由压力修正方程得出压力修正值。接着，根据修正后的压力场，求得新的速度场。然后检查速度场是否收敛；若不收敛，用修正后的压力值作为给定的压力场，开始下一层次的计算。如此反复，直到获得收敛的解。

在求解过程中，如何构造速度修正方程与压力修正方程是 SIMPLE 算法的两个关键问题。

5.3.2　速度修正方程

以二维层流稳态问题为例。设有初始的预测压力场 p^*，可借助该压力场得以求解动量方程的离散方程，从而求出相应的速度分量 u^* 和 v^*。

根据动量方程的离散方程式（5.8）和式（5.14），可得：

$$a_{i,J}u_{i,J}^* = \sum a_{nb}u_{nb}^* + (p_{I-1,J}^* - p_{I,J}^*)A_{i,J} + b_{i,J} \tag{5.16}$$

$$a_{I,j}v_{I,j}^* = \sum a_{nb}v_{nb}^* + (p_{I,J-1}^* - p_{I,J}^*)A_{I,j} + b_{I,j} \tag{5.17}$$

定义压力修正值 p' 为正确的压力场 p 与预测的压力场 p^* 之差，即：

$$p = p^* + p' \tag{5.18}$$

同样的，定义速度修正值 u' 和 v'，以联系正确的速度场 (u, v) 与预测的速度场 (u^*, v^*)，即：

$$u = u^* + u' \tag{5.19}$$

$$v = v^* + v' \tag{5.20}$$

将正确的压力场 p 代入动量离散方程式（5.8）与式（5.14），得到正确的速度场 (u, v)。从式（5.8）和式（5.14）中减去式（5.16）和式（5.17），并假设源项 b 不变，则有

$$a_{i,J}(u_{i,J} - u_{i,J}^*) = \sum a_{nb}(u_{nb} - u_{nb}^*) + [(p_{I-1,J} - p_{I-1,J}^*) - (p_{I,J} - p_{I,J}^*)]A_{i,J} \tag{5.21}$$

$$a_{I,j}(v_{I,j} - v_{I,j}^*) = \sum a_{nb}(v_{nb} - v_{nb}^*) + [(p_{I,J-1} - p_{I,J-1}^*) - (p_{I,J} - p_{I,J}^*)]A_{I,j} \tag{5.22}$$

引入压力修正值与速度修正值的式（5.18）～式（5.20），式（5.21）和式（5.22）可写为

$$a_{i,J}u_{i,J}' = \sum a_{nb}u_{nb}' + (p_{I-1,J}' - p_{I,J}')A_{i,J} \tag{5.23}$$

$$a_{I,j}v_{I,j}' = \sum a_{nb}v_{nb}' + (p_{I,J-1}' - p_{I,J}')A_{I,j} \tag{5.24}$$

可见，由压力修正值 p' 可求出速度修正值 (u', v')。式（5.23）和式（5.24）表明，任意点上速度的修正值由两部分组成：一部分是与该速度在同一方向上的相邻两节点间压力修正值之差，这是产生速度修正值的直接的动力；另一部分是由邻点速度修正值所引起的，这又可以视为四周压力的修正值对所讨论位置上速度改进的间接影响。

为了简化式（5.23）和式（5.24）的求解过程，引入如下近似处理：略去方程中与速度修正值相关的 $\sum a_{nb}u_{nb}'$ 和 $\sum a_{nb}v_{nb}'$。该近似是 SIMPLE 算法的重要特征，略去后的影响将在 SIMPLEC 算法中讨论，则有

$$u_{i,J}' = d_{i,J}(p_{I-1,J}' - p_{I,J}') \tag{5.25}$$

$$v_{I,j}' = d_{I,j}(p_{I,J-1}' - p_{I,J}') \tag{5.26}$$

$$d_{i,J} = \frac{A_{i,J}}{a_{i,J}}, d_{I,j} = \frac{A_{I,j}}{a_{I,j}} \tag{5.27}$$

将式（5.25）和式（5.26）所描述的速度修正值代入式（5.19）和式（5.20），得：

$$u_{i,J} = u_{i,J}^* + d_{i,J}(p_{I-1,J}' - p_{I,J}') \tag{5.28}$$

$$v_{I,j} = v_{I,j}^* + d_{I,j}(p_{I,J-1}' - p_{I,J}') \tag{5.29}$$

对于 $u_{i+1,J}$ 和 $v_{I,j+1}$，存在相似的表达式：

$$u_{i+1,J} = u_{i+1,J}^* + d_{i+1,J}(p_{I,J}' - p_{I+1,J}') \tag{5.30}$$

$$v_{I,j+1} = v_{I,j+1}^* + d_{I,j+1}(p_{I,J}' - p_{I,J+1}') \tag{5.31}$$

$$d_{i+1,J} = \frac{A_{i+1,J}}{a_{i+1,J}}, d_{I,j+1} = \frac{A_{I,j+1}}{a_{I,j+1}} \tag{5.32}$$

式（5.28）～式（5.31）表明，如果已知压力修正值 p' 便可对预测的速度场 (u^*, v^*) 做出相应的速度修正，得到正确的速度场 (u, v)。

5.3.3 压力修正方程

对于稳态问题，其连续方程为：

$$\frac{\partial(\rho u)}{\partial x} + \frac{\partial(\rho v)}{\partial y} = 0 \tag{5.33}$$

如图 5.8 所示的标量控制体积，连续方程式（5.33）满足如下离散形式：

$$[(\rho u A)_{i+1,J} - (\rho u A)_{i,J}] + [(\rho v A)_{I,j+1} - (\rho v A)_{I,j}] = 0 \tag{5.34}$$

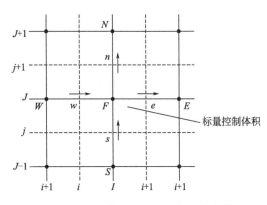

图 5.8　用于离散连续方程的标量控制体积

将正确的速度值，即式（5.28）～式（5.31）代入连续方程的离散方程式（5.34），得

$$\{\rho_{i+1,J} A_{i+1,J}[u_{i+1,J}^* + d_{i+1,J}(p_{I,J}' - p_{I+1,J}')] - \rho_{i,J} A_{i,J}[u_{i,J}^* +$$
$$d_{i,J}(p_{I-1,J}' - p_{I,J}')]\} + \{\rho_{I,j+1} A_{I,j+1}[v_{I,j+1}^* + d_{I,j+1}(p_{I,J}' - p_{I,J+1}')]$$
$$- \rho_{I,j} A_{I,j}[v_{I,j}^* + d_{I,j}(p_{I,J-1}' - p_{I,J}')]\} = 0 \tag{5.35}$$

整理后，可得：

$$[(\rho dA)_{i+1,J} + (\rho dA)_{i,J} + (\rho dA)_{I,j+1} + (\rho dA)_{I,j}] p'_{I,J}$$
$$= (\rho dA)_{i+1,J} p'_{I+1,J} + (\rho dA)_{i,J} p'_{I-1,J} + (\rho dA)_{I,j+1} p'_{I,J+1} + (\rho dA)_{I,j} p'_{I,J-1}$$
$$+ [(\rho u^* A)_{i,J} + (\rho u^* A)_{i+1,J} + (\rho v^* A)_{I,j} - (\rho v^* A)_{I,j+1}] \tag{5.36}$$

式(5.36) 可简记为：

$$a_{I,J} p'_{I,J} = a_{I+1,J} p'_{I+1,J} + a_{I-1,J} p'_{I-1,J} + a_{I,J+1} p'_{I,J+1} + a_{I,J-1} p'_{I,J-1} + b'_{I,J} \tag{5.37}$$

$$a_{I+1,J} = (\rho dA)_{i+1,J} \tag{5.38a}$$
$$a_{I-1,J} = (\rho dA)_{i,J} \tag{5.38b}$$
$$a_{I,J+1} = (\rho dA)_{I,j+1} \tag{5.38c}$$
$$a_{I,J-1} = (\rho dA)_{I,j} \tag{5.38d}$$
$$a_{I,J} = a_{I+1,J} + a_{I-1,J} + a_{I,J+1} + a_{I,J-1} \tag{5.38e}$$
$$b'_{I,J} = (\rho u^* A)_{i,J} - (\rho u^* A)_{i+1,J} + (\rho v^* A)_{I,j} - (\rho v^* A)_{I,j+1} \tag{5.38f}$$

式(5.37) 表示连续方程的离散方程，即压力修正值 p' 的离散方程。方程中的源项 b' 是由于不正确的速度场（u^*，v^*）所导致的"连续性"不平衡量。通过求解式(5.37)，可得到空间所有位置的压力修正值 p'。

如同处理式(5.12) 中的密度 ρ 一样，式(5.38) 中的 ρ 是标量控制体积界面上的密度值 ρ，同样需要通过插值得到，这是因为密度 ρ 是在标量控制体积中的节点（即控制体积的中心）定义和存储的，在标量控制体积界面上不存在可直接引用的值。无论采用何种插值方法，对于交界面所属的两个控制体积必须采用同样的 ρ 值。

为了求解式(5.37)，还必须对压力修正值的边界条件做出说明。实际上，压力修正方程是动量方程和连续方程的派生，不是基本方程，故其边界条件也与动量方程的边界条件相联系。在一般的流场计算中，动量方程的边界条件通常有两类：一是已知边界上的压力（速度未知）；二是已知沿边界法向的速度分量。若已知边界压力 $\bar{p}$，可在该段边界上令 $p^* = \bar{p}$，则该段边界上的压力修正值 p' 应为 0。这类边界条件类似于热传导问题中已知温度的边界条件。若已知边界上的法向速度，在设计网格时最好令控制体积的界面与边界相一致，这样控制体积界面上的速度为已知。

5.3.4 SIMPLE 算法的计算步骤

根据 SIMPLE 算法的基本思路可给出 SIMPLE 算法的计算步骤与计算流程。
SIMPLE 算法的计算步骤如下：
① 假设一个压力场 p^*；
② 求解运动方程式(5.16)、式(5.17)，得 u^*，v^*；
③ 求解压力修正方程式(5.37)，得 p'，由式(5.18) 得 p；
④ 求解速度修正方程式(5.28)、式(5.29)，得 u，v；

⑤ 利用改进后的速度场，求解那些通过源项、特性等与速度场耦合的 ϕ 变量，如温度场、浓度场、湍流动能、湍流耗散等；如果 ϕ 不影响流场，则应在速度场收敛后求解；

⑥ 把 p 作为一个新的估计压力 p^*，返回到第 2 步，重复整个过程，直至求得收敛解为止。

SIMPLE 算法的计算流程如图 5.9 所示。

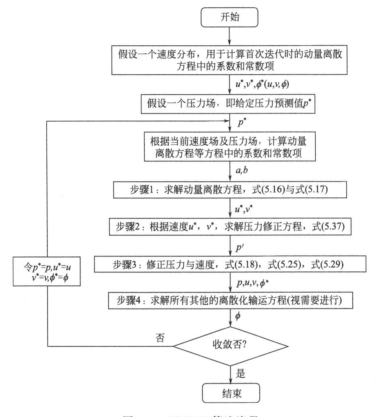

图 5.9　SIMPLE 算法流程

5.3.5　SIMPLE 算法的讨论

为了更好地运用 SIMPLE 算法，对该算法做如下说明。

① 为了得出简化的速度修正方程式（5.25）和式（5.26），在式（5.23）和式（5.24）中曾经略去了 $\sum a_{nb} u'_{nb}$ 和 $\sum a_{nb} v'_{nb}$ 项。这样处理并不影响计算结果，这是因为当速度场收敛时，修正速度 $u' \to 0$，$v' \to 0$，则 $\sum a_{nb} u'_{nb}$ 和 $\sum a_{nb} v'_{nb}$ 项也趋近于 0，但把引起速度修正的原因完全归于其邻点压力的修正，势必夸大了压力修正的影响。因此，在改进压力值时应对压力修正 p' 做亚松弛处理，即

$$p^{\text{new}} = p^* + \alpha_p p' \tag{5.39}$$

式中　α_p——压力亚松弛因子，$\alpha_p = 0 \sim 1$。

总体而言，大的 α_p 可加快收敛速度，小的 α_p 会使计算的稳定性增加。如果 α_p 取值为 1，则预测压力场 p^* 直接用 p' 来修正，此时若预测值 p^* 距离真解相差较远时，可能出现 p' 过大的现象，导致系统很难得到稳定的解；如果 α_p 取值过小，虽然可以保证得到稳定的解，但收敛速度可能过慢。因此，α_p 一般可先试取 0.8，然后通过试算找到与所求解的问题的最适合的 α_p。

通常对速度也要做亚松弛处理，速度的迭代改进值可按下式计算：

$$u^{\text{new}} = \alpha_u u + (1 - \alpha_u) u^{n-1} \tag{5.40}$$

$$v^{\text{new}} = \alpha_v v + (1 - \alpha_v) v^{n-1} \tag{5.41}$$

式中　α_u、α_v——速度 u 和速度 v 的亚松弛因子，二者均是 $0 \sim 1$ 之间的数；

　　u、v——没有亚松弛条件下得到的修正后的速度；

u^{n-1}、v^{n-1}——在上次迭代后的速度值。

在经过一定的代数运算后，可得到在亚松弛条件下的 u 动量方程的离散方程：

$$\frac{a_{i,J}}{\alpha_u} u_{i,J} = \sum a_{nb} u_{nb} + (p_{I-1,J} - p_{I,J}) A_{i,J} + b_{i,J} + \left[(1 - \alpha_u) \frac{a_{i,J}}{\alpha_u} \right] u_{i,J}^{n-1} \tag{5.42}$$

同理，v 动量方程的离散方程为：

$$\frac{a_{I,j}}{\alpha_v} v_{I,j} = \sum a_{nb} v_{nb} + (p_{I,J-1} - p_{I,J}) A_{I,j} + b_{I,j} + \left[(1 - \alpha_v) \frac{a_{I,j}}{\alpha_v} \right] u_{I,j}^{n-1} \tag{5.43}$$

速度的亚松弛处理将影响到压力修正方程，压力修正方程中的系数 d 变为：

$$d_{i,J} = \frac{A_{i,J} \alpha_u}{a_{i,J}}, d_{I,j} = \frac{A_{I,j} \alpha_v}{a_{I,j}}, d_{i+1,J} = \frac{A_{i+1,J} \alpha_u}{a_{i+1,J}}, d_{I,j+1} = \frac{A_{I,j+1} \alpha_v}{a_{I,j+1}} \tag{5.44}$$

式中，系数 α 的下标 u 和 v 表示位置。

利用式(5.42)和式(5.43)和改进系数后的压力修正方程式(5.37)可进行亚松弛状态下的迭代计算。但并没有办法确定亚松弛因子的最优值，因为它与流体流动状况有关，一般只能在计算中实验取值。

② SIMPLE 算法适用于 ρ 变化不大的情况。在推导压力修正 p' 方程的过程中，认为 ρ 是已知的，并且没有考虑压力对密度的影响。一般来说，ρ 可根据状态方程计算。

5.4　改进的 SIMPLE 算法

SIMPLE 算法自 1972 年提出以来被广泛应用计算流体力学问题的求解，同时，该法也不断地得到改善和发展，其中最著名的改进算法包括 SIMPLER（SIMPLE-Revised）、SIMPLEC（SIMPLE-Consistent）和 PISO（Pressure Implicit with Splitting of Operators）算法。下面主要介绍 SIMPLEC 和 PISO 改进算法，并对这两种算法进行对比。

5.4.1 SIMPLEC 算法

在 SIMPLE 算法中，略去了速度修正值方程中的 $\sum a_{nb}u'_{nb}$ 项，从物理意义上把速度修正完全由压差项的影响承担，而忽略了周围节点速度引起的影响。虽然并不影响收敛解的值，但使得整个速度场迭代收敛速度降低，同时压力与速度的修正不相协调。实际上，在略去 $\sum a_{nb}u'_{nb}$ 时犯了一个"不协调一致"的错误。为了既能略去 $a_{nb}u'_{nb}$ 又使方程基本协调，Van Doormal 和 Raithby 提出一种 SIMPLE 的改进算法——SIMPLEC 算法。

在式（5.23）的两端同时减去 $\sum a_{nb}u'_{nb}$，得：

$$(a_{i,J} - \sum a_{nb})u'_{i,J} = \sum a_{nb}(u'_{nb} - u'_{i,J}) + A_{i,J}(p'_{I-1,J} - p'_{I,J}) \tag{5.45}$$

在式（5.45）中，$u'_{i,J}$ 与其邻点的修正值 u'_{nb} 具有相同的量级，因而略去 $\sum a_{nb}(u'_{nb} - u'_{i,J})$ 所产生的影响远比在式（5.23）中不计 $\sum a_{nb}u'_{nb}$ 所产生的影响要小得多，于是有：

$$u'_{i,J} = d_{i,J}(p'_{I-1,J} - p'_{I,J}) \tag{5.46}$$

$$d_{i,J} = \frac{A_{i,J}}{a_{i,J} - \sum a_{nb}} \tag{5.47}$$

同理，有

$$v'_{I,j} = d_{I,j}(p'_{I,J-1} - p'_{I,J}) \tag{5.48}$$

$$d_{I,j} = \frac{A_{I,j}}{a_{I,j} - \sum a_{nb}} \tag{5.49}$$

将式（5.47）和式（5.48）代入 SIMPLE 算法中的式（5.28）和式（5.29），得到修正后的速度计算方程：

$$u_{i,J} = u^*_{i,J} + d_{i,J}(p'_{I-1,J} - p'_{I,J}) \tag{5.50}$$

$$v_{I,j} = v^*_{I,j} + d_{I,j}(p'_{I,J-1} - p'_{I,J}) \tag{5.51}$$

式（5.50）和式（5.51）在形式上与式（5.28）和式（5.29）一致，但系数项 d 的计算公式不同，需按式（5.47）和式（5.49）计算。

这就是 SIMPLEC 算法。SIMPLEC 算法与 SIMPLE 算法的计算步骤完全相同，只是速度修正值方程中的系数项 d 的计算公式有所不同。实践表明，SLMPLEC 算法有更好的收敛性。

在 SLMPLEC 算法中，由于没有像 SIMPLE 算法那样将 $\sum a_{nb}u'_{nb}$ 项忽略，该算法得到的压力修正值 p' 一般是比较合适的，因此，在 SIMPLEC 算法中可不再对 p' 进行亚松弛处理。但适当选取一个稍小于 1 的 α_p 对 p' 进行亚松弛处理，对加快迭代过程中解的收敛也是有效的。

SIMPLEC 算法的流程如图 5.10 所示。

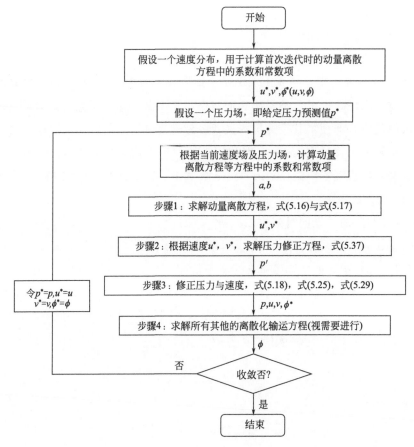

图 5.10 SIMPLEC 算法流程

5.4.2 PISO 算法

Issa 于 1986 年提出了 PISO 算法，即压力的隐式算子分割算法。它是针对非稳态可压流动的无迭代计算所建立的一种压力速度计算程序，后来在稳态问题的迭代计算中也较广泛地应用。

PISO 算法与 SIMPLE、SIMPLER、SIMPLEC 算法的不同之处在于：SIMPLE、SIMPLER 和 SIMPLEC 算法是两步算法，即一步预测和一步修正；而 PISO 算法是一步预测和两步修正。PISO 算法的预测步、第一步修正与 SIMPLE 算法相同。PISO 算法由于使用了预测-修正-再修正三步，从而可加快单个迭代步中的收敛速度。

（1）预测步

使用与 SIMPLE 算法相同的方法，利用假设的压力场 p^*，求解动量离散方程式（5.16）与式（5.17），得到速度分量 u^* 和 v^*。

（2）第一步修正

与 SIMPLE 算法一致，求解压力修正方程式（5.37），得到压力修正值 p'，进而计算出速度的修正量 u' 和 v'。考虑到在 PISO 算法还有第二步修正，采用与前面不同的符号，得到第一步修正后的速度场（u^{**}，v^{**}）及压力场 p^{**}，即

$$p^{**} = p^{*} + p' \tag{5.52}$$

$$u^{**} = u^{*} + u' \tag{5.53}$$

$$v^{**} = v^{*} + v' \tag{5.54}$$

式(5.52)~式(5.54)用于定义修正后的速度 u^{**} 和 v^{**}，即

$$u_{i,J}^{**} = u_{i,J}^{*} + d_{i,J}(p'_{I-1,J} - p'_{I,J}) \tag{5.55}$$

$$v_{I,j}^{**} = v_{I,j}^{*} + d_{I,j}(p'_{I,J-1} - p'_{I,J}) \tag{5.56}$$

就像在 SIMPLE 算法中一样，将式(5.55)和式(5.56)代入连续方程式(5.34)，产生与式(5.37)具有相同系数与源项的压力修正方程。求解该方程，产生第一个压力修正值 p'。一旦压力修正值已知，可通过式(5.55)与式(5.56)获得速度分量 u^{**} 和 v^{**}。

（3）第二步修正

下面导出 PISO 算法的第二步压力修正方程。假设速度修正值 u^{**}、v^{**} 可通过 u^{*}、v^{*} 和压力修正值 p^{**} 的从动量离散方程中解出，即

$$a_{i,J}u_{i,J}^{**} = \sum a_{nb}u_{nb}^{*} + (p_{I-1,J}^{**} - p_{I,J}^{**})A_{i,J} + b_{i,J} \tag{5.57}$$

$$a_{I,j}v_{I,j}^{**} = \sum a_{nb}v_{nb}^{*} + (p_{I,J-1}^{**} - p_{I,J}^{**})A_{I,j} + b_{I,j} \tag{5.58}$$

将上述方法再引用一次，即认为速度的二次修正值可以由其第一次修正值 u^{**}、v^{**} 和压力的第二次修正值再次求解动量方程解出，即

$$a_{i,J}u_{i,J}^{***} = \sum a_{nb}u_{nb}^{**} + (p_{I-1,J}^{***} - p_{I,J}^{***})A_{i,J} + b_{i,J} \tag{5.59}$$

$$a_{I,j}v_{I,j}^{***} = \sum a_{nb}v_{nb}^{**} + (p_{I,J-1}^{***} - p_{I,J}^{***})A_{I,j} + b_{I,j} \tag{5.60}$$

从式(5.59)中减去式(5.57)，再从式(5.60)中减去式(5.58)，得：

$$u_{i,J}^{***} = u_{i,J}^{**} + \frac{\sum a_{nb}(u_{nb}^{**} - u_{nb}^{*})}{a_{i,J}} + d_{i,J}(p''_{I-1,J} - p''_{I,J}) \tag{5.61}$$

$$v_{I,j}^{***} = v_{I,j}^{**} + \frac{\sum a_{nb}(v_{nb}^{**} - v_{nb}^{*})}{a_{I,j}} + d_{I,j}(p''_{I,J-1} - p''_{I,J}) \tag{5.62}$$

式中　p''——压力的二次修正量。

压力的二次修正值为

$$p^{***} = p^{**} + p'' \tag{5.63}$$

将 u^{***} 和 v^{***} 的表达式(5.61)和式(5.62)，代入连续方程式(5.34)，得到二次压力修正方程：

$$a_{I,J}p''_{I,J} = a_{I+1,J}p''_{I+1,J} + a_{I-1,J}p''_{I-1,J} + a_{I,J+1}p''_{I,J+1} + a_{I,J-1}p''_{I,J-1} + b''_{I,J} \tag{5.64}$$

式中

$$a_{I,J} = a_{I+1,J} + a_{I-1,J} + a_{I,J+1} + a_{I,J-1}$$

$$a_{I+1,J} = (\rho dA)_{i+1,J} \tag{5.65a}$$

$$a_{I-1,J}=(\rho dA)_{i,J} \tag{5.65b}$$

$$a_{I,J+1}=(\rho dA)_{I,j+1} \tag{5.65c}$$

$$a_{I,J-1}=(\rho dA)_{I,j} \tag{5.65d}$$

$$b''_{I,J}=\left(\frac{\rho A}{a}\right)_{i,J}\sum a_{nb}(u^{**}_{nb}-u^{*}_{nb})-\left(\frac{\rho A}{a}\right)_{i+1,J}\sum a_{nb}(u^{**}_{nb}-u^{*}_{nb})$$

$$+\left(\frac{\rho A}{a}\right)_{I,j}\sum a_{nb}(v^{**}_{nb}-v^{*}_{nb})-\left(\frac{\rho A}{a}\right)_{I,j+1}\sum a_{nb}(v^{**}_{nb}-v^{*}_{nb}) \tag{5.65e}$$

在整理式(5.64)的过程中,忽略了源项中的下列几项:

$$(\rho u^{**}A)_{i,J}-(\rho u^{**}A)_{i+1,J}+(\rho v^{**}A)_{I,j}-(\rho v^{**}A)_{I,j+1}$$

此时,可认为速度修正值 u^{**} 和 v^{**} 已满足连续方程,因此有 $(\rho u^{**}A)_{i,J}-$ $(\rho u^{**}A)_{i+1,J}+(\rho v^{**}A)_{I,j}-(\rho v^{**}A)_{I,j+1}=0$

求解式(5.64)就可得到二次压力修正量 p'',可得到压力的二次修正值,即

$$p^{***}=p^{**}+p''=p^{*}+p'+p'' \tag{5.66}$$

最后,求解式(5.61)与式(5.62),得到速度的二次修正值。

PISO 算法的计算流程如图 5.11 所示。

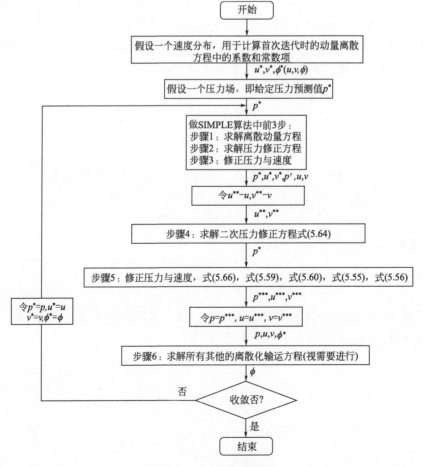

图 5.11 PISO 算法流程

PISO 算法求解压力修正方程两次，计算工作量明显比 SIMPLE 算法大很多，由于压力修正方程源项的计算量增加所需存储也有所增加。但实践表明，PISO 算法是有效的和高效收敛的。对于瞬态问题，PISO 算法有明显的优势；而对于稳态问题，可能选 SIMPLE 或 SIMPLEC 算法更合适。

5.5　瞬态问题的数值计算

SIMPLE 算法及其改进算法均是针对稳态问题的，而多数工程实际问题是瞬态问题，或称非稳态问题。瞬态问题因场变量与时间有关，因此计算相对复杂。本节介绍如何在瞬态问题上使用基于交错网格的 SIMPLE 算法及其改进算法。

5.5.1　瞬态问题的 SIMPLE 算法

第 4 章给出了瞬态问题通用控制方程在常规网格（非交错网格）上的离散方程，5.2 部分针对稳态问题讨论了动量方程在交错网格上进行离散的过程，将这两部分内容结合起来，可直接写出针对瞬态问题的动量方程式(5.1) 在交错网格（图5.5）上、在位置 (i, J) 处的 $u_{i,J}$ 动量离散方程为：

$$a_{i,J}u_{i,J} = \sum a_{nb}u_{nb} + (p_{I-1,J} - p_{I,J})A_{i,J} + b_{i,J} \tag{5.67}$$

式(5.67) 在形式上与稳态问题的离散方程式(5.8) 是一样的，区别只在于系数项 $a_{i,J}$ 和 $b_{i,J}$ 的计算公式不一样。在瞬态问题中，这两个系数项中增加了瞬态项，即：

$$\begin{cases} a_{i,J} = \sum a_{nb} + \Delta F - S_{uP}\Delta V_u + a_{i,J}^0 \\ b_{i,J} = S_{uC}\Delta V_u + a_{i,J}^0 u_{i,J}^0 \end{cases} \tag{5.68}$$

$$a_{i,J}^0 = \frac{\rho_{i,J}^0 \Delta V_u}{\Delta t} \tag{5.69}$$

式中　Δt——时间步长；

　　　0——在上个时间步结束时取值；

其余符号意义同前。

式(5.68) 中 a_{nb} 取决于所采用的离散格式，其表达式与稳态问题时完全相同；同理，可得出 v 动量方程。

在瞬态问题中，连续方程在控制体积上进行积分，得：

$$\frac{(\rho_P - \rho_P^0)\Delta V}{\Delta t} + [(\rho uA)_e - (\rho uA)_w] + [(\rho uA)_n - (\rho uA)_s] = 0 \tag{5.70}$$

按照推导稳态问题压力修正方程（5.37）同样的过程，可得瞬态问题压力修正方程：

$$a_{I,J}p'_{I,J}=a_{I+1,J}p'_{I+1,J}+a_{I-1,J}p'_{I-1,J}+a_{I,J+1}p'_{I,J+1}+a_{I,J-1}p'_{I,J-1}+b'_{I,J}$$

$$(5.71)$$

$$a_{I+1,J}=(\rho dA)_{i+1,J} \tag{5.72a}$$

$$a_{I-1,J}=(\rho dA)_{i,J} \tag{5.72b}$$

$$a_{I,J+1}=(\rho dA)_{I,j+1} \tag{5.72c}$$

$$a_{I,J-1}=(\rho dA)_{I,j} \tag{5.72d}$$

$$a_{I,J}=a_{I+1,J}+a_{I-1,J}+a_{I,J+1}+a_{I,J-1} \tag{5.72e}$$

$$b'_{I,J}=(\rho u^*A)_{i,J}-(\rho u^*A)_{i+1,J}+(\rho v^*A)_{I,j}-(\rho v^*A)_{I,j+1}+\frac{(\rho_P-\rho_P^0)\Delta V}{\Delta t}$$

$$(5.72f)$$

由此可见，瞬态问题的压力修正方程与稳态问题的压力修正方程的差异之处在于源项，而瞬态问题中的源项实际也只是比稳态问题的源项多了一项与时间相关的密度变化项，其余各项完全相同。

对瞬态问题的流动计算，借助隐式时间积分方案，在每个时间步内进行迭代，中间压力修正过程和速度修正过程可采用 SIMPLE、SIMPLER、SIMPLEC 算法中的任一种。当每一时间步的迭代计算收敛后，然后转入下一个时间步继续重复上述过程。

瞬态 SIMPLE 算法的计算流程如图 5.12 所示。

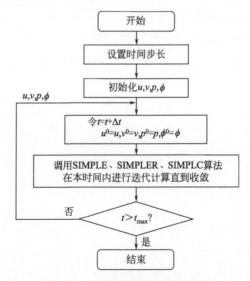

图 5.12　瞬态 SIMPLE 算法流程

5.5.2　瞬态问题的 PISO 算法

PISO 算法原本是为求解瞬态问题所建立的，是一种无迭代瞬态计算程序，它的精度依赖于所选取的时间步长。与在稳态问题中使用 PISO 算法相比，在瞬态问题中使用 PISO 算法，其离散后的动量方程及两个压力修正方程有如下两点变化：

① 在离散后的 u 动量方程和 v 动量方程中 [式(5.16) 与式(5.17)]，系数 a_P ($a_{i,J}$ 和 $a_{I,j}$) 都增加了 $a_P^0 = \rho_P^0 \Delta V / \Delta t$，源项 b ($b_{i,J}$ 和 $b_{I,j}$) 都增加了 $a_P^0 u_P^0$ 和 $a_P^0 v_P^0$。

② 在离散后的一次压力修正方程和二次压力修正方程中 [式(5.37) 与式(5.64)]，源项都增加了 $(\rho_P^0 - \rho_P) \Delta V / \Delta t$。

考虑以上两点，采用在 5.4 部分给出的 PISO 的计算步骤，可在每个时间步内调用 PISO 算法计算出速度场与压力场。计算流程与图 5.12 基本一致，只要用 PISO 代替其中的 SIMPLE 算法即可。需要指出的是，与稳态问题的计算相区别，在瞬态计算的每个时间步内利用 PISO 算法计算时不需要迭代。

PISO 算法的精度取决于时间步长，在预测修正过程中压力修正与动量方程计算所达到的精度分别是 3 (Δt^3) 和 4 (Δt^4) 的量级。当选择足够小的时间步长时，PISO 算法可取得较高精度的计算结果。

应用篇

第 6 章

大气边界层与大气扩散

气载污染物自源头释放出来进入大气之后一般要经过在大气中的迁移和转化这一阶段，最终导致该气载污染物或次生污染物浓度在时间上和空间上具有一定形态的分布，并造成对人群和动植物及其他环境客体的影响。

图 6.1 定性地表示大气污染物的排放、大气中的迁移转化和环境影响三者的联系和顺序。要定量地计算或预测大气环境质量并在此基础上进一步估算气载物的环境影响，通常把气载污染物质在大气中的迁移转化过程统称为大气弥散或大气散布（atmospheric dispersion）。有时简单借用湍流扩散（turbulent diffusion）一词而称为大气扩散（atmospheric diffusion）。大气弥散包含着诸多的子过程，其中有物理的也有化学的，有时还有生物过程；有的仅出现在大气中，也有的出现在大气和地面或水面的界面，这些过程常常是相互交叉，过程自身或过程之间有着高度的非线性作用。要严谨、定量地描述气载污染物在大气中的输送转化是很难的事。为了实用起见，人们常常是通过简化突出最主要的过程和因子，再借助于一套公式和相应的参数组来反映各输送转化的子过程及其交叉作用。这样建立起来的定量模型简称为大气弥散模式或大气扩散模式，显然，大气弥散模式所表达的是气载污染物排放特征和环境中污染物浓度之间的定量关系。在模式中反映污染物排放特征的强度和时空分布称为源项或源场，环境大气中气载污染物浓度的时空分布相应地称为浓度场。

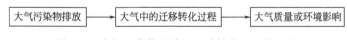

图 6.1　大气污染物释放和迁移转化及环境影响

6.1　大气污染物的弥散过程、大气湍流扩散

6.1.1　大气污染物的弥散过程

影响大气污染物的迁移转化的因素是多方面的，例如排放源的特点、污染物

的性质、地形地物状况及气象因子和过程等。概括起来包括以下几个方面过程（见图 6.2）。

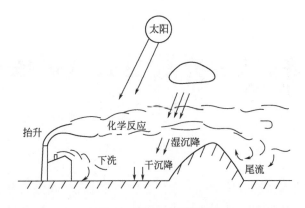

图 6.2   大气污染物的散布

（1）随风向下风向的搬运

搬运方向取决于风向；搬运速度取决于风速大小。

（2）大气湍流扩散

在大气湍流作用下沿顺风方向上下左右扩散开去。

（3）大气边界层和混合层

大气边界层风向风速切变对污染物输送扩散的影响；大气混合层的特殊影响等。

（4）干沉积

大气污染物通过重力沉降或湍流扩散作用传输至地球或其他环境物体表面，被表面吸收、吸附、滞留。与沉积相反的是再悬浮或吹扬。它是由于风和地面相互作用，或是由于机械力的作用使颗粒物离开地表随气流输运扩散。颗粒物和气态污染物都会有干沉积。再悬浮一般只讨论颗粒污染物。

（5）湿沉积

指大气污染物被云雨水滴或冰晶吸收、溶解、捕获后随降水物降落至地面的过程。如果是过程本身，通常叫作降水冲刷。如果是讨论污染物向地面的输送即称为湿沉积，统称湿沉降。

（6）化学转化

大气污染物吸收太阳紫外辐射光量子而引起原子激活，产生了一系列的光化学反应；无机化学和有机化学反反应对一特定的污染物，其数量（浓度）发生了增减。参与化学反应的污染物可以是特定污染物自身，更多情况下包括大气固有成分和其他污染物成分。化学转化通常与一定的温度、湿度条件有联系。

（7）烟云抬升

在污染物释放入大气的最初阶段，由于废气初始速度（动量）和温度（浮力）

的作用，废气烟云往往经历一段时间的抬升。

（8）烟囱或建筑物的下洗和尾流混合

废气自建筑物邻近排出，烟囱或发散管在建筑物顶部高度不够高或烟囱出口速度不大，在这几种情形下建筑物或烟囱口对气流的扰动会使废气离开排放口后在邻近的下风向下沉，称为下洗。障碍物下风向污染物混合作用很强。甚至出现污染物随气流打转返回，称为尾流混合。

（9）迎风坡抬升，背风坡下洗

污染烟云在搬运过程中遇到山坡即被迫抬升，在背风坡伴随气流下沉而下洗和尾流混合。如果是侧向伸展的山地，在迎风坡抬升的同时常有烟云撞山的现象发生。如果是较孤立的山丘，烟云较常出现绕山而过，在背风区产生一定程度的尾流混合。地形对污染物散布的作用也是非常复杂，在山区与丘陵河谷的大气环境影响评价工作中是必须重视的过程。

（10）中大尺度气象过程

显然中尺度和大尺度的气象过程直接支配了该尺度污染物烟云的搬运扩散行为，同时对局地性的扩散也有直接或间接作用。此类气象过程包括气象条件的日变化、山谷风、海陆风、中大尺度的环流流场等。

以上所列诸项迁移转化过程定性地示于图 6.2，其中有气象学过程，有空气动力学过程，也有污染物的物理化学性质等因素，在散布全过程中它们往往相互作用。现有知识发现各项子过程和要素随着排放特征、污染物性质、地形气象条件和扩散时间的差异其重要性也不一样。因此我们尚有可能突出其中一个或几个主要作用给出定量表达式和模式，供大气污染物研究和环境影响评价应用。

6.1.2　大气湍流

在日常生活中人们都可以亲身体验到风是一阵一阵地吹的，风速时大时小，风向忽左忽右，敏感的人在野外会觉察到温度一会儿高一会儿低⋯⋯这些现象就是大气湍流的表现。如果用响应非常快、灵敏度很高的仪器，例如三分量超声风速仪、小惯性白金丝温度表和 Layman-α 湿度表置于离地面一定高度的地方进行观测，则可以得到类似于图 6.3 的结果。图 6.3（a）～（e）依次是风向、沿平均风方向（纵向）的瞬时风速、垂直方向的风速、瞬时温度和湿度随时间的变化过程。可以发现，低层大气中各种气象要素时时刻刻表现为无规则的变化，通常称为涨落或脉动。这种涨落是由各种各样周期成分无规则叠加而成的。周期短至 10^{-2} s 甚至更短，而周期长的可达数小时甚至更长。

如果同时有另一组仪器在相距不远的另一地方进行观测，同样得到一组与图6.3 的涨落相类似，但不相同的记录。不难想象，如果有办法以某一点为起点沿某方向摆满测量仪器，在同一瞬间对所有各点同时进行观测，那么便得到各要素涨落

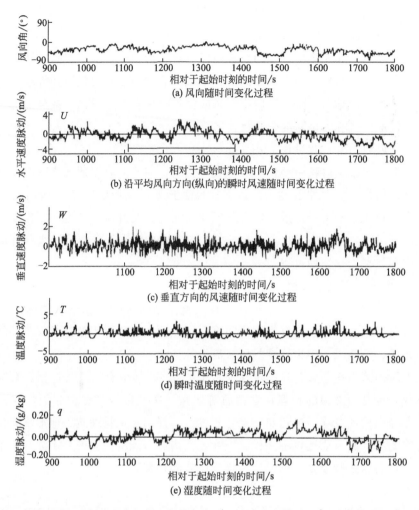

图 6.3　超声风速仪测量得到的水平速度脉动 u'、垂直速度脉动 w'、白金丝温度仪测得的
温度脉动 t'、湿度表测得的湿度脉动 q'，以及由这些记录计算出的瞬时风向

随空间位置的变化图，其涨落型式类似于图 6.3，只是横坐标变成为空间距离。大气湍流涨落的空间小尺度可小至毫米，大尺度与高度同数量级，并随高度增高而增大。

所谓大气湍流就是气流在三维空间内随空间位置和时间的不规则涨落。伴随着流动的涨落，温度、湿度乃至于大气中各种物质属性的浓度及这些要素的导出量都呈现为无规则的涨落。我们把这些看作为大气湍流现象，也可以作为大气湍流的定义。根据这些现象或定义来判断大气边界层的运动形态一般是湍流的，积云活动的小尺度部分是湍流的，对流层上部的急流层上下也是湍流的（晴空湍流）。很稳定大气边界层有时候不是湍流，常表现为波动和湍流在不同时刻交替出现，或空间上有些地方是湍流有些地方是波动，呈现湍流与波动共存的状态。不管大气边界中的稳定度如何，接近地面处的近地面层大气由于风速切变所带来的机械能的补充，能始终保持湍流运动状态。

大气湍流是大气的基本运动形式之一,对大气运动的发展与演化,大气能量的传输和再分配有着极其重要的作用。湍流扩散是空气污染物局地性散布的主要过程,因此也是中小尺度弥散模式必须体现的。

如一般的湍流问题一样,大气湍流发生的机理极端复杂,现今仍未得圆满解决。尽管如此,我们还是能够从能量学的观点对大气湍流的存在和维持做出一定程度的诊断分析。大气湍流的能量源自机械运动做功和浮力做功两方面:前者是在有风向风速切变的场合湍流,应力对空气微团做功;后者是指不稳定层结大气中浮力对垂直上下运动的空气微团做功,从而增强湍流。假如大气层结是稳定的,空气微团上下运动时会反抗重力做功消耗自身的动能,湍流趋于减弱。按照这种观点来判断,大气湍流的存在和维持有如图 6.4 所示的三大类型。

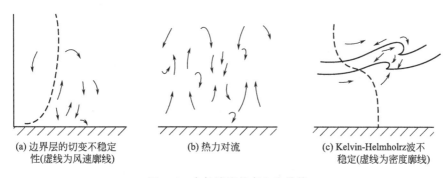

| (a) 边界层的切变不稳定性(虚线为风速廓线) | (b) 热力对流 | (c) Kelvin-Helmholrz波不稳定(虚线为密度廓线) |

图 6.4　大气湍流的产生和维持

(1) 风切变产生的湍流

在接近地面的大气中地面边界阻滞空气运动起着不滑动底壁的作用。这里的风速切变很大,涡度因而也大,流动是不稳定的,有利于湍流的形成。湍流一旦形成即通过湍流切应力做功源源不断地将平均运动的动能转化为湍流运动的动能,湍流就能维持下去。在最靠近地面的近地面大气层不论日夜都是湍流运动。

在地形有起伏的场合,例如树林、建筑物或山地和丘陵河谷的地方,不滑动边界是三维的。而且由于这些障碍物对气流的阻挡作用所产生的流动脱离和涡旋,始终具备发生湍流的触发条件和能量补充,因此流动始终是湍流的,而且往往很强。

(2) 对流湍流

白天地面强烈加热的结果在大气边界层中会产生对流泡或烟流。对于特定的对流泡或烟流,表面上它的流动是有组织的,然而其各个单体的出现时间和地点却几乎是完全随机的,表现为湍流状态的流动。由于流动的不稳定性和上升过程的卷夹,热泡也会部分地"破碎"为小尺度湍流。对流湍流的能量来源是直接或间接地通过浮力做功取得的。

除了大气地界层的对流以外,积云的对流也是对流湍流的一种,后者的出现和相变过程有密切联系。

（3）波产生湍流

稳定层结的大气中空气微团的上下运动因反抗重力而消耗自已的动能，湍流通常较弱或消失掉。稳定层结的大气流动经常存在着上下层风的切变。流体动力学的分析发现这时候会产生波动。当上下层风切变够大时运动变为不稳定的，随着波动振幅增大并破碎，破碎波的叠加便构成为湍流。湍流一旦形成，上下层混合加强，风的切变随之减弱，流动又恢复到无湍流的状态，如此往复不已。波动产生的湍流往往在空间上是离散的，在时间上是间歇的。它经常出现于夜间的稳定边界层中和白天的混合层顶，也是晴空湍流的一种重要原因。此类湍流的动能最初来自波动的能量（位能）。湍流出现以后也可通过湍流切应力做功直接自平均运动动能获取。

6.1.3　湍流扩散

湍流是极端大量分子所组成的流体团的整体运动。伴随着速度的时空涨落流体团所携带的物理属性将很快地在空间散布开，逐渐与周围的流体混合而实现湍流的扩散。湍流的混合（扩散）能力远远强于没有湍流的流动（层流）。在大气湍流扩散问题中通常只考虑湍流扩散而忽略分子扩散的作用。

图 6.5 表示干净大气中一团携带大量气溶胶粒子的空气在湍流作用下包络范围的变化。从图中所示的现象不难体会到湍流扩散与分子扩散的本质区别及两者的扩散能力有悬殊差异的原因。

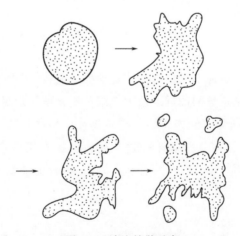

图 6.5　湍流扩散示意

为了便于直观理解湍流扩散的具体过程，不妨将湍流想象成由大小不同的涡漩构成的流动。这些涡旋叫作湍涡。一个大湍涡包含着许多较小的湍涡，较小的湍涡又包含着很多更小的湍涡，大湍涡套着小湍涡构成湍流运动。烟云或烟团的扩散稀释就是由这些湍涡来完成的。图 6.6 表示一个烟团在大小不同的湍涡中的扩散状态。其中图 6.6(a) 表示烟团处于比它的尺度小的湍涡中。烟团随风向下风向移动的同时受到小尺度湍涡的来回搅动，边缘缓慢与周围空气混合，大小缓慢膨胀，浓度也缓慢地降低。此例说明比烟团小得多的湍涡对扩散稀释作用不大。图 6.6(b) 表示一个比烟团大得多的端涡或流场扰动对扩散的作用，这时烟团主要被湍涡运动挟带，表现为位置的摆动，本身的分散也不大。图 6.6(c) 表示尺度大小与烟团相仿的湍涡的作用。这时烟团被湍涡拉开，撕碎且产生变形，具有较强的扩散。

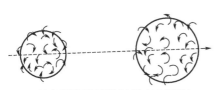

(a) 远小于烟团的湍涡大部分只在烟团内部来回搬运只起微小的扩散稀释作用

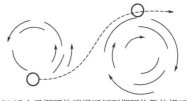

(b) 远大于烟团的湍涡可起到烟团的整体搬运作用，烟团小物质属性的稀释也不显著

(c)大小与烟团相当的湍涡有较强稀释扩散能力

图 6.6　不同尺度湍涡对烟团的扩散作用

不同尺度的湍流对连续排放的烟流的扩散与上述情况有共同的地方，不同点是大尺度湍流或流场扰动引起的烟流位置的上下左右摆动也对污染物在空间上的分散起作用，也属于湍流扩散的范畴。

6.1.4　大气扩散状态与气象条件的关系

对应于大气湍流的强弱，污染物在大气中的扩散也呈现三种基本状态。以连续排放的烟云为例分别示于图 6.7，它们的名称分别是环链形扩散、锥形扩散和扇形扩散。

图 6.7(a) 是环链形扩散，烟流外形是上下起伏很大，甚至有一部分烟气脱离烟流主体形成孤立的碎块。这种扩散状态下烟云上下左右及前后的湍流扩散都很快，稀释能力强。对于高架污染源来说，污染物可以很快自高处扩散到地面，使得离源较近的下风位置形成高的地面浓度。这种情形表明大气很不稳定（$R_i < 0$，$|R_i|$ 很大），湍流很强，出现于风小、天气晴朗太阳辐射强的白天或是起伏地形的上空。类似情形在起伏地形上空风速大的时候也会出现，但这主要是机械扰动混合所造成的。

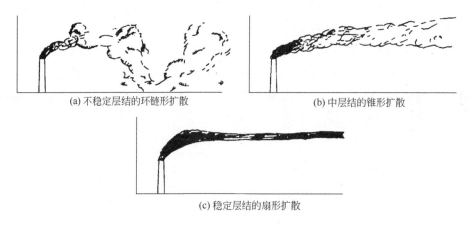

(a) 不稳定层结的环链形扩散   (b) 中层结的锥形扩散

(c) 稳定层结的扇形扩散

图 6.7 大气扩散的基本形式

当大气层结为中性的时候，烟流外形常呈锥形外表，扩散能力中等，称为锥形扩散图 [图 6.7(b)]。该类扩散出现条件是平坦郊野上空风大的多云天或阴天。

图 6.7(c) 是扇形扩散，其出现于晴朗风小的夜间，大气处于很稳定的状态。这时候湍流很弱，尤其是垂直方向的湍流涨落受到更强烈的抑制。垂直方向的扩散非常弱而水平方向随着风向摆动扔保持一定程度的扩散，烟流外形如同一面张开的扇子。对于地面源来说其污染程度往往很重。但是对于高架源来说，其所形成的地面浓度却不高，最大地面浓度离源头较远。

6.2 大气边界层

6.2.1 大气边界层的一般特点和分装

靠近地球表面的气层俗称为低层大气，有时不太严格地就将它当作大气边界层。人类活动和许多自然过程的气载污染物绝大多数自地面或靠近地面的气层释出，并且首先在这层大气中发生迁移转化，随着扩散时间的推移再影响到地面的人群和其他环境客体。其中有一部分经由大气边界层顶部的输送进入自由大气和更高的上层大气。

大气边界层的基本特征表现为气象要素在这层大气中有明显的日变化。其本质是在这一层大气中运动始终具备湍流特点，而且湍流对动量输送、热量输送和物质输送起着不可忽略的作用。这样一来，地面白昼获得的辐射能才能以一定速率向上搬运，加热上面的空气，同时造成低层空气温度的日变化。陆地和海洋积累的液态水得以气态水形式向上传递而构成大气圈的水循环。另一方面，大型气压场所形成的大气流动的动量通过湍流切应力作用源源不断地向下传递，通过大气边界层到达并由于摩擦而部分在地面上损耗掉，相应地也造成大气边界层风的日变化。

笔者把存在着连续性湍流，对湍流的输送起着重要作用并导致气象要素日变化显著的低层大气定义为大气边界层（atmospheric boundary layer）。大气边界层与上部自由大气之间存在相互作用。稳定边界层上部经常还是连线性湍流或间歇性湍流和波动交替出现。对流边界层发展过程中上部暖空气向下卷夹和不断抬升。因此边界层气象学问题的研究时常要包含其上面的一部分自由大气。除了湍流运动和湍流输送作用之外，大气的气压梯度力和地转偏向力对大气边界层整体的运动特性也有不可忽略的作用，是行星低层大气或海洋流动的共性，因此大气边界层也常称为行星边界层（planetary boundary layer）。

以往习惯上认为大气边界层厚度自地面数百米至 $1\sim2km$，这种理解不大确切。近代的概念和野外观测事实表明，大气边界层的厚度有显著日变化，低的时候只有数十米，高的时候可达 $2km$ 以上甚至更高。图 6.8 是边界层高度日变化的示意图。清晨日出以后地面加热空气的结果使夜间可逆温层自下而上逐渐破坏，下层出现不稳定层结，湍流活跃，而在下层开始形成不稳定边界层。这时上部的逆温层仍可能存在。随着不稳定边界层的向上发展抬升，上部逆温层最终消失，低层大气为不稳定边界层所占据。不稳定边界层的顶部可以有一薄层由于热泡湍流上冲而产生的逆温，形成边界层和自由大气的分界。

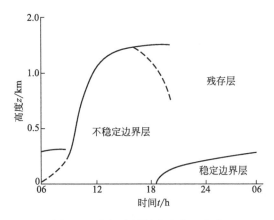

图 6.8　大气边界层高度的日变化

但这时的逆温层已不是夜间逆温的残留层。不稳定边界层通常在午后时分达到最大高度，此后的行为比较多变，有时可保持到黄昏以后，有时表现出高度快速降低。傍晚前后随着地表的冷却，辐射逆温自地面又重新形成，建立稳定地界层，与此同时其顶部以上可能尚有白天不稳定边界层的残留层存在。由此可见，大气边界层的性质和高度的日夜变化是很鲜明的。以上的描述和图示的特征具有中纬度陆地晴朗天气条件下的普遍性。在这种情况下白天不稳定边界层的顶高自数十米升至 $1\sim2km$，夜间稳定边界层的厚度数十米至数百米。值得指出的是，大气边界层的发展演化随天气和地理条件而有很大不同。例如低维度热带海洋，洋面源源不断地蒸发使贴近海面的空气中水汽含量高于高处的空气。虽然洋面上的大气层结经常是近中性的，由于水汽含量大的空气团密度较小，导致了贴近洋面的气层出现不稳定层结，大气边界层日夜都具有不稳定的特征，并且边界层高度没有太大日变化。观测发现，南极冬季极夜期间不存在太阳辐射对地面的加热，连续的辐射冷却，使接地逆温连续增高，逆温层结的边界层可达 1～2km。在大气边界层日变化的过程中如果有天气系统的转换或中小尺度对流天气出现，那么正常的演变就会中断，大气边界层的一些特征甚至会消失。

按照热力学性质及湍流所起的作用不同，大气边界层区分为不稳定大气边界层、稳定大气边界层和中性大气边界层三大类型。

① 不稳定大气边界层是由于地面加热大气，或如上述的洋面上底部气层水汽含量较上部高而出现的不稳定层结所形成的，陆地上一般只出现在白天。

② 稳定大气边界层通常只出现在夜晚，伴随着地面逆温层结，因此也常叫作夜间边界层（nocturnal boundary layer）。

③ 中性大气边界层是指整个低层大气自下而上保持中性层结，浮力对湍流运动的空气微团做功非常微弱而可以忽略的情形。通常实验室的模拟介质是这种情况。实际大气中很罕见，如果有，也仅仅出现于地表加热或冷却作用很弱，风速很大的天气。早晚过渡时刻近地面层存在着近中性的大气层结，但这时非定常性很强，不同高度湍流性质很不一样，不能认为是中性大气边界层。

同一种类型大气边界层不同高度的湍流动力学性质及湍流输送所起的作用不尽相同。为了研究方便，通常将边界层大气层次分为三个部分：贴近地面部分称为近地面层；在此以上的边界层主体部分称为外层或爱克曼层（Ekman layer）；外层与自由大气之间的气层称为过渡层。不同稳定度类型边界层的过渡层和外层又有自身的专门名称，各层的细分及其名称见图 6.9。

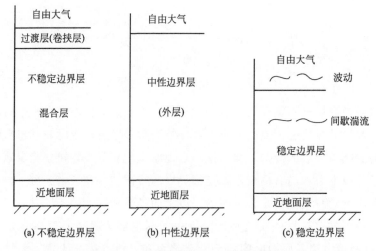

图 6.9   不同类型大气边界层的细分

近地面层贴近地面，位于边界层最下部。湍流输送对这一层浅薄大气运动起支配性作用，气压梯度力、地转偏向力的作用可以忽略。因此在分析该层的气象要素廓线规律、湍流自身的涨落或输送通量时，湍流几乎是唯一要考虑的因素。水平均匀和定常大气条件下近地面层沿垂直方向的湍流属性通量，如动量通量、热量通量和物质属性通量近似地不随高度变化，故亦称为常通量层（constant flux layer）。中性边界属中的近地面层厚度数十米至百米不等，和地表粗糙度 z_0 的大小及摩擦速度 u_* 有正相关的关系。不稳定大气边界层中的近地面层厚度约与莫宁-奥布霍夫长度的绝对值相当。稳定的近地面层最浅薄，可低至数米。

不稳定大气条件下浮力做功使湍流异常活跃，近地面层以上的湍流以对流热泡为基本形态。它的作用一方面使外层气象要素的垂直分布较为均匀，另一方面是热泡上冲到边界层顶触发上部暖空气向下卷夹形成卷夹层或过渡层。由于以上特点，不稳定地界层也常常形象地叫作对流边界层（cenoective boundary layer）或混合层（mixed layer）。

稳定层结条件下空气微团上下运动反抗重力做功而损耗动能，湍流受到抑制。于是在近地面层或包括近地面层的相对浅薄气层仍能够保持连续性湍流以外，在其上的边界层常常是间歇性湍流。稳定层结构的低层大气具备产生重力波的充分条件，这时的间歇湍流表现为波和湍流共存或湍流交替出现。

6.2.2　大气边界层的运动及能量和物质的垂直运输

为了讨论问题方便并且与目前较成熟的实验或理论成果相匹配，以下讨论暂假定大气边界运动是水平均匀的，即所讨论的大气边界层的下垫面的热力学和动力学状况在水平方向上均匀。例如 10km 为典型量级的范围内，尽管地表粗糙物有高有低或地面有干有湿、有冷有热，但是没有截然的分界线，统计上就近似为水平均匀的。通常取 x、y 代表水平两个正交向，z 代表垂直方向，这时水平方向平均运动的动量方程可写为：

$$\frac{\partial \overline{u}}{\partial t}+\frac{\partial \overline{u'w'}}{\partial z}=-\frac{1}{\rho}\frac{\partial \overline{p}}{\partial x}+f\overline{v} \tag{6.1}$$

$$\frac{\partial \overline{v}}{\partial t}+\frac{\partial \overline{v'w'}}{\partial z}=-\frac{1}{\rho}\frac{\partial \overline{p}}{\partial y}+f\overline{u} \tag{6.2}$$

水平均匀大气边界层中热量和以水汽为代表的物质属性的守恒方程可写为：

$$\frac{\partial \overline{\theta}}{\partial t}+\frac{\partial \overline{w'\theta'}}{\partial z}+\frac{1}{\rho c_p}\frac{\partial \overline{R}}{\partial z}=0 \tag{6.3}$$

$$\frac{\partial \overline{q}}{\partial t}+\frac{\partial \overline{w'q'}}{\partial z}=0 \tag{6.4}$$

式中　　$\overline{u}$、$\overline{v}$——x 及 y 方向对应的平均风分量，带 "'" 的量是相应的湍流涨落；

　　　　f——柯氏力参数，它们表示平均风随时间的变化取决于湍流应力的垂直梯度、气压梯度和地转偏向力的作用；

　　$\overline{w'\theta'}$、$\overline{R}$——垂向湍流热通量和热辐射能通量，向上的输送规定为正；

$\dfrac{\partial \overline{w'\theta'}}{\partial z}$、$\dfrac{\partial \overline{R}}{\partial z}$——湍流热通量散度和辐射热通量散度。

式(6.1)和式(6.2)代表单位质量空气微团的动量守恒关系。在定常状态下 $\partial \overline{u}/\partial t = \partial \overline{v}/\partial t = 0$，湍流切应力的作用和气压梯度力及地转偏向力相平衡。式(6.3)反映空气微团的热量守恒，按照热力学的严格意义它是单位质量空气熵的守恒。如果 $\overline{w'\theta'}$ 或 R 随高度增加而增大，可使空气微团降温，反之起增温作用。式(6.4)表示无相变的边界层湿度的变化取决于水汽的垂直通量散度。对于气载污染物而言，无衰变或化学转化时浓度的变化是污染物垂向的通量散度引起的。

在以上同样条件下湍流动能的守恒方程有如下形式：

$$\frac{\partial \overline{q^2}}{\partial t} = -\overline{u'w'}\frac{\partial \overline{u}}{\partial z} - \overline{v'w'}\frac{\partial \overline{v}}{\partial z} + \frac{g}{\theta}\overline{w'\theta'} - \varepsilon - \frac{\partial}{\partial z}\overline{w'\left(\frac{p'}{\rho} + q^2\right)} \tag{6.5}$$

式(6.5)中 $\overline{q^2} = 1/2(\overline{u'^2} - \overline{v'^2} + \overline{w'^2})$ 表示单位质量空气的平均湍流动能；右边第一和第二项是湍流切应力做功，即机械力做功对湍流动能的贡献，大气边界层湍流这两项的代数和是恒正量，始终起着促进湍流的作用。$\dfrac{g}{\theta}\overline{w'\theta'}$ 表示浮力做功，不稳定大气边界层为正值，促进湍流发展，稳定大气边界层为负值，抑制湍流增长。

ε 表示湍流动能通过分子摩擦耗散为空气内能的速率，称为湍流动能耗散速率。右边最后一项表示由于湍流的垂直运动引起的湍流总动能的垂直输送，在某一特定高度垂直输送对湍流动能起增加作用，也可能起减小作用；从整个大气边界层来考察，对该项自地面积分至边界层顶略高一点的地方，地面上 $z=0$ 处 $w'=0$，上边界略高处 w'、p'、q^2 均为零，可见该项的代数和为零。也就是说在水平均匀条件下垂直输送只起着将湍流总动能搬上搬下的作用，对整个湍流场的湍流动能没有实质性的增加或减小。当然这并不意味着输送项对边界层没有作用。恰恰相反，输送项中的压力涨落和湍流动能涨落的输送两个分项对湍流场特征的形成有重要意义。

从以上几个最简单的守恒方程出发可对大气边界层做出几个定性的推论。

6.2.2.1　风廓线和湍流应力分布的普遍特征

设大气边界层处于准定常状，$\partial \overline{u}/\partial t$、$\partial \overline{v}/\partial t$ 可以忽略。以 U_g 和 V_g 分别表示地转风分量，它们和气压梯度的关系是：

$$U_g = -\frac{1}{\rho f}\frac{\partial \overline{p}}{\partial y} \tag{6.6}$$

$$V_g = -\frac{1}{\rho f}\frac{\partial \overline{p}}{\partial x} \tag{6.7}$$

式(6.1)和式(6.2)可改写为：

$$\frac{\partial \overline{u'w'}}{\partial z} = f(\overline{v} - V_g) \tag{6.8}$$

$$\frac{\partial \overline{v'w'}}{\partial z} = -f(\overline{u} - U_g) \tag{6.9}$$

以 h 表示边界层顶高度，一般取 x 坐标为沿地面风的方向，对上列两式自地面积分至边界层顶，同时注意到上下边界条件：

$$z = 0 \quad -\overline{u'w'} = u_{*0}^2 \quad -\overline{v'w'} = 0 \tag{6.10}$$
$$z = h \quad -\overline{u'w'} = \overline{v'w'} = 0$$

摩擦速度（friction velocity）u_*，是表征雷诺应力大小具有速度量纲的物理量，普遍定义是：

$$u_*^2 = \left[(-\overline{u'w'})^2 + (-\overline{v'w'})^2 \right]^{1/2} \tag{6.11}$$

与湍流切应力，即相应的动量的湍流通量相对应，摩擦速度是随高度而变化的量。但在近地面层，即常通量层内近似不随高度变化。这里 u_{*0} 表示地面摩擦速度，也就是近地面层里各高度的摩擦速度。由于平坦地面上平均风向左右的对称性，地面上的湍流应力分量 $-\overline{v'w'} = 0$。上边界以上不存在湍流，故湍流应力 $-\overline{u'w'} = -\overline{v'w'} = 0$。式(6.8) 和式(6.9) 两式即可改为积分形式：

$$u_*^2 = f \int_0^h (\overline{v} - V_g) \mathrm{d}z \tag{6.12}$$

$$0 = f \int_0^h (\overline{u} - U_g) \mathrm{d}z \tag{6.13}$$

以上方程中 $(\overline{u} - U_g)$ 或 $(\overline{v} - V_g)$ 是某一高度风速和地转风速的差值，称为地转风偏差速度或欠值速度。这些方程的物理内涵是，在旋转地球的定常和水平均匀大气边界层中某高度处的湍流应力梯度和该高度的地转风偏差速度成正比，比例系数是 f，整个边界层地面风向的侧向偏差速度之和等于 u_{*0}^2/f，而顺地面风方向偏差速度和等于零。

注意到地表面 $z = 0$ 处平均风速 $\overline{u_0} = v_0 = 0$，积分关系式(6.13) 的约束预示着

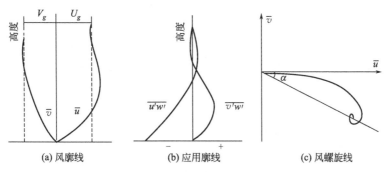

图 6.10 大气边界层的风廓线、应力廓线和风螺旋线

α—地转风与地面风的夹角；U_g，V_g—地转风分量；$\overline{u}$，$\overline{v}$—x，y 方向上对应的平均风分量；

$\overline{u'w'}$—湍流应力分量

$\overline{u}$ 分量的风速在向上递增的过程中如图 6.10(a) 右边曲线所示，在某一高度达到并超过相应的地转风分量 U_g，然后在另一高度出现最大值，最终在边界层顶趋近地转风。以北半球为例，侧向地转风分量 v_g 为负值，边界层内分量速度 $\overline{v}$ 廓线大致如图 6.10(a) 左侧曲线所示，其泛函形式应满足约束关系式(6.12)，即，$\overline{v}>V_g$ 的部分多于 $\overline{v}<V_g$ 的部分。根据式(6.8) 和式(6.9) 及 $-\overline{u'w'}\partial\overline{u}/\partial z$ 和 $-\overline{v'w'}\partial\overline{v}/\partial z$ 的假设，雷诺应力廓线有如图 6.10(b) 的一般形式。与风速廓线相对应，出现 $\overline{u}=U_g$ 和 $\overline{v}=V_g$ 的高度分别出现 $\overline{v'w'}$ 和 $\overline{u'w'}$ 的极值，而 $\overline{u}$ 和 $\overline{v}$ 出现极值的高度湍流应力为零。接近边界顶的部位风廓线和应力廓线的相互约束调整使两者分别在地转风和零应力的垂直轴左右变化。风速分量 $\overline{u}$ 和 $\overline{v}$ 合成以后的风矢如图 6.10(c) 所示，它表现出了所谓的 Ekman 风螺旋的基本性状。值得指出的是，以上的定性分析只做了定常、水平均匀和地转风不随高度变化（正压大气）的假设，而 Ekman 的经典解是附加边界层的湍流交换系数 K_z 为常量的定量结果。这就是说，K_z 是随高度变化的实际大气边界层，风廓线的基本形态也是螺线的形式。不过，由于定常性、水平均匀性和正压性不总是满足而呈现出复杂多样的结构。

6.2.2.2　中性大气边界层的厚度方程式

中性大气边界层的厚度方程式(6.12) 可转化为：

$$fh<\overline{v}-V_g>=u_{*0}^2 \tag{6.14}$$

式中，$<\overline{v}-V_g>$ 是边界层里 v 分量欠值速度的平均值，它和 u_{*0} 同阶大

$$O(<\overline{v}-V_g>)=O(u_{*0}) \tag{6.15}$$

定常态中性中大气边界层中，湍流动能守恒方程式(6.7) 的时变项 $\partial\overline{q^2}/\partial t$ 和浮力做功项 $g/\theta\overline{w'\theta'}$ 都不出现，对整个边界层气层积分，压力涨落和湍流动能涨落的垂直输送 $\partial/\partial z\overline{w'(p'/\rho-q^2)}$ 也是零。即有

$$\left\langle -\overline{u'w'}\frac{\partial\overline{u}}{\partial z}-\overline{v'w'}\frac{\partial\overline{v}}{\partial z}\right\rangle=<\varepsilon> \tag{6.16}$$

上式表明边界层流动因应力做功产生的动能与耗散相平衡。其中 $<\varepsilon>$ 是由于地面摩擦而引起的风切变和湍流切应力做功的损耗速率，其大小为：

$$O[<\varepsilon>]=O[u_{*0}^3/h] \tag{6.17}$$

又式(6.16) 中应力的大小：

$$O(-\overline{u'w'})=O(-\overline{v'w'})=O(u_{*0}^2) \tag{6.18}$$

于是有：

$$O(\partial\overline{u}/\partial z)=O(u_{*0}/h),O(\partial\overline{v}/\partial z)=O(u_{*0}/h) \tag{6.19}$$

$$O(\partial\overline{v}/\partial z)=O[\partial(\overline{v}-V_g)/\partial z]=O(u_{*0}/h) \tag{6.20}$$

式中 $\partial(\overline{v}-V_g)/\partial z$ 和 $<\overline{v}-V_g>/h$ 同阶大，即有式(6.15) 的结论。这时从式(6.14) 就可以发现中性大气边界层高度满足关系式：

$$h = c u_{*0}/f \tag{6.21}$$

式中，c 是比例系数。上式的意义是定常水平均匀正压大气边界层高度依赖于湍流切应力和地转偏向力，可由反映两者的特征参数 u_{*0} 和 f 确定。湍流切应力大的时候，即风速或地面粗糙度大，边界层高，同条件下低维度的地方低维度的中性边界层高，高维度低一些。形式上在赤道地区柯氏力参数 $f = 0$，h 可达无穷大，而实际上由于自由大气逆温或是低层大气总是存在的不稳定层结而不存在这种情况。

早年比例系数取值偏大为 0.3，后来研究的建议值多在 0.15～0.25 之间。如果不太苛求其来源的细节的话，简单地取中间值 $c = 0.20$ 是合适的。

式（6.21）的结论也可以由原始方程（6.1）和式（6.2）或式（6.8）和式（6.9）从量纲判断分析直接得出。在所讨论的情况下大气边界层的特征体现了湍流切应力、地转偏向力和气压梯度力之间的平衡和相互制约，其中只有两个是独立的。不妨从 u_{*0} 和 f 代表前两项物理因子，以 h 表示边界层顶高，即达到该高度以后湍流作用消失，气流的运动转化为气压梯度力和地转偏向力的平衡。表达边界层 3 个物理因子相互制约的参数组 u_{*0}、f 和 h 中有长度和时间两个基本量纲。量纲分析的 π 定理规定了这时可以而且只有一个无量纲数反映三者的关系，u_{*0}、f 和 h 的唯一无量纲组合是 hf/u_{*0}，于是有了式（6.21）的结论。

6.2.2.3 稳定度的判据

如前所述湍流动能的空间搬运不引起大气边界层湍流总动能的产生和损耗作用。从方程式（6.5）可以看出，在定常态条件下实质性的湍动能源和汇有切应力做功，浮力做功和湍流动能能散，而后者又取决于前两者净收支的大小。直接取方程中浮力做功项和切应力做功项的比值做无量纲化组合并以原始创议者理查孙（Richardson）的字头 R 表示：

$$R_f = -\frac{\text{浮力做功}}{\text{切应力做功}} = -\frac{g/\theta \overline{w'\theta'}}{(-\overline{u'w'}\partial\overline{u}/\partial z - \overline{v'w'}\partial\overline{v}/\partial z)} \tag{6.22}$$

式中，$\overline{w'\theta'}$，$\overline{u'w'}$ 和 $\overline{v'w'}$ 分别正比于热量通量和两个水平方向的湍流应力分量，物理上即水平动量的垂向湍流通量，因此称为通量型理查孙数，以脚标 f 表示。当采用式（6.23）的通量梯度假设时：

$$-\overline{w'\theta'} = K_h \partial\theta/\partial z \quad -\overline{u'w'} = K_m \partial\overline{u}/\partial z \quad -\overline{v'w'} = K_m \partial\overline{v}/\partial z \tag{6.23}$$

式（6.22）中表达通量的各项都转化为平均温度和平均风的梯度，R_f 可以用定义梯度型理查孙数 R_i 代替：

$$R_i = g/\overline{\theta} \frac{\partial\overline{\theta}/\partial z}{(\partial\overline{u}/\partial z)^2 + (\partial\overline{v}/\partial z)^2} \tag{6.24}$$

R_f 和 R_i 的关系是：

$$R_f = (K_h/K_m)R_i \tag{6.25}$$

后面在近地面层有关内容的讨论中将论证热量交换系数和动量交换系数的比值 K_h/K_m 是 R_i 的单值函数，所以 R_f 和 R_i 具有同一性。因为平均气象要素的梯度 $\partial\bar\theta/\partial z$、$\partial\bar u/\partial z$ 和 $\partial\bar v/\partial z$ 的观测或计算都比通量方便，R_i 比 R_f 更常用。如果取一坐标轴与所在高度的平均风向相一致，式(6.22) 和式(6.25) 两式简化成：

$$R_f = g/\bar\theta \ \frac{\overline{w'\theta'}}{\overline{u'w'}\partial\bar u/\partial z} \tag{6.26}$$

$$R_i = g/\bar\theta \ \frac{(\partial\bar\theta/\partial z)}{(\partial\bar u/\partial z)^2} \tag{6.27}$$

直观上理查孙数是浮力做功与切应力做功的比值，而其内涵是规定了式(6.5) 中影响湍流动能平衡各项物理因子的相互制约。当 R_i 和 R_f 为负值时，浮力做功起着补充湍流动能的作用，在定常态条件下湍流发展旺盛，切应力和动能耗散都相应地较大；反之当 R_i 为正值时，做垂直上下运动的湍流微团反抗重力做功，切应力和湍能耗散都较弱。浮力做功首先表现在促进空气微团上下的无规运动，其动能通过式(6.5) 的压力涨落项所表现的作用再分配到本平方向，湍流动能大的地方通过输送作用分配到小的地方。在非定态条件下，以上各种动能源汇的代数和即决定了总动能变率 $\partial\overline{q^2}/\partial t$。目前普遍认为理查孙数是大气边界层湍流状态和强弱的恰当而又较充分的判据。如前所述，当 R_i 为负值时湍流较旺盛；当 R_i 为正的时候湍流较弱；当 $R_i=0$ 时表明湍流只有机械因素的能源，强度中等。

R_i 数的分子 $(g/\bar\theta)/(\partial\bar\theta/\partial z)$ 是静力学稳定度的判据 $(g/\bar\theta)(\partial\bar\theta/\partial z)$，习惯上也将 R_i 数叫作稳定度判据。事实上两者有本质差别，静力学稳定度的出发点是静态的。实际大气总是存在着运动，特别是大气边界层总是有不同程度的不规则湍流运动，湍流的维持既有热力的也有动力的（机械）两方面的原因，因此仅从静力学稳定度单方面来定量判定大气湍流状态是不充分的。例如，贴近地面的气层温度梯度通常很大，但是风速梯度也很大，在 R_i 数的分母上呈平方的关系出现，$|R_i|$ 总是较小，湍流状态较接近于中性的情形，高度越低越趋近于中性湍流状态。由于混合层里强烈的湍流混合使得 $\partial\bar\theta/\partial z\approx0$，按照静力学稳定度概念判断是近中性的，按照运动学的观点它恰恰是很不稳定的。当然也应当看到静力学稳定度是判断大气湍流状态的一个必要条件。

除了 R_i 以外凡是与其有单值对应关系的其他参数，或可以普遍判定大气边界层湍流状态的指标的集合也可以用来代替 R_i 数。例如 z/L 或 z/L 和 H/L 等，这里 L 是莫宁-奥布霍夫长度，H 表示大气边界层高度。

6.2.3　近地面层

近地面层也称为常通量层、常应力层，是大气边界层最下部靠近地面约十米至数十米的气层。受近面摩擦作用近地面层里风随高度切变显著，湍流切应力做功可源源不断地补充湍流运动的动能使其流动始终保持湍流的状态。又因为靠近热量和物质的源或汇的地球表面，近地面层热量和水汽及其他物质向上向下的输送通量通常大于边界层的其他部位。这些基本特点使得我们可以证明近地面层的垂直湍流通量近似不随高度变化，甚至进一步认为湍流对近地面层的动力学和热力学结构仅仅受湍流的支配而把其他因子当作间接的或外部条件去对待。本节首先考察近地面层垂直湍流通量随高度的变化和近似不变的气层厚度，进一步从相似性观点论证气象要素廓线和湍流统计量的规律。后者就是所谓的莫宁-奥布霍夫（Monin-Obkhof）相似性理论，简称 M-O 相似性。

6.2.3.1　近地面层的常通量性质

为了讨论问题简单起见，首先回到定常态的动量守恒方程式(6.8) 和式(6.9)。由方程可知，边界层里的湍流应力总是随高度变化，其变率与欠值风速成比例，近地面它的风速小、欠值风速大变率也大。但是近地面层湍流应力大，相对变化却较小。现考虑自地表面起湍流切应力相对变化不超过一定份额的高度。以 u_*^2 表示 $-\overline{u'w'}$，以其地面值 $u_{*0}^2 = -\overline{u'w'}$ 除以方程(6.8) 的左右两项，忽略 $\overline{v}$ 并将导数项化有限差，得到：

$$\frac{1}{u_{*0}^2}\frac{\Delta u_*^2}{\Delta z} = \frac{fV_g}{u_{*0}^2} \tag{6.28}$$

式中，Δz 是自地面起切应力出现 $\Delta u_*^2/u_{*0}^2$ 相对偏差的高度。不妨假设应力偏差不超过 10% 就满足常应力或常通量的要求（请记住，这里 $u_*^2 = -\overline{u'w'} = \tau_x/\rho$，其中 τ_x 是湍流切应力的分量，现今科技文献包括本书常常将摩擦速度的平方 u_*^2、$-\overline{u'w'}$ 或 $\overline{u'w'}$ 统称为湍流切应力；物理上有湍流切应力≡湍流动量通量）。于是有：

$$\Delta z = 0.1u_{*0}^2/fV_g \tag{6.29}$$

这里 V_g 是和地面风向相垂直的地转风分量，以 G 表示地转风的模量风速，$G = (U_g^2 + V_g^2)^{1/2}$，$\alpha$ 表示地转风和地面风的交角（见图 6.10）

$$V_g = G\sin\alpha \tag{6.30}$$

取中纬度地区一般地面有代表性的值，$f = 2w\sin\varphi = 1 \times 10^{-4}\mathrm{s}^{-1}$，$u_{*0} = 0.3\mathrm{m/s}$ 和 $u_{*0}/G = 0.04$，和 $\Delta z = 28.4\mathrm{m}$。同样方式和类似的参数值从方程式(6.9) 可以估计出切应力的另一分量 $-\overline{v'w'} = \tau_y/\rho$ 和地面值 u_{*0}^2，偏差达 10% 的高度也约在 30m。近代观测仪器，例如超声风速仪测定计算 u'，w' 的协相关 $\overline{u'w'}$ 的最好精度大致上只能达到 10% 的误差，因此认为湍流应力（湍流动量通量）近似保持常值的代表性厚度约为 30m 是合适的。回顾中性大气边界层的高度式(6.21) $h = cu_{*0}/f$，取 $c = 0.2$，并沿用上面估计时的各个参数值，由式(6.29)

可获得 $\Delta z = 0.05h$。放松一点可以认为中性大气边界层的近地面层厚度为边界层高度的1/10。

实际情况下近地面层的厚度变动很大。仅就式(6.29)来看,在地面粗糙度大的地方或者不稳定层结的时候 u_{*0} 通常较大,近地面层高一些,反之在粗糙度小的地面上或层结稳定的夜间其厚度可能很薄。以上估值时未计入的非定常性和水平非均匀性,两者的作用有时可能很突出甚至完全阻碍常通量假设的成立。回到包含非定项的动量方程式(6.1),不难从应力梯度项和时变项 $\partial \overline{u}/\partial t$ 的比较得到,当 u_{*0} 大概仍为 $0.3\,\text{m/s}$,而 $\partial \overline{u}/\partial t$ 达到 $4\,\text{m/s}$ 以上的大气条件下,保持10%偏差以内的常通量近似的高度就不到 10m 了。还应当指出的是:以上只就湍流通量输送进行讨论,若推广到湍流热通量的常通量性质分析还要注意到辐射通量散度 $\partial \overline{R}/\partial z$ 的影响。有研究指出,湍流热通量弱的夜间,数米气层间的辐射热通量差 $\rho c_p \Delta \overline{R}$ 有几个 W/m^2 的大小,也就是说湍流热通量保持常量的高度只有几米。

不管怎样,贴近地面气层具有常通量性质是一个近似假设,但它的引入为大气边界层研究带来很大好处。理论方面能够把湍流当作主要的甚至是唯一的直接因子进行分析讨论,并且认定湍流的垂向通量为常值。实验方面,某一高度湍流通量的测算结果可代表另一高度或地面值。因为问题变得简单,还加上有一批以初等函数表示的理论和实验成果可供参照,在派生的理论研究和实用问题中人们时常将常通量层关系扩展到诸如百米上下的气象塔层高度范围。

6.2.3.2　莫宁-奥布霍夫相似性理论

莫宁-奥布霍夫相似性理论以物理同题相似性观点考察近地面层湍流运动,其建立并成功地用于描述有剪切和浮力作用的湍流规律对湍流理论是一重大推进,也是大气边界层领域研究发展过程的一个重要里程碑。

M-O 相似性的提出有几个基本前提:

① 近地面层流动满足 Bossennisq 近似,即气流为不可压缩性运动,密度变化仅由温度变化引起,并且只体现在引起浮力的密度偏差。

② 近地面层流动属于装展湍流的流动,就动量、热量和物质的输送效果来看,分子黏性、传导和扩散作用可以忽略。

③ 满足常通量近似,并相当于非定常性,水平非均匀性和辐射热通量的散度可以忽略,气压梯度力和地转偏向力可以当作外部因子对待;这时湍流通量或其导出参数规定了近地面层的湍流特征和温度、湿度、风等气象要素廓线的内在联系。

从上述前提出发分析近地面层的风速和温度及湿度廓线,为此先引入若干符号定义:

湍流切应力 $\qquad\qquad\qquad \tau = -\rho\overline{u'w'} = \rho u_*^2$ $\qquad\qquad\qquad$ (6.31)

湍流感热通量 $\qquad\qquad H = \rho c_p\overline{w'\theta'} = -\rho c_p u_* \theta_*$ $\qquad\qquad$ (6.32)

湍流潜热通量 $\qquad \lambda E = \rho\lambda\overline{w'q'} = -\rho\lambda u_* q_*$ $\qquad\qquad$ (6.33)

式中 $\quad E$——地表蒸发率；

$\qquad \lambda$——汽化潜热；

$\qquad q'$——污染物的浓度涨落。

近地面层中若取一坐标轴沿平均风方向 $\overline{u}$ 的方向，侧风平均风速 $\overline{v}=0$，切应力分量 $-\rho\overline{v'w'}=0$，并且由于常通量近似各高度都是如此，故上式只给了一个分量，必要时 τ_x 和 τ_y 可以分别表示两个分量；也是因为常通量假设，地面上及各高度摩擦速度相同，这里就略去脚标上的符号0。湍流感热通量即湍流热通量与潜热通量的区别，潜热通量式中 E 表示地表蒸发率，潜热通量相应地乘以汽化潜热 λ。式(6.33) 也适用于气载污染物的垂直通量，这时 E 表示单位面积，单位时间内污染物向上或向下输送的质量，q' 是污染物的浓度涨落，但要采用与水汽的混合比或比湿相应的具保守性的单位。上式中 θ_* 和 q_* 分别具有温度和比湿的量纲，可以认为是为叙述和书写而引入的，分别称为"θ_*"和"q_*"。$\theta_* \equiv -\overline{w'\theta'}/u_*$，$q_* \equiv \overline{w'q'}/u_*$。干空气的定压比热容 $c_p = 1005\mathrm{J/(kg \cdot K)}$，常温（20℃）下水的汽化潜热 $\lambda \approx 2.5 \times 10^5 \mathrm{J/kg}$。

当采用通量梯度关系的假设时各通量对应的物理量可写为

$$u_*^2 = K_m \partial\overline{u}/\partial z \quad u_*\theta_* = K_h \partial\overline{\theta}/\partial z \quad u_*q_* = K_q \partial\overline{q}/\partial z \qquad (6.34)$$

这里约定 $\overline{u}$、$\overline{\theta}$、$\overline{q}$ 向上增加时 $\partial\overline{u}/\partial z$、$\partial\overline{\theta}/\partial z$ 和 $\partial\overline{q}/\partial z$ 为正，向上的热量和水汽输送为正。近地面层动量总是向下输送，约定为正，上式中 K_m、K_h 和 K_q 分别是各物理属性的垂向湍流交换系数，或分别称为湍流黏性率、湍流热传导率和湍流扩散率。要注意的是式(6.30) 的写法有内在的物理意义和定义，而式(6.34) 是一种假设，在湍流研究中即一阶闭合式。上节已经从物理上简要说明在定常条件下湍流动能守恒方程式(6.5) 中符号 ε 所表达的动能耗散和 $\partial/\partial z$ $\overline{w'(p'/\rho+q^2)}$ 所表达的压力涨落及湍流动能搬运作用不是独立于切应力和浮力。可以认为，湍流切应力、浮力和风速梯度三者互相制约同时内在地决定湍流的整体行为。式(6.5) 这几项分解开来包括 $-\overline{u'w'}$、$\partial\overline{u}/\partial z$、$g\overline{w'\theta'}/\theta$ 和 $\overline{w'\theta'}$，其分别代表切应力、风速梯度、重力场内浮力做功和湍流热通量。今要讨论的是近地面层的风速梯度，显然与离地面高度有关，因此高度 z 应作为几何相似的参数引入。初步判断或作为假设，以上 4 个物理和几何量是构成近地面风速分布和湍流之间内部联系或者说相似性的充分和必要参数。为了方便以 u_* 代替 $-\overline{u'w'}$ 再引入一与高度 z 有显式联系的长度尺度，定义为：

$$L = \frac{u_*^3}{\kappa \dfrac{g}{\theta}\overline{w'\theta'}} = \frac{u_*^2}{\kappa \dfrac{g}{\theta}\theta_*} \qquad (6.35)$$

这一尺度是莫宁-奥布霍夫提出的，因此称为莫宁-奥布霍夫长度（Monin-

Obukhof length）。它反映了切应力和浮力做功的相对大小，以下将证明无量化高度 z/L 与理查孙数有单值函数关系。κ 是封·卡门（Von Kaman）常数，它和式中负号的出现均为了后续推演和表达式简洁。这样一来，与风梯度 $\partial \bar{u}/\partial z$ 有相似性联系的参数有 u_*、L 和 z，其中有长度和时间或者说速度和长度两个基本量纲。根据量纲分析的 π 定理应有而且只有两个独立的无量纲期数，其函数关系规定了各要量之间的相似性规律。为了分析 $\partial \bar{u}/\partial z$ 的规律，最方便的无量纲数是 $\kappa z/u_*$、$\partial \bar{u}/\partial z$ 和 z/L；前者为无量纲化风速梯度，后者为无量纲化高度。便有

$$\frac{\kappa z}{u_*}\frac{\partial \bar{u}}{\partial z}=\varphi_m\left(\frac{z}{L}\right) \tag{6.36}$$

式中，φ_m 是以 z/L 为变量的函数。引入 θ_* 和 q_*，与上面几乎完全相同的推理论证，可以得到无量纲化温度和比湿梯度的普遍表达式：

$$\frac{\kappa z}{\theta_*}\frac{\partial \bar{\theta}}{\partial z}=\varphi_h\left(\frac{z}{L}\right) \tag{6.37}$$

$$\frac{\kappa z}{q_*}\frac{\partial \bar{q}}{\partial z}=\varphi_q\left(\frac{z}{L}\right) \tag{6.38}$$

式（6.36）～式（6.38）左边是包含平均气象要素梯度，实质上就是气象要素廓线，同时又出现与相应的湍流通量有关的参数 u_*、q_* 和 θ_*，因此 3 个泛函关系式也叫作通量廓线关系。方程右边 3 个函数 φ_m、φ_h 和 φ_q 的自变量都是无量纲化高度，物理上是所讨论的高度上的稳定度。从理查孙 R_i 和莫宁-奥布霍夫长度 L 的定义式（6.27）和式（6.35）不难导出：

$$R_t=\frac{g}{\theta}\frac{\partial \bar{\theta}/\partial z}{(\partial \bar{u}/\partial z)^2}=(z/L)\varphi_h\varphi_m^{-2} \tag{6.39}$$

近地面层风速和温度及湿度廓线的观测事实表明，平均风速、温度和湿度随着高度呈单调形式的变化，梯度的绝对值随高度增加而减小。可以推论 $\varphi_m(z/L)$、$\varphi_h(z/L)$ 和 $\varphi_q(z/L)$ 是变量 $\varphi_m(z/L)$ 的单值连续函数，因此 z/L 与 R_i 也有连续单值的对应关系，是稳定度判据在近地面层的另一种表达方式。L 是由在近地层各高度保持常值的物理量和常数所构成，当 u_* 和 θ_* 一定时稳定度参数 z/L 表达出与高度 z 的正比例关系。L 本身的符号和大小整体地体现了近地面层的稳定度特征，有如下的定性的数量关系：

$L>0$　　稳定，数值越小或 z/L 越大，越稳定；

$L<0$　　不稳定，$|L|$ 数值越小或 $|z/L|$ 越大，越不稳定；

$|L|\to\infty$　　中性，$|z/L|=0$。

普朗特（Prandtl）混合长理论的经典论述得到在中性稳定度条件下式（6.34）中的动量系数 K_m 正比于高度 z，并有：

$$K_m=\kappa u_* z \tag{6.40}$$

代入式（6.34），取地表粗糙度 z_0 为高度 z 的下边界，使得到风廓线的对

律数：

$$\overline{u} = \frac{u_*}{\kappa} \ln \frac{z}{z_0} \qquad (6.41)$$

这一结果已被大量的实验室和大气近地面层的观测事实所证明。将上列结果与式 (6.36) 进行对照可以看出中性层结构时 $\varphi_m = 1$，在该式左侧引入 Von Karman 常数 κ 正是为了使 $\varphi_m(z/L)$ 在中性条件下时有此简明数值。不难看出，交换系数的普遍表达式为：

$$K_m = \kappa u_* z / \varphi_m(z/L), K_h = \kappa u_* z / \varphi_h(z/L), K_q = \kappa u_* z / \varphi_q(z/L) \qquad (6.42)$$

除了中性层结风速廓线的对数律之外，近地面层的观测事实还表明，在图 6.11 所示的半对数坐标上稳定层结的风廓线呈上凸状，不稳定层结呈下凹状。也就是说稳定层结时 $\varphi_m > 1$，不稳定层结时 $\varphi_m < 1$。温度廓线和湿度廓线也有相类似的行为，只不过理论上只知道 φ_h 和 φ_q 的中性值 $\varphi_h(0)$ 和 $\varphi_q(0)$ 分别是常数，而不能预告其确切大小。

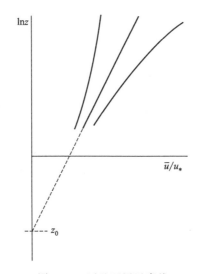

图 6.11　近地面层风廓线

对式 (6.33)、式 (6.34) 和式 (6.35) 进行积分，统一取 z_0 为下边界条件便得到风速、温度和湿度廓线的通用表达式：

$$\overline{u} = u_* / \kappa \left[\ln z / z_0 - \psi_m(z/L) \right]$$
$$\overline{\theta} - \theta_0 = \theta_* / \kappa \left[\ln z / z_0 - \psi_h(z/L) \right] \qquad (6.43)$$
$$\overline{q} - q_0 = q_* / \kappa \left[\ln z / z_0 - \psi_q(z/L) \right]$$

式中，θ_0 和 q_0 分别是 z_0 高度处温度和湿度值，理论上 $\overline{u}(z_0) = 0$ 故风速廓线未出现对应的项。$\psi_m(z/L)$、$\psi_h(z/L)$、$\psi_q(z/L)$ 分别是对数律基础上的稳定度修正函数。

$$\varphi(\xi) = \int_{\xi_0}^{\xi} \frac{1 - \varphi(\xi)}{\xi} d\xi \tag{6.44}$$

这里 $\xi \equiv z/L$，$\xi_0 \equiv z_0/L_0$。按式(6.40) 各式方括号中应分别有 $\psi_m(z_0/L)$、$\psi_h(z_0/L)$ 和 $\psi_q(z_0/L)$ 各项，因它们都很小而被忽略了。与风速廓线公式中 κ 对应的位置在温度和湿度廓线公式中严格地说应当是 κ_h 与 κ_q：

$$\kappa_h = \kappa \varphi_h^{-1}(0), \kappa_q = \kappa \varphi_q^{-1}(0) \tag{6.45a}$$

式中，$\varphi_h(0)$ 和 $\varphi_q(0)$ 分别是中性层结时的无量纲位温梯度和无量纲比湿梯度。而且代入式(6.44) 中的 φ 也要相应改为的 $\varphi_h(\xi)\varphi_h^{-1}(0)$ 或 $\varphi_q(\xi)\varphi_q^{-1}(0)$。这里已经做了 $\varphi_h(0) = \varphi_m(0) = 1$ 的简化假设，因此式(6.43) 和式(6.44) 两式便有了稍简单的表达形式。

显式廓线式(6.43) 表达了不同高度的风速、温度和湿度随高度的变化及通量参数之间的关系，相当于微分形式的方程式(6.36) ～式(6.38)，因此称为积分形式的通量廓线关系。事实上式(6.43) 中各式可重写如下：

$$u_* = \frac{\kappa \bar{u}}{\ln z/z_0 - \psi_m(z/L)}$$

$$\theta_* = \frac{\kappa(\overline{\theta_2} - \overline{\theta_1})}{\ln z_2/z_1 - \psi_h(z_2/L) + \psi_h(z_1/L)} \tag{6.45b}$$

$$q_* = \frac{\kappa(\overline{q_2} - \overline{q_1})}{\ln z_2/z_1 - \psi_q(z_2/L) + \psi_q(z_1/L)}$$

式中，$\bar{u}$ 是 z 高度的风速；$\overline{\theta_2}$、$\overline{\theta_1}$、$\overline{q_2}$、$\overline{q_1}$ 分别是 z_2 和 z_1 两个高度处的平均位温和湿度，如果 z_0 已知，采用 φ 函数的某一套表达式就可以由一个高度的风速和两个高度的温度和湿度观测数据计算出通量。由于上式中 L 为隐函数形式出现，一般要迭代求解，也可以先建立 $1/L$ 和整体理查孙数靠 $\frac{g}{\theta}(\overline{\theta_2} - \overline{\theta_1})/\overline{u}^2$ 的拟合关系显式求解。在有两层或两层以上风速观测的场合，将第一式改成两高度风速差的形式，就不需要预知地表粗糙度。

从相似性理论本身无法寻找无量纲化梯度函数 $\varphi_m(z/L)$、$\varphi_h(z/L)$、$\varphi_q(z/L)$ 或修正函数 $\psi_m(z/L)$、$\psi_h(z/L)$、$\psi_q(z/L)$ 的函数形式。M-O 相似性理论问世后的 40 余年间曾有不少研究，特别是野外实验研究多致力于 M-O 相似性的验证。与通量廓线关系相关的著名成果主要有 A・J・Dyer 等和 J・A・Businger 等及 U・Hogstom 等所做的工作。在实验中同步有精细的平均量廓线和 $\overline{u'w'}$、$\overline{w'\theta'}$ 及 $\overline{w'q'}$ 的直接测定。后者即所谓的涡旋相关法 (eddy correlation techniques)，绝对数采用超声风温仪，有时还配合能快速响应的细丝电阻温度探头（以铂丝居多）和湿度探头。这些研究结果可归纳为以下几点：

① Von Karman 常数 $\kappa = 0.39 - 0.40$，$\varphi_h(0) = 0.90 - 1.0$；

② φ_m 和 φ_h 的经验函数式在如 $|z/L| \leqslant 2$ 的范围内

$$\varphi_m = \begin{cases} (1-A_m z/L)^{-1/4} & z/L \leqslant 0 \\ (1+B_m z/L) & z/L \geqslant 0 \end{cases} \tag{6.46}$$

$$\varphi_h = \begin{cases} (1-A_h z/L)^{-1/2} & z/L \leqslant 0 \\ (1+B_h z/L) & z/L \geqslant 0 \end{cases}$$

③ 湿度有关量的野外测量的精确度不足以发现 φ_q 和 φ_h 的不同,可以认为 φ_q $(z/L) \equiv \varphi_h$ (z/L)。

不同研究者得到的 κ、φ_h (0) 及 A_m、B_m、A_h、B_h 等系数值各有不同。按照笔者个人观点,在应用场合采用以下数值是适当的:

$$\kappa = 0.40 \qquad \varphi_h (0) = \varphi_g (0) = 1.0$$
$$A_m = A_h = 16 \qquad B_m = B_h = 5.0 \tag{6.47}$$

现将式(6.46)中各式代入式(6.44),积分之后便得到 $\psi_m(\xi)$ 和 $\psi_h(\xi)$ 的初等表达式,不稳定条件时 ($\xi = z/L < 0$) 有:

$$\psi_m(\xi) = \ln[(1+y)^2(1+y^2)^2/8] - 2\arctan y + \pi/2 \tag{6.48a}$$
$$A = A_m$$
$$\psi_h(\xi) = 2\ln[(1+y^2)/2] \tag{6.48b}$$
$$y = (1-A\xi)^{1/4}$$
$$A = A_h$$

稳定条件时有:

$$\psi_m(\xi) = B_m \xi$$
$$\psi_h(\xi) = B_h \xi \tag{6.49}$$

作为一个通量廓线关系研究的例子,图 6.12 给出了在我国甘肃河西走廊开展的野外实验取得的结果。观测实验在十分平坦均匀的戈壁滩上进行,地表粗糙度仅有 1.3×10^{-3} m。近地面层湍流通量用架设在高于地面 2.45m 处的超声风温仪探头直接测定,即测量 u'、v'、w'、T' 等湍流涨落量,再通过涡旋相关法的原理计算 $\overline{u'v'}$、$\overline{w'T'}$ 等。风廓线用低启动风速精密风杯风速计观测,从高度 $0.32 \sim 5.40$m 内下密上稀不等距地安装 7 个探头。温度梯度观测用精密电阻温度表为元件的通风干湿表,在 16m 高的培架上自高于地面 0.5m 起按倍数高度间隔设置了 6 层观测点位。进行分析的数据都是 30min 取样的平均值。同步数据经判断,合理筛选和初步分析后计算 M-O 相似性涉及的各项判据和参数。

图 6.12(a) 是近中性 ($|z/L| < 0.1$) 条件下 φ_m/κ(即从实测资料计算的 $z \frac{\partial \overline{u}}{\partial z} / u_*$);随 z/L 的变化,图中拟合线在 $z/L = 0$ 处的 $\varphi_m/\kappa = 2.57$。因为 $\varphi_m(0) \equiv 1$,得 $\kappa \approx 0.39$。在实测数据覆盖的稳定度范围内(约 $+1 \geqslant z/L \geqslant -3$),$\varphi_m(z/L)$ 的变化示于图 6.12(b),按式(6.46)做最佳拟合得到系数 A_m 和 B_m 分别是 $A_m = 28.0$ (不稳定)、$B_m = 5.1$ (稳定);

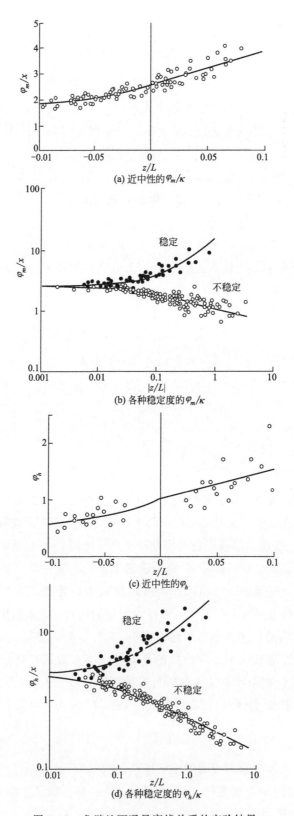

(a) 近中性的 φ_m/κ

(b) 各种稳定度的 φ_m/κ

(c) 近中性的 φ_h

(d) 各种稳定度的 φ_h/κ

图 6.12 戈壁地面通量廓线关系的实验结果

无量纲化温度梯度的规律示于图 6.12(c) 和（d）中，温度廓线和湍流测量的同步观测资料在不稳定的一侧达到 $|z/L| \approx 5$，但中性附近的数据量较少（温度廓线资料和风廓线资料只有少量同步，但分别有同步的湍流测量）。不管怎样可以看出 $\varphi_h \approx 1$ 良好反映近中性条件的实测数据，如果考虑图 6.12(c) $z/L > 0$ 一侧几个偏低的数据，$\varphi_h(0)$ 可能略小于 1，但不可能小到 0.90。全部资料的拟合结果由图 6.12(d) 得到：$\varphi_h(0) \approx 1.0$，$A_h = 20.0$，$B_h = 5.1$。

所得到的 κ、$\varphi_h(0)$ 及 B_m 和 B_h 值与前报道的结果一致，A_m 和 A_h 值较大，但与 Dyer 等根据国际湍流比较实验资料的分析结论尚符合。

有了无量纲化风温度梯度函数的显式表达式(6.46) 和式(6.47) 所列的经验值，不难从式(6.39) 看出 R_i 和 z/L 的联系，在不稳定层结且 $A_m = A_h$ 时：

$$R_i = z/L \quad z/L < 0 \tag{6.50}$$

稳定层结普遍有：

$$R_i = \frac{z}{L} \frac{1 + B_h z/L}{(1 + B_m z/L)^2} \tag{6.51}$$

当 $B_h = B_m$ 时有：

$$R_i = \frac{z/L}{(1 + B_m z/L)} \tag{6.52}$$

特别是趋向于极端稳定时有：

$$R_{ic} \approx B_m^{-1} \approx 0.20 \tag{6.53}$$

式中，R_{ic} 称为临界理查孙数，这时 R_i 与高度 z 无关。实验和独立的理论证明：大气地界层中 R_i 达到 0.20～0.25 时连续性湍流不复存在。

6.2.3.3　地表粗糙度

对数风廓线或普遍的廓线式(6.43) 中地表粗糙度长度 z_0 是作为下边界出现的几何长度，其含义是将风廓线公式硬性地下延至平均风速等于零的高度。不难看出：z_0 一方面是廓线公式中的一个几何参数，有了它才可能描述风、温、湿廓线的完整形式；另一面，它与估计空气和土壤表面或植物冠层输送通量的参数化方法中的阻抗或沉降速度参数有关。气载污染物向地面输送量的估计公式如下：

$$F = V_d C \tag{6.54}$$

和式(6.43) 作对照，不难发现 V_d 和 z_0 多少有关。例如，Schmel 关于细粒子在草地上的沉降速度研究给出了几种不同 z_0 时 V_d 随粒径的变化。因此许多气载污染物弥散迁移的实用软件中，把 z_0 作为预定参数用于沉降量的计算。

确定地表粗糙度长度 z_0 的传统方法是对近中性的风廓线资料进行 $\bar{u} \sim \ln z$ 的线性拟合，取拟合式中 $\bar{u} = 0$ 的高度就是 z_0。鉴于平均风速观测的误差，廓线观测层次和数据的组数要尽可能多。借助于式(6.43) 的稳定度修正有时还可以使用与中性条件偏离较多的数据组，从强行拟合得到的表观 z_0 值内插出中性条件（$z/L = $

0，$R_i=0$ 或 $\overline{\Delta\theta/u^2}=0$) 的值。陈家宜等曾提出仅用一台超声风温仪的观测数据确定粗糙度的方法，在有超声风温仪观测的场合也可来用。

自然条件下地表粗糙度值在文献中有大量报道，图 6.13 是 H. A，Panofsky 等和 R. B. Stull 的两本专著中先后引用归纳的不同下垫面状况 z_0 的变化，对于许多实际问题很有参考价值。为了配合大气弥散研究时大气边界层湍流特征量或扩散参数格式化选取的应用，胡二邦也曾推荐以下 4 个类别的粗略划分：

① $z_0\approx0.03\mathrm{m}(d\approx0\mathrm{m}$，$d$ 为零值位移，不同)：浅草覆盖的平原，耕地或矮秆作物的农田。地形很平坦，上风无障碍物；

② $z_0\approx0.10\mathrm{m}(d\approx0.5\mathrm{m})$：地形平坦的高秆作物农田，或地面覆盖情况同上，但地形有微弱起伏或在上风向和附近有零散的树木、房舍等；

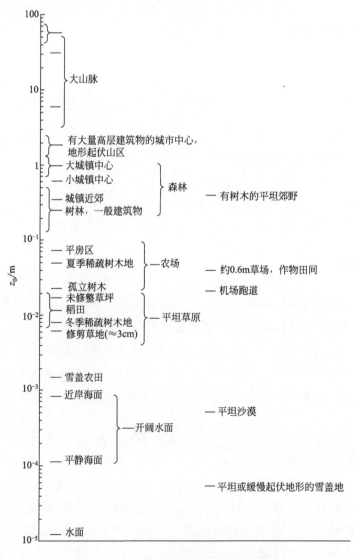

图 6.13 各种典型地面状况的地表粗糙度

③ $z_0 \approx 0.30\text{m}(d \approx 2.0\text{m})$：地形稍有起伏的田野，城市近郊区，平房为主的城镇；果园，苗圃或灌木林；

④ $z_0 \approx 1.0\text{m}(d \approx 5\text{m})$，有部分少量高层建筑的平原城市，平坦地形的森林，起伏不大的丘陵地。

为了理解和合理地引用图 6.13 的成果和推荐的粗略区分，下面介绍几种有代表性自然覆盖状况下的理论和经验性讨论。

（1）海洋表面

洋面或开阔湖面的粗糙度很小，在某一特定风速下湍流切应力也小，贴近水面毫米量级的气层内分子黏性力与湍流切应力同阶大甚至超过切应力，流动便保持层湍特性。经典的管道流实验发现，以摩擦速度 u_* 和与管壁距离 z 定义的雷诺数 $u_* z/v < 5$，也就是 $h_l < 5v/u_*$ 的厚度内流动是层流的。引入湍流交换系数 $K_m = \kappa u_* z$，这个判据相当于 $K_m/v < 2$，即湍流交换系数与分子黏性系数大小相当或更小的地方。在自然条件的开阔水面上，若 u_* 足够小，层流流动的层次就足够厚，例如设 $u_* = 0.05\text{m/s}$，有 $h_l \approx 7.5 \times 10^{-3}\text{m}$，足以覆盖水表面涟漪所构成的粗糙元。这时从上部（同上实验 $u_* z/v > 30$ 的层次）完全湍流层呈对数律向下延得到的粗糙度与粗糙元的几何构形无关。实验发现：

$$z_0 = \frac{v}{9u_*} \quad \left(\frac{u_* z_0}{v} < 0.13 \right) \tag{6.55}$$

式（6.55）表明，在风速小的开阔洋面上，表面的粗糙度长度随风速增大而减小。按照流体力学的经典名词，这种情况的流动称为光滑流。式（6.55）的适用条件是表面粗糙度雷诺数 $u_* z_0/v < 0.13$。

风速增大至一定值后，层流层的厚度低于粗糙元的特征高度，湍流气流可直接与粗糙元产生作用，粗糙度 z_0 便与粗糙元的几何特征有复杂关系。这时的流动称为粗糙流，达到粗糙流的条件是粗糙度雷诺数 $u_* z_0/v > 2.5$，洋面上海浪是表面的粗糙元，在风应力作用形成充分发展的海浪，浪高或其均方根值只与风应力及重力有关，于是从相似性可以判定与浪高成比例的海表粗糙度只决定于 u_* 和重力加速度 φ 的长度量纲组合，即

$$z_0 = C \frac{u_*^2}{g} \quad \left(\frac{u_* z_0}{v} > 2.5 \right) \tag{6.56}$$

式（6.56）称为 Charnock 关系式，比例系数 C 在 $0.012 \sim 0.015$ 之间，其表明开阔水面上的粗糙度随风速增大而加大，并约有 $z_0 \propto \overline{u^2}$。很有意思的是，Chamberlian 曾发现吹雪、吹沙地的粗糙度也遵守式（6.56），系数 $C = 0.016$。

实际洋面的情况比以上讨论的复杂，光滑流、或粗糙流的分界点不一定与实验室观察的结果一致，即便在完全粗糙流的状态下浪高或粗糙度值还和海浪频谱构成及各成分的相速度有关，式（6.56）原则上只适用于充分发展风浪的情况。

（2）植被地面

有植被的地面与气流作用的粗糙物主要是植株的叶、枝、茎，决定粗糙长度大小的因素更加复杂。目前最好的结果是从大量实验研究得出的规律，Szeicz 等曾概括了大量报道的成果，找出了 z_0 和植株高度 H 的关系式：

$$\lg z_0 = 0.997 \lg H - 0.883 \tag{6.57}$$

数值上式(6.57) 相当于 z_0，和植株高度呈正比例：

$$z_0 = 0.13H \tag{6.58}$$

在平坦均匀的草场，作物田间和林地，以上的经验关系是一种工作近似。必须注意的是植被的疏密对 z_0 的实际大小有很大影响。密植作物的田间与气流发生动量交换主要是冠层上部的枝叶，粗糙元高度只是植株高度的一个小份额，z_0 可低于式(6.58) 的估值。

（3）规则形状粗糙元的地面

Lettau 根据风洞实验结果认为 z_0 正比于粗糙元的平均高度 h^* 与单位面积内粗糙元侧风向截面积份额的乘积，建议：

$$z_0 = 0.5h^*(s/S) \tag{6.59}$$

式中，S 是所研究区域的总面积；s 是粗糙元侧风向截面积的和。此式适用于间距较均匀且不过密集的粗糙元。针对城市街区的建筑物，上式可推广到考虑不同大小粗糙物的总效应（Kondo 等）。以 h_i 和 s_i 分别表示某一特定建筑物的高度和底面积，在总面积 S 中有 N 座建筑物，即有

$$z_0 = \frac{0.25}{S} \sum_{i=1}^{N} h_i s_i \tag{6.60}$$

式中，$\sum_{i=1}^{N} h_i s_i$ 表示面积为 S 的区域内所有建筑物的总容积。例如某大城市中心区 $1 \mathrm{km}^2$ 范围内有平均 $40000 \mathrm{m}^3$ 空间的建筑物 100 座，那么该范围内空气动力学粗糙度 z_0 约为 $1 \mathrm{m}$。

以上各项定量表达式有助于理解和灵活应用图 6.13 所示的成果，但所考虑的因素过于简单，直接估计空气动力学粗糙度在量的方面可与实际情形有较大出入。

（4）零值位移

本节的气象要素廓线表达式中高度的基准面习惯上是取地表面，在裸露土壤或只有低矮植被的田野这是没有问题的。在地表面上有大粗糙元，例如高秆作物或树林的时候，与气流发生作用的有效面就不是地面，而是在地面以上某一高度 d 处，这时所有公式中的高度变量 z 都要用有效高度 $z-d$ 来替代（d 称为零值位移）。例如，中性近地面层的对数风廓线式(6.38) 应改为：

$$\bar{u} = \frac{u_*}{\kappa} \ln \frac{z-d}{z_0} \tag{6.61}$$

图 6.14 是高秆作物田间植冠层上下风速分布示意（N. J. Rosenberg）。作物以上 $z-d \gg z_0$ 的近地面层（区域 Ⅱ），风速遵守经零值位移修正的普适风廓线律 [式(6.43)]，其中稳定度修正函数也相应地改为 $\psi_m(z-d/L)$。植冠层内部风速按照另外的规律随着高度降低而减小并趋于零（区域 Ⅰ），区域 Ⅱ 的廓线按对数律（图中虚曲线）下延至 $\bar{u}=0$ 的位置是离土壤面 $d+z_0$ 的高度。

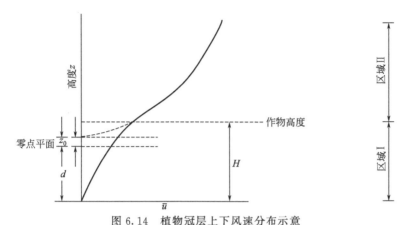

图 6.14　植物冠层上下风速分布示意

粗曲线表示实际风速廓线；虚曲线是按对数风廓线律向下延伸

零值位移 d 的数值同样需要用近中性层结实测风廓线通过 $\bar{u}$ 与 $\ln(z-d)$ 满足线性关系的最佳拟合求得，零值位移的大小与植株高度、密度有关，Stanhill（1969）曾归纳大量实验数据，得到正常疏密的田间作物、果园和树林 d 值和植株高度的经验函数关系：

$$\lg d = 0.979 \lg H - 0.154 \qquad (6.62)$$

上式数值上约相当于：

$$d \approx 0.70 H \qquad (6.63)$$

即 d 正比于植株高度，按照现有的概念，植被较稀疏的田野比例系数稍小，密植的田间系数可大于 0.70。

（5）近地面湍流统计量的相似性

近地面层气象要素廓线规律的形成与湍流运动有密不可分的联系，M-O 相似性自然也能够描述其他湍流统计量的规律，这里的湍流统计量指气象要素湍流涨落的方差（或标准差）或协方差、湍流谱等，还有高阶矩的统计量等。以下仅就与湍流扩散有直接关系的速度涨落方差 $\sigma_u^2 = \overline{u'^2}$、$\sigma_v^2 = \overline{v'^2}$、$\sigma_w^2 = \overline{w'^2}$ 进行简要讨论，说明 M-O 相似性的适用性，湍流谱和尺度的规律性将在下节再做分析。

和风速梯度的相似性分析一样，可以认为近地面层湍流速度服从由湍流切应力、浮力两项物理因子和高度所规定的相似性。直接取代表切应力的速度尺度 u_*，代表浮力相对大小的长度尺度 L 和几何尺度 z 作为支配变量，那么不难判定，它们和 σ_u 或 σ_v 和 σ_w 可构成两个必要而且充分的无量纲数，这两组无量纲数之间具有唯一的函数关系，最直观而又方便的无量纲组合是 z/L 和 σ_u/u_* 或 σ_v/u_* 和 σ_w/u_*，即：

$$\sigma_u/u_* = \varphi_u(z/L) \tag{6.64}$$

$$\sigma_v/u_* = \varphi_v(z/L) \tag{6.65}$$

$$\sigma_w/u_* = \varphi_w(z/L) \tag{6.66}$$

式中，右边 $\varphi(z/L)$ 表示以稳定度参数 z/L 为变量的函数，以附标区别纵向 u'、侧向 v' 和垂向 w' 的不同函数关系。以上 3 式说明若 M-O 相似性严格成立，经 u_* 为尺度无量纲化后的湍流速度标准差只随稳定度参数 z/L 变化。值得再次说明的是，量纲分析本身不能寻找函数 φ_u、φ_v 和 φ_w 而只能通过实验或独立的理论才能给出。不同的实验发现垂直湍流速度很好地符合式(6.66)所表达的普遍关系，并可经验地归纳为（Kaimal，Finnigan）：

$$\varphi_w = \begin{cases} 1.25(1+3|z/L|)^{1/3} & z/L \leqslant 0 \\ 1.25(1+0.2z/L) & z/L \geqslant 0 \end{cases} \tag{6.67}$$

上式结果表明 σ_w/u_* 的中性值，即 $\varphi_w(0) \approx 1.25$，不稳定的时候 σ_w/u_* 随 $|z/L|$ 的增大而增加，在很不稳定的情况下渐近地有：

$$\sigma_w/u_* \approx 1.80|z/L|^{1/3} \tag{6.68}$$

稳定层结的条件下湍流测量误差比较大，数据离散，但在 $0 \leqslant z/L \leqslant 1$ 的范围内 σ_w/u_* 随 z/L 增大而略有增加是不同实验观察到的共同事实，至于在极端稳定的时候 σ_w/u_* 随 z/L 的变化行为就存在不同的观点，后面将从渐近相似性的概念出发论证在很稳定的时候 σ_w/u_* 渐近地趋向于常值。

野外实验发现，无量纲化水平涨落速度在近中性条件下大体上是常值，多数实验得到纵向湍流速度 σ_u/u_* 的中性值在 2.0～2.5 之间而侧向湍流速度 σ_v/u_* 在 1.8～2.2 之间，并且 σ_u 略大于 σ_v，两者的比例是 $\sigma_u \approx 1.2\sigma_v$。但是，不稳定层结的时候 σ_u/u_* 或 σ_v/u_* 的实验数据随 z/L 的变化规律性较差，也就是说它们不完全遵守近地面层的相似性。Panofsky 等（1977）指出，水平的湍流速度更多地受整个大气边界层湍涡的支配，因而不能单纯从近地面层的 M-O 相似性的支配因子和尺度确定其规律。对于不稳定的近地面层，他们认为边界层高度 z_i 应当是与水平涨落相似性有关的尺度，通过实测资料的拟合，建议用以下的经验公式：

$$\varphi_{u,v} = \sigma_{u,v}/u_* = (12+0.5|z_i/L|)^{1/3} \tag{6.69}$$

上式对纵向和侧向的具体值未做区分，可以理解为 σ_u 和 σ_v 的平均值，我们从 404 厂大气扩散试验研究的数据发现上式表示的 $\sigma_{u,v}/u_*$ 的中性值偏高，并且参照其他研究成果，建议改为：

$$\varphi_u = \sigma_u/u_* = (10+0.5|z_i/L|)^{1/3} \tag{6.70}$$

$$\varphi_v = \sigma_v / u_* = (8 + 0.5 |z_i / L|)^{1/3}$$

本部分的介绍意在说明 M-O 相似性在探索近地面层要素廓线和受地面制约显著的垂直湍流等统计量的规律中是很成功的，概念和方法为近代大气边界层研究提供了优越的起点。由于近地面层只是大气边界层的一部分，在某些方面还必须考虑整体过程的联系，这便是下面要阐述的问题。

6.2.4 不稳定大气边界层

前面部分已介绍晴天中纬度陆地上的大气边界层基本上都属于不稳定的类型，而在低纬度的热带海洋上由于较大的水汽垂直梯度使得贴海面气层的密度层结也经常是不稳定的，因而海面温度较低的夜间，其上部仍保持着不稳定边界层。本部分将依次介绍不稳定大气边界层气象要素的垂直分布和动力学结构的若干观测事实，然后讨论有实用意义的混合层和热内边界层增长的简单模型，最后分析不稳定边界层的相似性规律，从观测事实和简单的理论分析如能建立以下的感性认识，则有益于对大气弥散的理论和应用研究。

① 下垫面有少量的加热或近地面水汽混合比有不大的垂直梯度，即虚位温梯度 $|\partial \theta_v / \partial z| < 0$，其上部气层就会发展成不稳定大气边界层；晴朗白天的大气边界层基本上是不稳定的。

② 各种气象要素除了在近地面层部分有较明显的梯度外，不稳定边界层主体部分梯度都比较小。在中等以上不稳定性时温度和风随高度接近均匀分布，湍流通量随高度近似线性变化。

③ 地面加热而触发的对流热泡是不稳定大气边界层湍流的源动力，它们的对流上升和其间的下沉决定了边界层动力学结构的基本面貌，因此不稳定大气边界层也称为对流边界层。对流热泡在边界层顶的上升冲击引发自由大气空气团向下卷入边界层并形成了所谓的卷夹层。卷夹层的动力学结构，一方面是热泡结构和自由大气状态及两者相互作用的反映，另一方面卷夹层的特征又强烈影响边界层的性状。

④ 对流热泡尺度大、寿命长，携带的动能也大，由热泡湍涡破碎产生的各次级湍涡也异常活跃，这时的湍流混合扩散能力异常强烈，于是导致了各种气象属性垂直分布比较均匀。在边界层顶部经浅薄的卷夹层后即进入无湍流或很弱湍流的自由大气。由于上下之间混合能力的明显差别便会出现气载污染物的陷阱型扩散和熏烟型扩散。因此，不稳定大气边界层亦具有混合层的名称。

以上的认识不但对了解大气扩散行为有益，在科学地进行野外实验设计和数据处理分析方面也会有很大帮助，数值模式的建立和结果的验证对照都免不了引用上列的概念性图像或原始观测数据。

6.2.4.1　混合层气象要素和通量的垂直分布

不稳定大气边界层由占总厚度约 10％的近地面层、占总厚度 50％～80％的混合层（狭义的）和占 10％～40％总厚度的卷夹层所构成，这一点已在图 6.9 中有定性的表达。

陆地上晴朗天气的白天地面风速比夜间大，但是风速随高度升高却缓慢，而且风向随高度变化较少。1967 年在澳大利亚进行的 Wangara 实验和 1973 年在美国进行的 Minnisota 实验开创了近地面层以上整个大气边界层野外观测实验的先河，这两个科学实验成果大大加深了人们对大气边界层物理学的认识，对近 30 年的研究和应用也起了极大的推动作用。

图 6.15 是这两个实验取得的数据分析成果并经后来众多研究证实补充所归纳出来的不稳定边界层各种气象要素廓线的模型。图中纵坐标是经边界层高度（即混合层高度）归一化后的高度（后面将再被提到），这里指的是边界层顶逆温层底部的高度，以 z_i 表示，以示区别于中性大气边界层。首先我们可以看到，不稳定边界层底部约 $z_i/10$ 的近地面气层，位温随高度有明显降低、呈超绝热层结。往上由于强烈的湍流混合占混合层 60％～70％或更大的份额，位温梯度很小，模型化可以认为均匀分布。往上在卷夹层突然转为强逆温，然后过渡到自由大气正常的逆位温或是夜间逆温的残留层，风速的垂直分布也有类似的特征，气流与地面的湍流摩擦形成的近地面层里风速随高度增加而增大，与等位温相对应的层次风速几乎保持常值，直到卷夹层开始有显著切变；前面已论证，近地面层里的风向基本上不随高度改变。因此，卷夹层以下各高度的风向大致和地面风向一样，如果取水平坐标轴之一沿地面风方向，那么 v 分量风速便自地面向上保持为零直到卷夹层，进入卷夹层后合成风速快速增大然后过渡到自由大气的地转风。本节开始部分曾从动量方程出发得到大气边界层风螺线的一般结论，粗看起来似乎和图 6.15 所示的廓线有矛盾。实际上将图示 u 和 v 两个分量做出风矢图就显示出普遍的螺、线已"退化"或"压扁"成为一根根顺地面风排列的风矢，到达卷夹层以后风矢突然沿顺时针方向（北半球）过渡到地转风。水汽和空气污染物的浓度分布稍有不同，近地面层以上比湿梯度虽然不大，但常见继续降低，到过渡层上下浓度急剧降到自由大气的值。其原因是与地面向上输送水分的同时混合层顶也源源不断地向上输送，平衡状态下物质属性的浓度廓线就呈现如图 6.15 所示的特点。就这一点说，混合层所谓的充分混合是相对的。

有两点事实必须指出：一是在不稳定边界层发展的典型天气条件下，实际观测到的卷夹层常常非常薄，在其所在的高度上数十米甚至 10m 左右的高差，温度变化可达数千摄氏度。这就为后面将要介绍的混合层突然过渡模式（零阶跃变模式）提供事实基础，卷夹层所处高度和个别热泡顶到达高度相对应，时间上和空间上是随机的，个别时刻和位置的一次探测其厚度很薄，多次观察或空间上的平均结果，

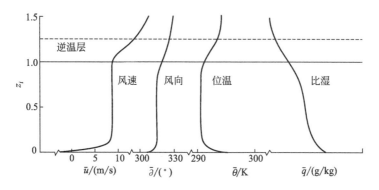

图 6.15　不稳定大气边界层气象要素廓线

即有如图 6.15 所示的占整个边界层厚度较多份额。二是大气的非定常性和水平非均匀性，特别是大尺度的温度分布的差异造成的斜压性可导致野外观测的各气象要素随高度变化有较大涨落甚至偏离图示的模型化规律。图 6.16 是利用系留气球在戈壁沙漠上观测的混合层从早晨至中午前后发展过程中的位温和风廓线及其变化的一组实例，一方面说明典型不稳定边界层中廓线符合图 6.15 的基本特征，另一方面显示了实际观测的随机性。图 6.16 中，位温廓线探测按编号顺序从 07 时至 17 时每小时一次风廓线以风矢同时表示风向和风速，风矢尾翼一全杆代表 2m/s。观测地点为甘肃省临泽县，观察时间为 1991 年 10 月 7 日。

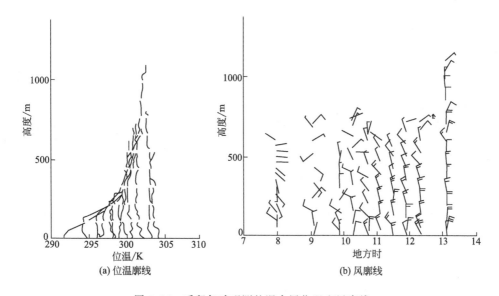

图 6.16　系留气球观测的混合层位温和风廓线

从图 6.15 廓线的几何特征出发结合式(6.1)～式(6.4)各式可以导出各对应要素垂向湍流通量的基本模型，对式(6.3)各项求高度的导数，热辐射通量散度项成为 $\partial^2 R/\partial z^2$。湍流混合旺盛的不稳定边界层这一项很小，可以忽略不计，位温

时变项可改写为 $\partial/\partial t(\partial\bar{\theta}/\partial z)$，考虑到混合层绝大部分 $\partial\bar{\theta}/\partial z\approx0$ 或 $\partial\bar{\theta}/\partial z$ 随时间变化较小，也可以忽略，于是有：

$$\partial^2\overline{w'\theta'}/\partial z^2\approx0 \qquad (6.71)$$

式（6.71）表明位温的湍流通量随高度呈线性变化。取 $(\overline{w'\theta'})_0$ 表示 $\overline{w'\theta'}$ 的地面值，又边界顶存在向下的卷夹热通量，那么式（6.71）预示着 $\overline{w'\theta'}$ 有如图 6.17(a) 所示的规律，即自地面起向上线性减小直至变为负号（湍流热通量向下），并在某一高度达到极小值。显然 $\overline{w'\theta'}$ 过零的高度决定于卷夹通量与地表通量的比例，通常将 $\overline{w'\theta'}$ 极小的位置规定为混合层的高度，以 z_i 表示，理论上把它认为处于卷夹层上下界 z_2 和 z_1 的几何中点。

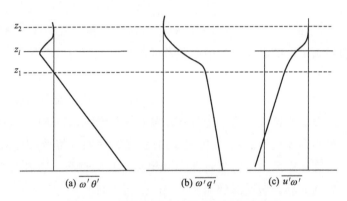

图 6.17   模型化混合层垂向湍流通量廓线

设比湿梯度随时间变化够小，由式（6.4）得到类似的推论：

$$\partial^2\overline{w'q'}/\partial z^2\approx0 \qquad (6.72)$$

自由大气的水分或气载污染物的含量一般远低于大气边界层，卷夹混合形成向上输送，$\overline{w'q'}$ 的廓线如图 6.17(b) 所示。

依此类推，采用方程式（6.1）和式（6.2）对应的式（6.8）和式（6.9）两式，在 V_g 和 U_g 不随高度变化时（气象学上称为正压大气）得到：

$$\partial^2\overline{u'w'}/\partial z^2\approx0, \partial^2\overline{v'w'}/\partial z^2\approx0 \qquad (6.73)$$

式中，$\overline{u'w'}$ 的典型分布示于图 6.17(c)。

以上诸项事实和推论告诉我们，卷夹层平均位置 z_i 可以明确地表征不稳定边界层到达的高度，在此以上很快地进入自由大气。显然这里 z_i 是一个只与边界层的热泡行为有联系的独立参数，可以理解为浮力促进的湍流强到不仅柯氏力的作用可以忽略，从整层大气边界层着眼也压倒了湍流切应力的作用，从本质上有别于中性大气边界层。此后将认为不稳定大气边界层，即混合层的高度，对应于位温跳跃所在层或温度通量达到极小值的高度。

下面估算将说明，当地面有较小的加热时大气边界层就可以发展为对流状态。Deardorff 早期的大涡模拟研究就已发现，不稳定条件下边界层高度与莫宁-奥布霍夫长度比达到 $z_i/|L|=1.5$ 时对流湍流的结构开始出现，而当 $z_i/|L|=4.5$ 时边

界层的热泡对流便达到旺盛发展的状态，假设午前时分 $z_i = 1000\text{m}$，满足后一条件的 $L = -222\text{m}$，这时距离地面 10m 高处 $z/L \approx R_i \approx -0.045$，近地面只是中性略偏不稳定，相当于 Pasguill-Turnel 分类的 C-D 类。又设 $u_* = 0.4\text{m/s}$，满足 $z_i/|L| = 4.5$ 只需要 $\overline{(w'\theta')}_0 = 0.022\text{m·K/s}$ 折合地表面向上的湍流热通量 H_0 约为 25W/m^2，为晴天陆面通量的 1/10 量级；晴朗天气日出后 2～3h 时 z_i 典型值有100m，达到典型对流的条件的 $L = -22\text{m}$，近地面层相当于 P-T 分类的 B-C 类；若设 $u_* = 0.2\text{m/s}$，即 $\overline{(w'\theta')}_0 = 0.027$，约合地面向大气有略多于 30W/m^2 的热量输送，按比例折算，在日出后不久 z_i 只有数十米的最初阶段，同样的 30W/m^2 加热就能够满足 $z_i/|L| = 1.5$ 的对流触发条件。以上简单估算表明，风力不大的晴天，大气边界层自清晨起便可以由于正常地面加热而呈对流状态，一旦发展起来后，只要有晴天陆面湍流热通量正常值的一小部分就足以维持旺盛的对流湍流，所以白天的大气边界层通常属于不稳定边界层类型，具有混合层的基本特征。

6.2.4.2　对流热泡

不稳定大气中的对流热泡结构很清楚，其内部的上升气流和周围的下沉气流有鲜明的对比，温度、湿度和污染物浓度差别也很大。特别是热泡上升的核心区和紧邻的周边，这些要素的湍流涨落很强，多种手段都可以用来探测其结构。例如，直接探测手段有携带快速响应探头的系留气球或飞机，遥感手段有多普勒声雷达（Sodar）或普通的测温声雷达。热泡上升时携带着低高度空气中的气溶胶粒子，直到边界层顶还来不及稀释掉，下沉的空气相对洁净。利用成像激光雷达能够很清晰地观测其结构，也能从回波强度推算气溶胶的散射截面，甚至半定量地估计气溶胶数密度。图 6.18 是激光雷达距离-高度扫描（RHI）显示的热对流泡图像（Stull, 1988）。

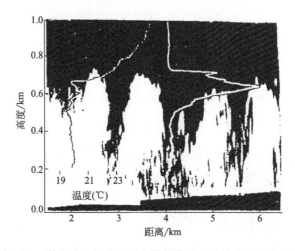

图 6.18　激光雷达气溶胶回向散射信号显示的热对流泡结构

图 6.18 中发白的亮区是携带高浓度气溶胶上升的热烟泡，黑色背景为上部的自由大气和热泡间的下沉气流区，因为气溶胶浓度低，散射回波的强度便很弱。该探测案例是夏季午前进行，从附加在图中左侧的位温探测曲线和热泡顶的平均高度可以判定混合顶厚度 $z_i = 640\mathrm{m}$。图中所示水平距离 5km 范围内有 5 个热泡，含下沉区每个平宽度 1km，约合混合层高度 z_i 的 1.6 倍，与飞机和系留气球直接观测得到的结果 1.5 倍相当接近。从图 6.18 还可见，中央两个热泡的直径在 $200\sim300\mathrm{m}$ 高度最大，再往上变小，然而右端的热泡底部直径最大，向上单调地缩小。关于热泡的几何形状，不同方法的探测和不同研究者的结论不尽相同，其差异一方面表明热泡结构及其侧边夹卷的随机性，也反映了热泡上升过程中可能有合并或分裂发生；另一方面和探测方法及检测热泡的阈值指标高低选择有关。目前较普遍地认为热泡大体上具有圆筒状的外形，直至卷夹带变成钝头棒状。蔡旭辉和陈家宜曾设计一种按升降气流和温度偏差的时空连续性分析热泡结构的方案，可以得到热泡边界的明确界定。但目前只能用于大涡模拟这类能产生精细时空网格数据的场合，尚难用在探测数据的解析。

图 6.19 是陈家宜及其科研团队与图 6.16 探测的同一地点用 A-300 型测温声雷达记录的上午混合层发展的实况。该观测日（1991 年 8 月 18 日）地方时 7 时前后起记录的劈形阴影区是由间隔 20s 发射一组声脉冲的回波刻画出来的。每一道黑线代表声束遇到对流热泡温度涨落强的部位而产生较强的散射回波。

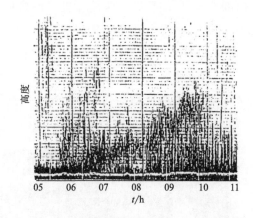

图 6.19　对流边界层早期发展的声雷达回波图

从图 6.19 可以看到各时段或逐条回波线的高度有很大涨落，回波线之间甚至有空白区域，反映出扫过观测点热泡的强度和到达高度的涨落，空白区表明有较长时间观测点位于热泡之间的下沉区，未遇到上升的热泡，当日 10 时之后回波线变短，这是湍流进一步加强，到达较高处的声束在往返路径上有很大削弱所致。这时测温声雷达已失去了探测能力。

此前已指出，对流热泡上升到边界层顶部引起的上层空气向下夹卷对于混合层的内部结构及其演化起重要作用，其物理过程细节一直是边界层气象学家亟待弄清楚的问题。图 6.20 是从携带快速响应探头的大型系留气球测量数据分析归纳的热泡顶部流动图像；图中虚线的宽箭头表示热泡气流走向，而虚线位置是探头先后所在的位置。

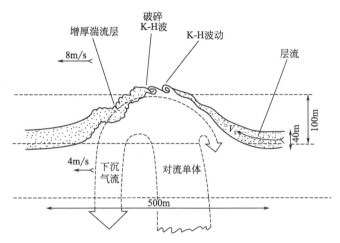

图 6.20　热泡对流顶部流动细节的示意

(根据 Rayment 和 Readings，1974)

图 6.20 中表达的主要事实有：

① 对流泡上升到顶后依靠原有的垂直动量出现过冲，顶部高度高于周围无扰动的自由大气，因为绝热降温内部温度比周围低很多；

② 热泡和上部大气之间的过渡层非常薄，构成了边界层和自由大气之间的界面，以上两个特点即是越过界面向上位温有跃变式增高的原因；

③ 自由大气的稳定层结配合上下层风切变具备产生切变重力波的条件，在上冲热泡的触发下原本规则流动的过渡层即演变成开尔文-赫姆霍兹波（Kelvin-Helmholtz blllow），进而破碎并转变成湍流，在湍流区实现上层空气向下卷夹混合。

6.2.5　混合层发展的简化模式

混合层高度及其变化率是与污染物出现熏烟扩散的条件及其定量计算有关的重要参数，原理上这可以从大气边界层湍流的基本方程组出发，采用高阶闭合方案或新近很活跃的大涡模拟方法进行模拟。这些方法都比较复杂，不便于在污染物烟云的环境影响评价中直接使用，下面介绍一种简单理论模型，即所谓的"零阶跳跃模式"。该模式的核心是假设混合层顶的位温如图 6.21 所示，伴随着混合层的增高和温度升高的内部热能变化是由底部的地面向上的热量输送和上部由卷夹产生的向下热量输送来提供。

水平均匀并忽略边界层内辐射能通量散度的情况下，混合层的热量守恒可表达成：

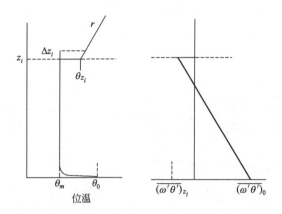

图 6.21   混合层增长过程中位温分布及其变化的简单模型

$$z_i \partial \theta_m / \partial t = \overline{(w'\theta')}_0 - \overline{(w'\theta')}_{z_i} \tag{6.74}$$

式中，θ_m 代表混合层的平均位温；方程右边两项依次表示地面向上的温度通量和混合层顶向下的温度度通量，温度通量 $\overline{w'\theta'}$ 乘以空气密度 ρ 和空气的定压比热容 c_p 即为通常意义的湍流热通量。

如果不考虑大气边界层的平均垂直运动，混合层顶的位温变率应是：

$$\partial \theta_{z_i} / \partial t = (\partial \theta / \partial z) + (\partial z_i / \partial t) \tag{6.75}$$

这里 $(\partial \theta / \partial z)_+$ 是混合层顶以上大气位温随高度的增加率，以 r 表示，于是有：

$$\partial \Delta \theta_{z_i} / \partial t = r(\partial_{z_i} / \partial t) - \partial \theta_m / \partial t \tag{6.76}$$

$\Delta \theta_{z_i} = \theta_{z_i} - \theta_m$，即混合层顶位温的跳跃值，上式表示混合层以上逆位温层结强的时候位温跳跃的变率较大，而当混合层增长快的时候位温跳跃随时间增加越快；反之，混合层内位温的增加起着抵消位温跳跃的效果。

混合层顶的位温跳跃是由上部空气向下卷夹的结果。由图 6.21 不难理解，伴随着向下的卷夹热通量导致的混合层抬升和位温差的关系应是

$$\Delta \theta_{z_i} (\partial_{z_i} / \partial t) = -\overline{(w'\theta')}_{z_i} \tag{6.77}$$

以上三个方程 [式(6.74)、式(6.76) 和式(6.77)] 构成了所述简单模式的基本方程组，因为只含有平均位温这种零阶变量，并在后续的求解中只借助了简单的参数化闭合，故属于零阶模式类型。

大量的观测事实和理论研究都指出，混合层顶向下的湍流热通量与地面向上的热通量有一定比例。为求解上列方程组所做的一种最简单的假设是：

$$-\overline{(w'\theta')}_{z_i} = \beta \overline{(w'\theta')}_0 \tag{6.78}$$

式中，β 是一常值的比例系数，将其代入式(6.74) 和式(6.77)，结果再代入式(6.76) 就得到混合层顶位温跳跃值和混合层顶抬升速率的关系式：

$$z_i \frac{\partial \Delta \theta_{z_i}}{\partial t} = r z_i \frac{\partial z_i}{\partial t} - (1+\beta)\beta^{-1} \Delta \theta_{z_i} \frac{\partial z_i}{\partial t} \tag{6.79}$$

方程的解是

$$\Delta\theta_{z_i} = r\beta z_i (1+2\beta)^{-1} \tag{6.80}$$

将上式代入式(6.77)便可得到混合层高度的增长率方程：

$$\frac{1}{z_i}\frac{\partial z_i}{\partial t} = (1+2\beta)\overline{(w'\theta')_0}/r \tag{6.81}$$

若起始时刻 t_0 的混合层高度为 z_{i0}，对上式积分得 t 时刻的高度为：

$$z_i^2(t) = z_{i0}^2(t_0) + 2(1+2\beta)r^{-1}\int_{t_0}^t \overline{(w'\theta')_0}\mathrm{d}t' \tag{6.82}$$

这就是对流混合层高度的增长方程，而式(6.81)是其相对变率方程。不难看出，混合层高度的增长率或某一时刻的高度都与混合层以上自由大气中的位温递减率成反比例关系（这里 $r>0$），而与地面向上的温度通量（相当于湍流热通量）成正比例关系。湍流热通量大，上层逆温弱的时候混合层快速增长，反之混合层厚度的增加较缓慢。从上面两个方程还可以看出，如果地表的湍流热通量保持不变，即 $\overline{(w'\theta')_0}=$ 常值，混合层高度的相对变率也是常值，高度随时间的演变呈抛物线形式。这种情况也约相当于以后将要讨论的向岸流条件下自海面移入陆地气柱运动过程中地表的加热和相应的对流混合层的发展过程，也就是所谓的热内边界层，如果湍流热通量随时间线性增加，而且 $z_{i0}=0$ 的话，那么混合层高度随时间线性增长。这种情况比较接近于陆地晴朗天气上午的实况。由于混合层在地方时中午以后 $1\sim 2\mathrm{h}$ 就常常达到最高值，许多实用的大气扩散模式将混合层的日演变简化成日出后约 $1\mathrm{h}$ 从数十米起线性增长至午后 $2\mathrm{h}$ 达到最大，然后保持常值至傍晚时分。午后最大值用干绝热上升线方法从清晨的探空曲线和午后最高地面气温确定。

以上模型对混合层的结构和影响其演变的支配因子做了高度简化，其中还忽略了边界层的平流，包括热量平流和混合层高度水平不均匀性的平流效应；也忽略了天气尺度引起的大尺度上升或下沉速度的作用；另外也没有考虑清晨初期发展阶段，浮力还没有成为压倒优势的支配因子时切应力的联合作用。有关这些方面的更合理模式和成果可以在许多文献中找到，本书不再介绍。

6.2.6 稳定大气边界层

6.2.6.1 稳定边界层的形成

形成稳定大气边界层有多种形式，如可以是由于边界层底部的冷却，也可能是由于边界层顶部加热的结果。但不管哪一种情况，稳定边界层的共同特征是有逆温层。伴随着正的垂直位温梯度，湍流自上向下输送热量。本节针对夜间陆面冷却形成的稳定边界进行讨论，这是最常遇到的情形，其结构的细节和其他类型的稳定边界层不尽相同，但基本规律有共性。

傍晚时刻陆地上随着太阳辐射能的减少，地表的湍流热通量迅速减弱，接近地面的气层开始形成逆温，浮力的作用不但不给湍流补充动能，相反地湍流微团在垂直运动中因反抗重力做功而损失动能。对流热泡或热烟羽这类与浮力触发和维持的大尺度湍流单体失去了产生的基础而消失殆尽，边界层湍流快速减弱，随着向下热通量的增大和逆温层加厚，短暂的过渡时刻结束而建立起典型的夜间稳定边界层，把保留时间变化项的动量守恒方程式(6.1)和方程式(6.2)改写为：

$$\partial \overline{u}/\partial t = -\partial \overline{u'w'}/\partial z + f(\overline{v} - V_g) \qquad (6.83)$$

$$\partial \overline{v}/\partial t = -\partial \overline{v'w'}/\partial z + f(\overline{u} - U_g) \qquad (6.84)$$

可以看出湍流减弱的过程也同时出现风速减小，配合图6.10所示的风速分量的大小可以看出，式(6.83)右边的地转风偏差项 $f(\overline{v} - V_g)$ 一般为正值，起着加速流动的作用，稳定边界层形成的初期高处的切应力减小比地面还快，应力梯度比白天大，造成方程右边两项的代数和成负值，于是 $\partial \overline{u}/\partial t < 0$，即风速很快减小。$\overline{u}$ 的减小又导致了方程式(6.84)右边第二项 $f(\overline{u} - U_g)$ 增大，从而有 $\partial \overline{v}/\partial t > 0$，于是地转风和地面风的夹角增大。

理论分析和实验事实均表明，浮力引起的湍流动能损失达到切应力产生动能的1/5左右，湍流便会因连续不断地耗散而衰竭掉。根据理查孙数的定义式(6.22)，这相当于通量型理查孙数 $R_f = 0.20$，而且如果热量交换系数和动量交换系数相等，也相当于梯度型理查孙数 $R_i = 0.20$。这就是说 R_f 或 R_i 达到约0.2以上的时候，连续性湍流不复存在。因此，通常把这个数值作为临界值，称为临界理查孙数。事实上稳定条件下除切应力产生相对多的贴地面浅薄气层外，稳定边界层大部分处于亚临界状态，即 R_f 或 R_i 略小于临界值；这同时也说明夜间边界层远比白天的不稳定边界层浅薄，厚度只有数十米至百米上下的夜间边界层最常见。

低强度水平上维持的湍流运动使得稳定边界层的守恒关系中的各种因子变得相对重要。例如在动量守恒方程中的非定常性项 $\partial \overline{u}/\partial t$、$\partial \overline{v}/\partial t$，以及地转风偏差项（压力梯度项和地转偏向力项的联合），位温（始）守恒方程中的非定常项 $\partial \overline{\theta}/\partial t$ 和辐射散度项等。此外，还有为了简化讨论而经常忽略的水平非均匀性的作用都变得相对重要。在地形有一定坡度的时候，重力加速度沿地面坡降方向的分量足以形成下坡流或冷泄流，从而完全改变稳定边界层的性质。事实证明，地形坡度还不到1/100的上空，夜间还不至于出现典型的下坡流，但是被地面冷却的空气在重力作用下沿下坡方向的加速度已达到切应力作用同样大小，足以使方程式(6.83)和式(6.84)所示的动量平衡关系遭到破坏，如果方程式(6.83)中 $\overline{u}$ 是沿地形坡降方向的风速分量，地面和水平面的倾角为 α，那么重力加速度沿气流运动方向的分量便是 $g\sin\alpha$。如果某一单位质量的空气微团与周围同高度空气的位温差为 θ'，即沿下坡方向的加速度为 $g/\theta \theta' \sin\alpha$。取夜间边界层高度为30m，$u_* = 0.1\text{m/s}$，可以估计式(6.83)中的湍流应力梯度产生的气流加速度大小为 $3 \times 10^4 \text{m/s}^2$。在1/100

微弱倾斜的坡地上（$\alpha \approx 0.57°$），θ' 只要达到 1K 时就足以使重力加速度的作用 $g/\theta\theta'\sin\alpha$ 和湍流应力的作用相当。

以上论述说明，夜间边界层虽然仍以连续性湍流为其基本特征，但是由于湍流弱，其他热力学和动力学因子都会表现出来与湍流共同或相互作用而最终构成稳定边界层的特征。随着各种热动力学因子大小的不同，稳定边界层的性状及其演变就变得极其复杂多变，相对于不稳定边界层来说稳定边界层规律的研究远未成熟。稳定边界层研究的另一方面的难点还在于观测非常困难，原因也在于湍流及其他各项因子的量都很小，目前的方法手段都不易达到足够的精确度和收集到参与作用的各因子的全部信息。

6.2.6.2 稳定边界层的风极大现象

参加过大气环境影响评价的野外大气弥散实验或资料分析的人们都有这种体验，入夜地面辐射逆温形成以后地面风速变小甚至是静风，但是随高度上升风速增大很快，在系统性气流不强而又晴朗的夜间，常常在百米至二三百米之间达到风速极大值。这种事实称为夜间风极大，当它表现明显，风速达到极大值以后再往上又逐渐减小，过渡到地转风，就称为低空急流或夜间急流。低空急流的产生与低层大气湍流混合输送能力的日夜变化有关。白天由于地面的湍流摩擦作用使得混合层内的风是亚地转的（sub-geoshophic），即风速小于地转风，在北半球风矢指向地转风的左边 [图 6.10(b)]；日落时分，混合层的强湍流很快变弱，湍流摩擦力变小，气压梯度力迫使气流加速并返回地转风方向。一旦风向达到与地转风方向一致时，风速大于地转风，地转偏向力的增大引起惯性振荡而使风矢量指向地转风矢的右侧，叫作超地转现象。即形成了低空风极大或低空急流。A. K. Blackadar (1957) 首先提出了这种解释和分析，以下引用 R. B. Stull 著作中的推导和举例做定量说明。

从动量守恒方程式(6.83) 和式(6.84) 开始，为书写方便引入符号 F_u 和 F_v 分别表示湍流切应力梯度，且规定

$$\partial\overline{u'w'}/\partial z \equiv fF_u, \partial\overline{v'w'}/\partial z \equiv fF_v$$

两方程即改写为：

$$\partial\overline{u}/\partial t = f(\overline{v} - V_g) - fF_u \tag{6.85}$$

$$\partial\overline{v}/\partial t = f(U_g - \overline{u}) - fF_v \tag{6.86}$$

设稳定边界层形成之前的边界层满足定常性条件 F_u 和 F_v 分别是常量，日落之后湍流够弱，有 $F_u = F_v \approx 0$，对式(6.85) 求导并将式(6.86) 代入，有：

$$\frac{\partial^2\overline{u}}{\partial t^2} = f\frac{\partial\overline{v}}{\partial t} = f^2(U_g - \overline{u}) \tag{6.87}$$

上式的解有如下形式：

$$\overline{u}-U_g=A\sin(ft)+B\cos(ft)$$
$$\overline{v}-V_g=A\cos(ft)-B\sin(ft)$$

由于假设了白天为定常态，从式（6.28）和式（6.86）两式不难看出，作为上式的初始条件是：

$$\overline{u}-U_g=-F_{v0}$$
$$\overline{v}-V_g=F_{u0}$$

式中，F_{u0} 和 F_{v0} 表示日落前的 F_u 和 F_v，于是有 $A=F_{u0}$，和 $B=F_{v0}$。夜间两个风速风量随时间的变化呈如下的周期函数式：

$$\overline{u}=U_g+F_{u0}\sin(ft)-F_{v0}\cos(ft)$$
$$\overline{\nu}=V_g+F_{u0}\cos(ft)+F_{v0}\sin(ft) \tag{6.88}$$

显然，$\overline{u}$ 和 ν 分量分别在对应方向的地转风上下振荡，惯性振荡的周期是 $2\pi/f$，中纬度地区 $f\approx10^{-4}\mathrm{s}^{-1}$，振荡周期约 $17\sim18\mathrm{h}$。

设傍晚时分边界层某一高度处的湍流摩擦阻力产生地转偏差风速 $F_{u0}=F_{v0}=3\mathrm{m/s}$，$f\approx2w\sin\varphi=10^{-4}\mathrm{s}$，$U_g=10\mathrm{m/s}$，$V_g=0$，可算出往后各时刻该高度风矢如图 6.22 所示。图中黑点表示起始时刻及往后各小时风矢的端点。开始时刻及最初几个小时，边界层风矢指向低气压区，风速小于地转风；随着时间推移会逐渐沿顺时针方向旋转，风速增大并超过地转风风速。午夜前后风向和地转风一致，风速达极大，后半夜风矢指向高压侧。风速超过地转风或风向从低压区指向高压区的情形气象学上称为超地转风（supergeostrophic wind）。理论上，边界层风将以图中所示时间顺序旋转，由于次日混合层重新形成，闭合式的循环实际上不会出现。

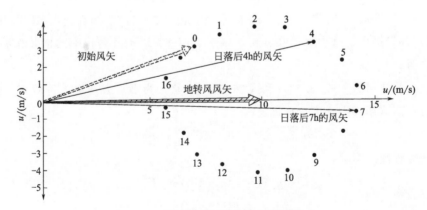

图 6.22　惯性振荡引起的风矢量的演变

以上理论虽然过于简化，然而却能良好地体现夜间低空急流形成的基本过程和原因。同时可以看出，惯性振荡所伴随的风型的演变将导致夜间的稳定边界层始终是非定常状态，风速极大现象的存在及各高度湍流交换的减弱使得夜间地面风速虽然小，但随高度增加很快，一二百米或二三百米高度的风速通常远大于白天。当用冥次律经验地拟合风速随高度的变化时就可以发现：夜间或稳定的时候冥指数值大得多。

6.2.6.3　稳定边界层的厚度

此前在不稳定边界层的有关讨论中我们已经体会到边界层高度对于了解各高度湍流量和平均量的重要性，对于稳定边界层来说情况也一样。遗憾的是，稳定边界层与自由大气之间的界面不像白天的边界层那么明显，常常是连续过渡到自由大气或是时而是连续性湍流，时而是间歇湍流或波动和湍流交替或共存的状态。从不同理论概念或不同的探测手段出发对稳定边界层顶的高度有多种多样的规定，归纳起来主要有以下3类。

① 逆温层顶的高度，即接地逆温顶温度梯度 $\partial \overline{T}/\partial z = 0$ 或位温梯度 $\partial \overline{\theta}/\partial z = 0$ 的高度。

② 湍流动能或湍流通量够小的高度。通常规定为湍流动能或通量小到地面值的 5% 的高度，温度通量的测量相对容易一些，以它为识别指标较多。

③ 夜间低空急流最大风速的高度，有不同的规定是因为各项识别指标分别从一个侧面反映稳定边界层的特性。湍流动能或湍流通量的大小表征了大气边界层和自由大气本质差异；逆温层高度表征了在湍流调节下夜间地表面和大气辐射冷却向上传输所达的高度，而低空急流的高度反映了由于湍流混合受抑制所形成的惯性振荡最强的高度。难点就在于不同指标所确定的厚度差别很大，理论上还找不出它们的内在联系。

图 6.23 是 Wangara 和 Voves 两次边界层实验收集的晴朗夜同位温廓线。横坐标简单地以℃表示，加 273 即成为位温。

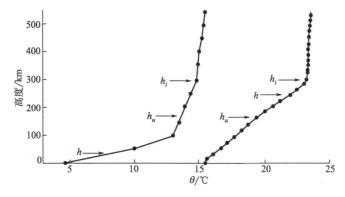

图 6.23　Wangara（左）实验和 Voves（右）实验中晴朗夜间的位温廓线
h_i—地面逆温顶高；h_u—风速极大值位置；h—湍流动能和湍流通量消失的高度

图 6-23 结果说明，三类识别方法确定的稳定边界层高度的确有很大出入，也是可以看出一些事实。例如，Wangara 实验资料是小风的夜空条件，湍流相对更

弱，这时连续性湍流所能维持的厚度很浅薄，图中所示 h 约为 34m。较强的辐射冷却使接地逆温发展到近 300m 高。Voves 实验是中等风速的夜间，存在着一定强度的湍流混合，湍流层从地面保持到 250m 高。第二个事实是低空急流层的高度一般地低于逆温顶高。另外，还可以看出辐射冷却起较大作用的夜间位温廓线呈下凹状，即在近地面处逆温强度大，高处强度稍弱。在湍流混合占稍多份额的时候位温廓线变成上凸形，低处的位温梯度 $\partial \bar{\theta}/\partial z$ 小于逆温层上半部，后面的理论分析和数值模拟研究将做更多的讨论。

能否如中性大气边界层一样从流动的热力学和运动学的相似性找到稳定边界层厚度和其他可测参数的联系也是气象学家所希望的。Zililinkevich（1972）首先提出了一个有用的结果，即从动量方程已经知道如果不考虑非定常性的作用，稳定边界层的气流运动和中性条件一样仍是湍流切应力、气压梯度力和地转偏向力三项作用相平衡的结果。与中性大气边界层不同的是浮力对湍流有显著影响，而浮力的产生与作为独立因子的辐射冷却是相联系的。如果稳定边界层存在着相似性，湍流切应力和热通量的垂直分布有一定的规律，于是可以选取近地面层的摩擦速度 u_{*0}，莫宁-奥布霍夫长度 L 代表切应力和浮力与切应力的相对大小的参数，以柯氏力参数 f 代表地转偏向力的作用，这样一来可构成长度量纲的唯一组合是 $(u_{*0}L/f)^{1/2}$，于是有：

$$h_e = r_c (u_{*0}L/f)^{1/2} \tag{6.89}$$

式中，h_e 是稳定边界层高度；r_c 是一比例常数。上式的物理意义是湍流较强的夜间 u_{*0}。大边界层较高，反之湍流较弱或浮力作用大 L 小的时候边界层较薄，而这又是相对于地转偏向力的大小而言的。式（6.89）对于定常、水平均匀，并满足正压性流动的稳定边界层是合理的，这时 $r_c \approx 0.4$。处于自然演化的夜间边界层式（6.89）表达的关系仍可以近似成立，但是 r_c 不是常值，数值研究发现其在 0.4～0.7 之间变化。非定常性强的时候关系式就不成立。

6.2.6.4　准定常的稳定边界层

夜间的稳定边界层是非平稳非定常的，在大尺度天气背景常定的条件下气象要素的平均量和湍流量及边界层高度本身仍然要随时间不断演化。为了研究方便不妨放松定常的严格假设，即气象要素平均值和湍流统计量本身随时间变化，但其垂直梯度随时间变化够小，即廓线的形状不变，这时以边界层高度为长度尺度的各种无量纲化变量仍服从某一种普适规律，我们称其为"准定常态"。理论分析和实验的对照表明，对于湍流仍起主要作用，即中等或较大风速时的夜间，这种简单假设是合理的。理论分析的起点仍旧是热力学方程式（6.1）～式（6.3）。

前两者等同于改写后的式（6.83）和式（6.84）两式。这些方程已隐含着水平均匀性的假设，在进一步分析中还继续认为是正压大气边界层，并且不存在地形坡度。

首先分析湍流热通量的垂直分布，方程式（6.3）中的时变项。湍流项和辐射项求高度导数，有：

$$\partial/\partial t(\partial\bar{\theta}/\partial z)+\partial^2\overline{w'\theta'}/\partial z^2+1/\rho c_p\partial^2 R/\partial z^2=0 \tag{6.90}$$

有了上述的"准定常态"假设即有：

$$\partial^2\overline{w'\theta'}/\partial z^2=0 \tag{6.91}$$

注意，夜间边界层由 $(\rho c_p)^{-1}\partial R/\partial z$ 表现的辐射冷却作用是不可忽略的，它是夜间逆温形成的重要原因之一。但是除贴近地面的层次外，认为 $\partial^2 R/\partial z^2\approx0$ 是可以的。上式表明 $\overline{w'\theta'}$ 随高度呈线性变化。取地面通量归一化，并注意到稳定边界层顶湍流具有连续过渡，顶部不存在湍流通量，即式（6.91）的解是：

$$\overline{w'\theta'}/(\overline{w'\theta'})_0=1-z/h \tag{6.92}$$

式中，$(\overline{w'\theta'})_0$ 是地面值，各高度的 $\overline{w'\theta'}$ 都是负值，对应于向下输送的湍流热通量。

图 6.24 是荷兰 Cabau 气象塔风速稍大的夜间实测到以地面值 $(\overline{w'\theta'})_0$ 归一的 $\overline{w'\theta'}$ 随高度的变化，其中高度以 z/h 表示，h 是湍流消失的高度。图示的资料很好地符合式（6.92）的理论结论。同时我们还可以看到如下的事实：夜间低层大气湍流向下输送的热量随高度增加而减小导致空气冷却，在准定常态情况下各高度的冷却速度相等。

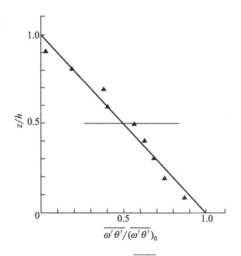

图 6.24　气象塔实测的 $\overline{w'\theta'}$ 随高度的变化

关于湍流切应力和风速及温度梯度的规律性的讨论和推导比较复杂，以下只介绍主要概念和结果及实验事实的说明，前面已论述，稳定边界层中除贴地的浅薄气层之外湍流已很弱，湍流的构成以小涡旋为主，各高度上的湍涡运动不与地表面有直接的相互作用。那么直接反映湍涡受切应力和浮力作用的近地面参数 u_{*0}、L 等已不代表各高度的实际情况（近地面层部分还是适用的）。这时应以所讨论高度上的相应参数，即该高度上的摩擦速度，及该高度的 L 等尺度特征来反映更为恰当。为区别于近地面层，某一特定高度规定的尺度称为局地尺度（local scales）。基于相似性的概念可以认为湍流统计量，包括风梯度和温度梯度与局地尺度构成的无量纲数之间有特定的函数关系。这就是所谓的局地相似性（local similarity）。局地相似性理论是近地面层 M-O 相似性在稳定边界层的推广。有不少理论推导和模拟研究与实验证明其恰当性。

基于局地相似性理论概念，借助方程式(6.83)、式(6.84) 和湍流热通量廓线式(6.92) 式，经一系列的推演得到准定常条件下湍流切应力及风温梯度的垂直分布律如下：

$$u_*^2/u_{*0}^2=(1-z/h)^{3/2} \tag{6.93}$$

$$S_v=(\kappa R_f)^{-1}(1-z/h)^{(1-i_3^{1/2})/2} \tag{6.94}$$

$$S_\theta=[R_i/\kappa R_f^2](1-z/h)^{-1} \tag{6.95}$$

因为风向有切变，不论坐标系如何选取水平方向平均风速和切应力都有两个分量，以 v 表示风矢量，以复变量的形式表示有 $v=\overline{u}+\overline{w}$，$i$ 是复数单位。上述各式中的符号分别代表：

$$u_*^2=[(-\overline{u'w'})^2+(-\overline{v'w'})^2]^{1/2}$$

$$S_v=(L/u_{*0})\partial V/\partial z$$

$$S_\theta=(L/\theta_{*0})\partial\overline{\theta}/\partial z$$

式中，后两者分别是无量纲化的风矢量梯度和位温梯度，L、u_{*0} 和 θ_{*0} 是近地面层的值。解方程式(6.94) 的实部是 $(L/u_{*0})\partial\overline{u}/\partial z$，虚部是 $(L/u_{*0})\partial\overline{v}/\partial z$。式(6.94) 和式(6.95) 两式中的 κ 是卡门常数；R_f 和 R_i 分别是通量型和梯度型理查孙数，当局地相似性成立的时候除近地面气层外稳定边界层里它们趋于常值，并且有 $R_i\approx R_f\approx0.20$。

Cabaow 气象塔实测的 u_*^2 分布示于图 6.25，图中实线是理论解式(6.87)。与图 6.24 一样证实理论结果。

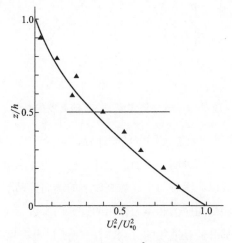

图 6.25   气象塔实测的 u_*^2 随高度的变化

对式(6.94)和式(6.95)分别进行积分便可以得到稳定边界层中风温廓线的一般表达式：

$$(V_g - V)/|V_g| = \exp(-i\pi/3)(1-z/h)^{(1+i_3^{1/2})/2} \tag{6.96}$$

$$(\bar{\theta}-\theta_0)/\theta_{*0} = -(h_e/L)[R_i/(\kappa R_f^2)]\ln(1-z/h) \tag{6.97}$$

式中，$V_g = u_g + iV_g$；θ_0 是地表温度；h_e 是式(6.89)定义的高度 $h_e = r_c(u_{*0}L/f)^{1/2}$。图6.26是与图6.24和图6.25同期的观测结果。图6.26(a)是理论关系式(6.96)和式(6.97)分别计算的相对风速 $|V|/|V_g|$、风向和地面风的交角 α 及相对位温差 $(\theta-\theta_0)/\theta_{*0}$ 的廓线，图6.26(b)是气象塔实测数据的光滑曲线。总体上理论规律和实测规律符合很好，理论分析实际上未考虑近地面层（例如近地面层 R_i 不是常量），接近地面部分理论结果偏离观测事实多一些，式(6.96)预测的转风与地面风交角为 $\pi/3$，即 $60°$，实测值只有 $30°$ 上下。还有理论模式得到的位温廓线自下而上曲率始终是正的，与通常夜间陆地上观测的逆温廓线形状不一致。原因是理论分析忽略了辐射降温的作用，而辐射效应在夜间是不可忽略的。后面的介绍将说明，一般情况下稳定边界层的上部和贴近地面的部位辐射冷却比湍流冷却显著，因此上面的理论模型只适用中等以上风速的夜间边界层。尽管如此，本段的论述仍给出重要的启发：稳定边界层湍流虽然相对弱，但对边界层的结构还是起着重要作用，在理想场合下由体现湍流输送的特征参量构成的还是可以规定气象要素乃至湍流量的内在规律；另外可以看出，夜间边界层湍流热量输送的结果对各高度的空气都起到降温的作用，下面即将讨论同时有辐射冷却时两者的相对大小。

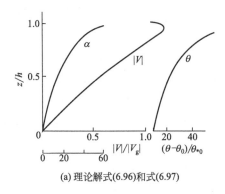 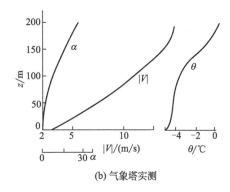

图6.26　稳定边界层风速、风向和位温廓线

如前所述，支配夜间边界层的结构和演化的因子很多，并且众多的因子都在同时联合作用或相互作用，因此不可能有一个综合性的概念模型反映其复杂的规律。目前关于它的研究只有通过数值模式和专门的实验观测分析，即使这样也只能孤立出其中的主要因子进行模拟研究。实验分析也只能获得个例事实中所包含的信息。在大气扩散实验研究中，从前人的理论研究和实验事实中得到启发并对照自己取得

的数据进行分析，以合理地归纳出所研究地区的一般特征和特殊规律就显得特别重要。

6.2.6.5　辐射冷却和湍流冷却效应

辐射冷却是夜间边界层形成的原动力。正是由于辐射能的损失才使地表面降温并导致贴地面气层形成逆温，从而改变了气层的稳定度性质。在夜间稳定边界层往后的发展过程中始终起着重要的作用。除了前面讨论的风速大、湍流略强的夜间，在焓守恒方程中相对于湍流通量的二阶导数 $\partial^2\overline{w'\theta'}/\partial z^2$ 来说辐射通量的二阶导数项 $(\rho C_p)^{-1}\partial^2 R/\partial z^2$ 可以忽略。在讨论夜间的温度变化 $\partial\overline{\theta}/\partial t$ 时，相对于 $\partial\overline{w'\theta'}/\partial z$，$(\rho C_p)^{-1}\partial R/\partial z$ 就不可忽略，否则会大大低估空气的降温率。前面介绍的简单理论所描写的位温廓线形状大体上符合特定条件下的观测事实，如果比较某一高度气温变化，理论和实测的差别可能较大。特别是风速小、湍流更弱的夜间，辐射通量 R 的一阶导数和二阶导数对边界层的结构和演化都有重要作用。

白天地表面上的辐射能收支有短波太阳辐射和长波的红外辐射两种形式，夜间只有红外辐射。无气溶胶和水汽凝结物的边界层中原则上可以不考虑气层的短波辐射收支，即认为 100% 透过。水汽在红外区吸收带很强，又占有较宽的波段是最主要的吸收物质，作为主要温室气体 CO_2 有一定吸收，但次要一些，此外还有臭氧、一氧化二氮和甲烷等其他温室气体的微量吸收。根据热辐射的基本定律，大气不仅是长波辐射的吸收削弱介质，同时也是放射长波辐射的介质，有时其放射的能量甚至超过吸收的部分，计算辐射能收支必须将吸收与放射同时考虑。大气的长波辐射性质很复杂，不仅与上述吸收物质的含量和分布有关，而且与大气温度、压力及各吸收物质在红外区吸收线谱有关。具体计算某高度的净长波辐射能量通量必须借助于辐射传输方程逐一积分该高度以下各气层向上到达的辐射能和以上的气层向下到达的辐射能，两者的差值便是式（6.3）中的 $\overline{R}$。辐射传输方程本身还含有各吸收物质在红外区各谱带众多吸收线的辐射表达式或经简化了的辐射模式，需要专门的推演和极其庞杂的计算，包含辐射传输效应的稳定边界层模式不可能通过简单的数学表达式体现结果。

图 6.27 所示是 R. B. Stull 所归纳的不同研究者针对稳定边界层计算的长波辐射能通量 R 及辐射冷却率 $(\rho C_p)^{-1}\partial R/\partial z$ 随高度的分布。阴影区表示各研究者因采用不同模型或参数而形成的不同数值范围。

由图 6.27 可见，无凝结的低层大气净长波辐射通量向上，即传输进入自由大气和太空。晴天夜间地表向上的长波辐射通量，即长波有效辐射经常在 $40\sim60\mathrm{W/m^2}$ 之间（在天气晴朗的干旱气候区可达 $100\mathrm{W/m^2}$ 大小）。随着高度向上，辐射通量值有所增大，百米高度上达约 $100\mathrm{W/m^2}$；再往上增加变缓。净长波辐射通量向上增大 $\partial R/\partial z>0$ 意味着它对大气起降温作用，相应的降温率 $(\rho C_p)^{-1}\partial R/\partial z$ 示于

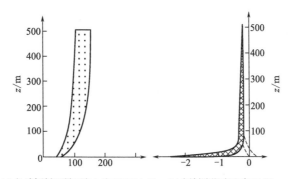

(a) 长波辐射通量R(向上为正)(W/m²)　　(b) 辐射降温率分布(K/h)

图 6.27　低层大气长波辐射通量和降温率垂直分布

图 6.27。可见，长波辐射传输在地面上数米高的气层最明显，折合每小时 1～3K；越靠近地面冷却率越强，这和夜间地表温度和气温下降较高处显著的常识是一致的。但有的研究指出在出现贴地面的辐射通量可出现向上减小的现象，辐射传输可起着如图 6.27 中虚线所示的增温效应。研究结果比较一致地表明百米以上气层的辐射冷却率趋向常量到高处大约是 0.1K/h。

前面曾介绍，不考虑长波辐射冷却的夜间边界层，湍流热通量向下，并随高度降低而增大，按热通量向上为正的统一规定这时 $\partial \overline{w'\theta'}/\partial z>0$，即湍流热输送的结果也起到空气的降温作用。较实际的夜间边界层计算的湍流热通量 $\rho C_p \overline{w'\theta'}$ 和湍流冷却率 $\partial \overline{w'\theta'}/\partial z$ 的例子如图 6.28 所示。与长波辐射相比湍流通量及其冷却率的不确定性范围很大，随高度的变化规律也不及辐射通量及其冷却率清晰，从图 6.28 中可以看出，夜间的湍流热通量的绝对值有向上单调减小的趋势，如果通量的廓线有图中所示的下凹状的总趋势，那么地面附近的湍流冷却强，边界层上部冷却弱，与图 6.27 相对照还可以看出以下 2 点：

① 存在湍流热输送并对空气起冷却作用的厚度低于甚至远低于辐射起作用的

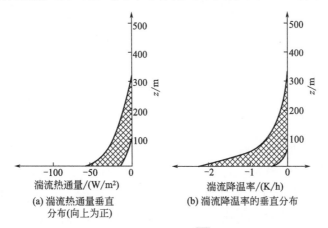

(a) 湍流热通量垂直　　　(b) 湍流降温率的垂直分布
　　分布(向上为正)

图 6.28　夜间边界层湍流热通量 $\rho C_p \overline{w'\theta'}$ 和降温率的垂直分布

层次。这是因为湍流输送只在边界层内出现，而辐射输送及其通量散度在整个大气层都可以发生。这也就不难理解图 6.23 所示以湍流特征量近于消失确定的稳定边界层高度 h 实际上总是低于逆温层顶高度的原因。

② 贴近地面气层辐射降温作用大于湍流降温，在阴影区所示的变动范围内，风速小湍流弱的时候辐射冷却偏向强的一边，湍流冷却率偏向弱的一边。这时辐射热输送占主导地位。靠近边界层顶湍流热输送通量及冷却率单调减小，辐射冷却率变化不大，辐射作用再次显著起来，而在边界层的中间部位两者的作用相当。

即使排除掉许多因素，现实的稳定边界层的热力学结构一般都是在辐射冷却和湍流冷却两者共同作用下形成的。图 6.26 已显示过湍流占主导地位的特例下位温廓线的形状。根据数值模拟的总结，推荐如下形式的经验公式来表达夜间位温廓线（Garratt）：

$$(\overline{\theta}-\overline{\theta_0})/\Delta\theta_B=(z/h)^n \tag{6.98}$$

或

$$(\overline{\theta}-\overline{\theta_h})/\Delta\theta_B=-(1-z/h)^m \tag{6.99}$$

式中，h 是逆温层顶或边界层顶的高度；$\overline{\theta_0}$ 和 $\overline{\theta_h}$ 分别是地面和 h 处的位温；$\Delta\theta_B=\overline{\theta_h}-\overline{\theta_0}$；$n$，$m$ 是经验指数。如果采用式(6.98)，n 值在 $0.5\sim2$ 之间，湍流冷却作用占主导地位时 $n>1$，辐射冷却占主导时 $n<1$；两者相当时 $n\approx1$，位温随高度接近线性变化。m 值大小恰相反，湍流冷却占主导时 $m<1$；依下类推。

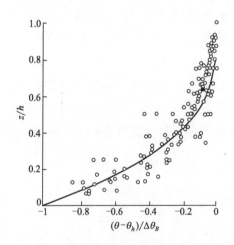

o——Wangara 实验的实测值

——$m=3$ 时方程式(6.99) 的拟合线

图 6.29   辐射冷却占主导地位的夜间边界层位温廓线（Garratt）（位温以相对变化表示）

图 6.29 是 Wangara 实验逆温层内 $(\overline{\theta}-\overline{\theta_h})/\Delta\theta_B$ 随高度的变化。图中高度以逆温顶高归一化，$\Delta\theta_B=\theta_h-\overline{\theta_0}$ 是逆温层顶和地面的位温差。实线代表经验公式(6.99)，$m=3$。可以想象，实测数据离散度较大，实际拟合效果尚佳。图示下凹形的位温廓线是低空温度探测或气象塔观测常见的接地逆温情况，说明中纬度陆地甚至沿海夜间逆温以辐射逆温比较经常。

第7章

不同温度层结下建筑物周围流场影响

建筑物附近低矮排放源排放的污染物进入大气环境中，因受到建筑物以及大气稳定度的影响，从而诱发复杂局地扰动，改变污染物弥散轨迹，使其在建筑物周围的输运与扩散过程比较复杂，其中稳定度对气载放射性物质扩散的影响尤为重要。目前，大多研究大气污染物扩散的风洞试验是建立在中性层结条件下进行的，但是实际大气并非如此，近地面层的大气经常在稳定层结、不稳定层结以及中性层结之间变化。因此，为更加真实模拟大气污染物扩散情况以及对环境的影响，需要研究在不同温度层结下的污染物的扩散。

大气环境风洞模拟温度层结技术能够模拟复杂地形以及街区等对流边界层内复杂的大气流动与扩散现象。Meroney 和 Cermak 在科罗拉多大学风洞研究了 San Nicolas 岛中性和稳定条件下的流动。结果表明该试验实现了该岛在逆温条件下原型与模型温度场结构定性的相似。Uehara 等利用层结风洞技术研究了不同大气稳定度对街道峡谷中流场和扩散的影响，结果表明：

① 当大气处于稳定层结下时，处于街区中的空腔涡旋趋于减弱，反之增强；

② 当大气处于稳定层结下时，街区峡谷中的污染物浓度较高；

③ 街区峡谷中释放的部分污染物从峡谷顶部回流到峡谷内部，污染物回流的量由大气稳定度决定。

Yassin 等通过风洞实验和现场试验分别研究了不同温度层结下城市街道峡谷中污染物的扩散。Yassin 研究不同温度层结下单个立方体对近场扩散影响。Mavroidis 等利用现场试验与风洞试验研究了不同形状单一建筑物对污染物扩散的影响，结果表明：现场试验污染物的水平扩散范围略大于风洞试验，而中心轴线浓度略小于风洞试验。

随着计算流体力学（CFD）的不断发展，CFD 模拟技术已逐渐用于预测各种建筑物周围流动特性以及建筑物周围大气污染物的扩散规律，Tominaga 与 Santiago 等用 CFD 模拟整个三维空间复杂建筑物附近流场及其浓度场；Meroney 与 Tominaga 分别使用 CFD 技术模拟了标准建筑物对固定污染源排放污染物的扩散做了相关的研究，并且与前人风洞试验进行了比较。Endalew 等用 CFD 技术研究了污染物在大气边界层内的扩散规律，并用相应的风洞试验进行验证。Mavroidis 等使用各种 CFD 湍流模型研究了大气边界层内不同形状建筑物对周围流场结构的影响，并且发现 CFD 技术能较好地模拟建筑物对流场的影响，并与风洞试验取得较好的吻合性。Santos 等使用 CFD 研究了不同温度层结下单个建筑物对污染物扩散的影响，并与风洞试验结果进行对比分析。Pieterse 和 Harms 用 CFD 技术研究了不同稳定层结下山体对流场结构的影响，发现不稳定层结下在附着点提前，而稳定层结在附着点滞后。Ai 与 Federico 应用 CFD 研究了复杂街区对流场的影响，Bert 等使用 CFD 研究了不同地表粗糙度、复杂建筑物群对流场的影响。Ashrafi 等与 Orkomi 等人应用 CFD 技术研究了不同温度层结烟羽的抬升与扩散规律。

本章采用 STAR-CD 提供的 RNG k-ε 模型对不同大气稳定度条件下标准建筑物对附近流场的影响进行了模拟，建立的物理模型与 Yassin 应用风洞试验研究不同温度层结下标准建筑物对周围流场结构影响的模型相同，该风洞试验段长 16.0m，宽 1.2m，高 1.0m。试验以 1：300 制作模型，模型长度、宽度、高度均为 100mm 的建筑物。

本章围绕不同温度层结条件下建筑物对流场影响的数值模拟研究，建立了温度层结模拟数值模拟方法，摸索出温度层结模拟技术，研究了不同温度层结对流场结构的影响。

7.1 数值模拟

使用 STAR-CD3.26 作为计算平台，为了与风洞试验结果比较，数值模拟的计算区域设为 16.0m×1.2m×1.0m（长×宽×高），模型尺寸与 Yassin 风洞试验模型相同（见图 7.1）。网格结构采用具有良好拓扑结构的六面体网格，计算区域网格总数约为 200 万，区域内最大网格尺寸为 30mm，最小网格尺寸为 0.1mm。

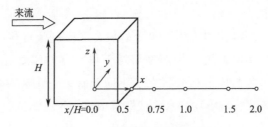

图 7.1 建筑物及其测量位置

7.1.1 边界条件

大气层中的风速的垂直分布主要取决于大气层中的形状、地面粗糙度以及建筑物周围表面，来流风速按边界层规律分布，即地面以上风速为随高度递增的梯度风。通过控制不同高度处的温度，形成温度梯度，从而实现不同稳定度条件下大气边界层的模拟。对于需要考虑热力层结影响作用的大气流动的模拟，取决于雷诺数 $\left[Re=\dfrac{uH}{\lambda}，u\ \text{为建筑物高度}(H)\ \text{处风速},\lambda\ \text{空气动力学黏度}\right]$ 和理查孙数 $[R_i=gH\Delta T/(T_w u^2)$，其中 g 为重力加速度，$g=9.8\text{m/s}^2$；H 为建筑物高度，$H=100\text{mm}$；T_w 为地板温度；ΔT 为地板与建筑物顶温差$]$。

本章入口边界风廓线指数、不同高度处湍流强度与温度的取值及其变化规律均与 Yassin 应用风洞试验研究不同温度层结下建筑物对周围流场结构影响的模型相同，入口边界条件风速沿高度方向的变化规律用指数方程描述$[u=u_H\times(z/H)^n$，其中 u 为不同高度 z 处风速，u_H 为建筑物高度(H)处风速，风廓线指数 $n=0.25]$，通过调整计算区域顶部与底部温度实现不同稳定度的模拟。

计算时入口边界条件风廓线、温度廓线见图 7.2。

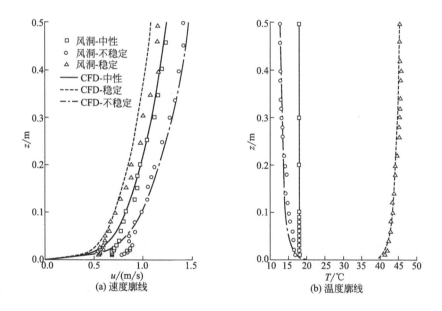

图 7.2　不同温度层结下速度廓线、温度廓线

出口面边界条件（outflow）为自由出口，出口边界上流动已完全发展。计算域两侧设置为对称边界条件，来流风速为水平方向，可以认为速度沿切线方向的梯度为零，顶部采用滑移（slip）壁面条件。建筑物表面和地面设置一定的摩擦速度（u_*）与粗糙度（z_*），采用无滑移（no slip）的壁面条件并由标准壁面函数确定壁面附近流动。不同稳定度条件下主要参数见表 7.1。采用压力-速度修正算法 SIMPLE（Semi-Implicit Method for Pressure-Linked）求解方程，计算过程中对压力、动量、湍流动能等做欠松弛处理。

表 7.1 不同稳定度条件下主要参数

稳定度	$u_H/(\text{m/s})$	z_*/m	Re	L/m	$R_i(H=100\text{mm})$
不稳定	1.05	0.004	6.6×10^3	-1.24	-0.023
中性	0.9	0.006	5.8×10^3	∞	0.0
稳定	0.78	0.002	5.1×10^3	0.4	0.016

7.1.2 不同温度层结实现

本章通过莫宁-奥布霍夫长度（L）描述不同温度层结下大气的运动。莫宁-奥布霍夫长度主要描述近地面层湍流切应力和浮力对湍流耗散的影响，可以用下式表示：

$$L = \frac{u_*^2 T_w}{\kappa g T_*} \tag{7.1}$$

$$u_* = \sqrt{\frac{\tau_w}{\rho}} \tag{7.2}$$

$$T_* = \frac{-q_w}{\rho c_p u_*} \tag{7.3}$$

式中　u_*——摩擦速度；

T_*——近地层温度标；

κ——卡门常数，取值 0.4；

q_w——地表热通量，W/m^2；

c_p——比热容，J/(kg·K)；

τ_w——地表剪应力。

中性层结下地表热通量为 0，理查孙数为 0，根据莫宁-奥布霍夫长度相似理论，中性层结下 L 为无穷大（∞），φ_m 趋近于 1（φ_m 是以 z/L 为变量的函数）。在稳定与不稳定层结下，必须考虑地表热通量以及温度梯度，根据莫宁-奥布霍夫长度相似理论，稳定与不稳定层结下 φ_m 不趋近于 1，不同高度处湍流动能廓线与湍流耗散廓线分别根据式(7.4)、式(7.5) 计算：

$$k(z) = \frac{u_*^2}{\sqrt{C_\mu}} \left(\frac{\varphi_\varepsilon}{\varphi_m}\right)^{1/2} \tag{7.4}$$

$$\varepsilon(z) = \frac{u_*^3}{\kappa z} \varphi_\varepsilon \tag{7.5}$$

7.2 结果分析与比较

本章主要研究不同温度层结下标准立方体建筑物尾流区附近不同温度层结对流

动特征的影响，分别在沿建筑物中心线 x/H＝0.75、1.0、1.5 和 2.0（见图 7.1）四个不同位置进行流场特征的研究。

7.2.1　建筑物对流场的影响

　　本次数值模拟采用 RNG k-ε 湍流模型计算了建筑物对其周围流场的影响，在大气环境模拟领域，通常采用归一化速度消除不同模拟风速引起的建筑物对流场结构的影响差异。归一化速度（u/U_H）为局地纵向平均速度（u）与来流建筑物顶部纵向平均速度（U_H）之比。下风向不同距离处建筑物对周围流场影响的归一化速度比较结果见图 7.3。不同层结下建筑物对其周围流场影响的水平与垂直数值模拟结果见图 7.4、图 7.5。

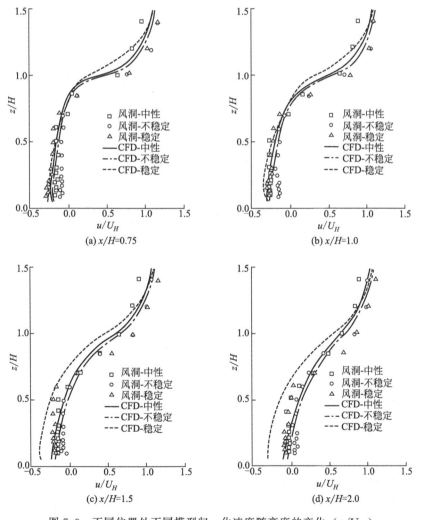

图 7.3　不同位置处不同模型归一化速度随高度的变化（u/U_H）

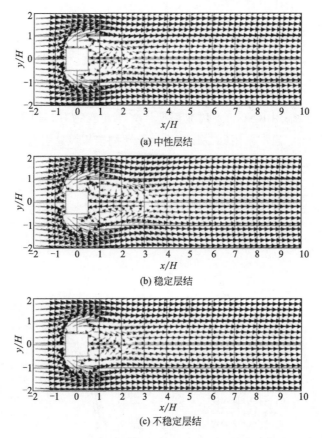

图 7.4　建筑物周围水平剖面流场结构模拟结果

由图 7.3 可知，在回流区内速度减小，从建筑物顶开始的下风向，在近尾流区（包括回流区）风速显著减小，特别是当大气处于稳定状态时，速度亏损略大于中性与不稳定层结条件，最大速度亏损为相应来流的 30% 左右，随着下风距离的增大，气流混合逐渐均匀，风速逐渐恢复到来流状态，但是大气处于稳定层结时风速恢复相对较慢，不稳定层结风速恢复相对较快。

当大气处于稳定状态时，在建筑物高度以下（$z/H < 1.0$）近地面层速度亏损略高于中性与不稳定状态，特别是在 $x/H = 1.5$、2.0 处，而在 $x/H = 0.75$、1.0处，由于受建筑物机械扰动的影响，大气的温度层结对流场影响不明显。

由图 7.4、图 7.5 可知，不同温度层结下，数值模拟结果较好的模拟建筑物附近尾流区及其回流区的信息，建筑物迎风面流场发生显著变化，风向轴线上部分动量转化成水平与垂直动量，建筑物后产生了回流并形成双涡回流（马蹄形涡），部分流场变成垂直向下。中性层结下建筑物迎风侧的静驻点均在距地约为 $2/3H$ 处，空腔区的高度约为 $1.0H$ 处，稳定层结下建筑物迎风侧的静驻点均在距地约 $1/2H$处，空腔区的高度约为 $1.2H$ 处，不稳定层结下建筑物迎风侧的静驻点均在距地约为 $1/2H$ 处，空腔区的高度约为 $1.1H$ 处。中性层结条件下建筑物后侧再附着点约

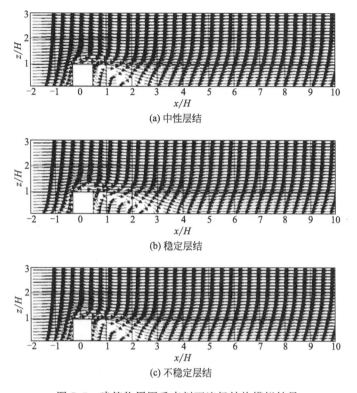

图 7.5　建筑物周围垂直剖面流场结构模拟结果

在 2.3H 处，稳定层结条件下建筑物后侧再附着点约在 3.0H 处，不稳定层结条件下建筑物后侧再附着点约在 1.8H 处，而不同温度层结下数值模拟对建筑物顶部再附着点均没有捕捉到。该结果与 Tominaga 使用不同修正 k-ε 模型验证立方体建筑物顶部与后侧再附着点的位置分别在 0.08H～0.4H 与 2.0H～3.0H 处。本章研究结果与之相同。

从整个流场的特征来看，稳定层结条件下建筑物两侧与顶部分离区域比中性层结与不稳定层结相对较小，建筑物对水平方向的影响高于垂直方向，主要由于稳定层结下垂直方向动量方程力抑制了迎风面垂直速度。稳定层结建筑物背风侧回流区的长度大于中性与不稳定层结，主要由于稳定层结条件下增加了流场的向下运动。总之，数值模拟能较好地模拟受建筑物影响时气流的位移区、尾流区、空腔区，以及建筑物迎风面气流的分离与近地面的停滞回流、建筑物顶部气流的回流、建筑物两侧的逆于来流方向的气流和建筑物下风方向空腔区内的马蹄形涡等。

7.2.2　建筑物对湍流的影响

不同温度层结建筑物对其周围湍流动能影响的垂直剖面数值模拟结果见图 7.6。

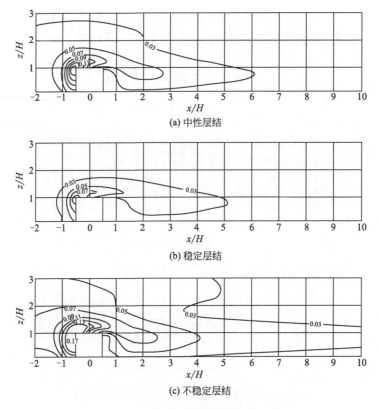

图 7.6　建筑物对湍流动能影响垂直剖面

由图 7.6 可知，湍流动能最大值出现在建筑物的迎风面，主要是由于建筑物的扰动引起较高的速度梯度造成，建筑物顶部湍流动能也比较高，回流区湍流动能相对较低，但是仍然比来流方向高。建筑物顶部分离区域产生较强的湍流动能并且一直延伸到下游，在近地面湍流动能相对较小。大气处于稳定层结时，湍流动能的变化显著低于中性层结与不稳定层结，并且在建筑物顶部，湍流动能低于中性层结与不稳定层结。主要原因是由于大气处于稳定层结时，垂直方向大气的温度梯度处于逆温状态，大气在垂直方向上运动相对较小，从而湍流动能的变化较小，并且湍流动能的变化对流场与浓度场的影响较大。Kato 和 Launder 应用各种修正的湍流模型研究建筑物对流场结构的影响，结果表明：各种修正的湍流模型均能较好地模拟建筑物对流场结构的影响。

7.3　结论

通过对大气处于不同温度层结时标准建筑物对周围流场结构影响的数值模拟与风洞试验研究，结果表明：

① 当大气处于稳定层结时，在建筑物尾流区范围内近地层风速较低，建筑物

尾流区范围内最大速度亏损大于中性与不稳定层结，尾流区中回流区的长度更长。中性条件下模拟建筑物后侧再附着点约在 2.0H 处，稳定条件下模拟建筑物后侧再附着点约在 3.0H 处，不稳定条件下模拟建筑物后侧再附着点约在 1.8H 处。

② 随着下风向距离的增加，热稳定性对湍流动能的影响逐渐显现。在建筑物附近，由于建筑物扰动与热稳定性的共同影响，湍流动能相对较大。

第 8 章

不同温度层结下山体对流场与污染物扩散影响

气载放射性污染物经大气扩散，在短期内会对环境产生大范围的影响，因此气载放射性流出物对周围环境的影响一直以来都被给予很大的关注。放射性核素在大气中的弥散行为不仅要受气象条件影响，如风速、大气稳定度等，而且要考虑下垫面状况，如地形特征、建筑物、地表粗糙度等所引起的区域内核素浓度变化。稳定度会影响大气边界层（ABL）的厚度、结构以及边界层内的速度、温度和湍流廓线，因此稳定度和温度层结特征对于实际大气中污染物扩散问题起主要作用。目前，大部分研究放射性污染物扩散的模型不能很好地解释事故源项释放 2km 范围内风与障碍物相互作用所产生的湍流扩散过程，CFD 技术恰好弥补了这个不足。与中性层结相比，稳定和不稳定边界层的模拟比较复杂。目前只有少数文献报道关于稳定层结边界层实验研究，这些研究都集中在弱稳定条件（总体理查孙数 $R_i <$ 0.25）下的层结流动，Yassin M F 等通过风洞实验和现场试验分别研究了不同稳定度条件下城市街道峡谷中污染物的扩散，YassinM F 研究不同稳定度条件下单个立方体对近场扩散影响。Isao K 与 YukioYa 通过风洞实验研究复杂街区不同粗糙度与不同稳定度条件对污染物扩散的影响。Takeo T 等通过风洞实验研究不同稳定度条件下山体对周围流场结构的影响。Hunt 和 Snyder 通过水槽和风洞实验研究了弗劳德数（$Fr = \dfrac{U_H}{NH}$，$N = \sqrt{\dfrac{g}{T}\dfrac{\partial T}{\partial z}}$，$N$ 为 Brunt-väisälä 频率）$Fr = 0.1 \sim 1.7$ 和 $Fr = \infty$ 时三维山体模型附近的流动结构。结果表明：山体上游排放物羽流是否能绕山体水平运动主要取决于 Fr，当 $Fr < 0.4$ 时，在山体中部的速度主要为水平方向且气流有向下的偏转趋势；当 $Fr > 1$ 时，稳定层结下山体附近的流动结构大体上与中性层结下的类似；而当 $Fr = 10$ 时，稳定的大气层结对山体下游较远处的流动仍然有着较为强烈的影响。Carruthers 和 Hunt 基于线性三维理论研究了中性和弱稳定层结下（$Fr > 1$）复杂地形区域平均流动和湍流结构并分析了山体对污染物扩散的影响，发现即使释放源位于上游较远位置处，复杂的地形仍能改变污染物的扩散和沉降。Snyder et al 通过大量风洞和水槽试验讨论了气流流过不同障碍物时的分流情况，发现 Sheppard 公式（$H_L/H = 1 - Fr$，H 为山体高度，H_L 为分流线高度）能合理地预测大部分对称山体形状的分流线高度，使用 Sheppard 公式计算切变入流时会造成较大差异。Leo et al 以 Sheppard 公式为基础，对其进行修正，提出了修正对数入流速度廓线中分流线高度的计算公式，并与现场试验结果进行比对验证。结果表明：当 $Fr \approx 0.3 \sim 0.4$ 时，烟雾分流高度的实验观测值与预测值吻合良好；当 $Fr \approx 10$ 时，由于 Fr 值太大，在山体中间高度处并无明显的分流现象产生。

　　随着计算能力的不断提高，CFD（计算流体力学）数值模拟技术已成为温度层结条件下污染物弥散研究的工具。Kikumoto H 等利用大涡模拟技术研究不同大气稳定度下街区对平均风速、污染物扩散规律的影响，研究表明，不稳定条件下（$R_i = -0.21$），垂直方向上气流的剧烈运动，形成较强的湍流结构，使得街区污染物的扩散较快，稳定条件下（$R_i = 0.43$），气流运动较弱，大部分污染物滞留在街区底部。T Okaze 与 A Mochida 利用涡模拟技术模拟不稳定条件下（$R_i = -0.10$）结构建筑物周围的湍流动能与温流场，结果表明，大涡模拟结果与实验结果较好地吻合。Olvera H A 应用标准 k-ε 模型模拟了稳定与中性条件下立方体建筑物周围的氢和甲烷扩散，并与水槽实验结果进行比较。研究表明，稳定条件下建筑物对氢气扩散的影响较大，特别是排放源处于下风向空腔区范围内，建筑物对污染物扩散的影响最大。SantosJ M 等使用修正 k-ε 模型模拟不同稳定条件下单个建筑物附近对流场与污染物扩散的影响，并与风洞试验结果以及现场试验结果进行对比分析。Cheng W C 等使用 RNG k-ε 模型研究不同不稳定条件下建筑物形成街区对流场及污染物扩散的影响，结果表明，不稳定条件下（$R_i < 0$）街区上风向地面附近产生二次回流，污染物地面浓度增大，R_i 越小，地面附近产生二次回流越大，污染物地面浓度越大。Tan Z 等应用 RNG k-ε 模型模拟城市街区不同温度层结对污染物扩散影响，研究显示，不均匀的街区温度分布改变了街区内流场结构与污染物的扩散规律，特别是大气处于不稳定条件下。Michalcová 等应用 SST k-ε 模型模拟温度层结并与风洞试验结果进行对比。M. Pontiggia 等应用标准 k-ε 模型模拟不同稳定度对污染物扩散的影响，并与现场试验进行比较分析。Cian J. D. 等应用 SST k-ε 模型模拟不同稳定度对风能的影响，并与风洞试验进行对比。Yoshihide T 与 Ted S 分别应用稳定的雷诺平均方程与不稳定雷诺平均方程 CFD 技术模拟单个立方体对污染物扩散的影响，并用风洞试验对模拟结果进行验证。Yoshihide T 与 Ted S 分别应用不同湍流模型模拟不同稳定层结条件下，单个立方体对污染物扩散的影响，并用风洞试验对模拟结果进行验证。Chang 等应用标准 k-ε 模型模拟不同温度层结下山体对流场结构的影响。Paulvander Laan M 等提出了一种新的平衡 k-ε 模型方法，主要基于 Monin-Obukhov 原理对不同温度层结下湍流动能与耗散平衡进行研究。M. Pontiggia 等通过对 k-ε 模型中 ε 方程添加外部源相，结合 Monin-Obukhov 原理实现不同温度层结的模拟，并与现场试验结果进行比对分析。

本章采用 STAR-CD 提供的 k-ε（RNG）模型对污染源在三维山体前方时，不同大气稳定度对其污染物扩散以及三维山体对附近流场的影响进行了模拟。本章建立的物理模型与 Takeo T 应用风洞试验研究不同温度层结下三维山体对周围流场结构影响的模型相同，该风洞试验段长 16.5m，宽 2.2m，高 1.8m，试验以 1：1000 制作模型。风洞试验模型高度（H）为 200mm 的三维山体，底部直径（D）为 840mm，山体为余弦型山体模型，不同高度的轮廓形状用下式计算。

$$H_0 = 0.5H \times [1 + \cos(2\pi x/D)] \tag{8.1}$$

式中　x——水平方向距离；

　　　H_0——山体不同位置的高度，山体的最大坡度为 25.5°。

8.1　数值模拟

使用 STAR-CD3.26 作为计算平台，为了与风洞试验结果比较，数值模拟的计算区域设为 16.5m×2.2m×1.8m（长×宽×高），模型尺寸与 Takeo T 风洞试验模型相同，CFD 模型与风洞试验模型相同，以 1：1000 建立模型，模拟高度（H）为 200mm 的三维山体，底部直径（D）为 840mm，山体为余弦型山体模型，为了模拟山体对污染物扩散的影响，本章在山体迎风面设置一根烟囱，烟囱总高度（H_s）为 100mm（0.5H），内径为 4mm，烟囱位于山体迎风面 $x/H=-2.5$ 处，污染源、山体的相对位置关系见图 8.1。选用 C_2H_4 作为示踪气体，采用归一化浓度 K 计算不同位置处浓度值：

$$K = \frac{C^* U_0 H^2}{Q} \tag{8.2}$$

式中　C^*——下风向不同距离处的体积浓度值；

　　　U_0——模拟边界层顶部纵向平均速度；

　　　H——山体高度；

　　　Q——源强（烟羽的体积排放速率，出口速度为山体高度处来流风速的 50%）。

网格结构采用具有良好拓扑结构的六面体网格，计算区域网格总数约为 300 万，计算区域内最大网格尺寸为 30mm，山体表面最小网格尺寸为 5mm。

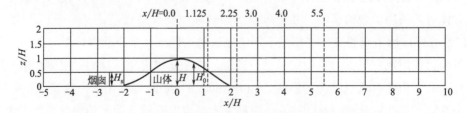

图 8.1　山体与污染源的位置关系

8.1.1　湍流模型

大气环境中用来描写流体运动的基本方程就是 Navier-Stoke 方程，各种数值模拟方法都是建立在该方程基础上。空气流动速度一般不大，因此可将空气当作不可压缩流体。

近地层气流的运动一般为复杂的湍流运动，目前常采用 Reynolds 时均法对基本控制方程进行处理，因为 Reynolds 平均方程中引入了高阶的二阶脉动相关量，湍流模型就是把湍流的脉动值附加项与时均值联系起来的一些特定关系式。而且空气温度变化不大，即密度变化不大，因此认为空气流动符合 Bonssinesq 假设。引入 Boussinesq 假定后，求解的关键就是如何求解湍流黏度，根据求解微分方程的不同产生了不同的湍流模型，例如标准 k-ε 模型。而标准 k-ε 湍流模型不能准确地模拟绕流的复杂流动特征，RNG k-ε 湍流模型能够较好地模拟绕流问题，所以本章选用 RNG k-ε 模型封闭 N-S 方程进行计算。RNG k-ε 湍流模型，在模拟过程中通过能量平衡考虑了温度变化的影响。为了在 CFD 模拟中实现不同温度层结，本章通过添加外部源相（S_ε）对选用的湍流模型进行修正，该外部源相添加方法由 Pontiggia M. 等提出，并将中性与稳定条件下 CFD 模拟结果与现场试验结果进行对比分析。

8.1.2　边界条件

大气层中的风速的垂直分布主要取决于大气层中的形状、地面粗糙度以及建筑物周围表面，来流风速按边界层规律分布，即地面以上风速为随高度递增的梯度风。通过控制不同高度处的温度，形成温度梯度，从而实现不同稳定度条件下大气边界层的模拟。对于考虑热力层结影响作用的大气流动的模拟，主要取决于雷诺数和理查孙数相似的条件。在多数情况下，要求排放源高度处雷诺数大于 11000。不同温度层结下排放源高度处雷诺数见表 8.1。

表 8.1　不同稳定度条件下主要参数

稳定度	u_0/(m/s)	u_H/(m/s)	z_*/m	Re	$R_i(H=200\text{mm})$	z/L	Fr	N/s^{-1}	q_w/(W/m^2)
不稳定	0.8	1.23	0.004	1.76×10^4	-0.002	-0.002	—	—	8.5
中性	0.67	1.03	0.006	1.47×10^4	0.0	0	∞	0	0
稳定	0.75	1.15	0.002	1.64×10^4	0.008	0.009	11	0.52	-10.4

本章 CFD 数值模拟入口边界风廓线、不同高度处湍流强度与温度的取值及其变化规律均与 Takeo T 应用风洞试验研究不同温度层结下三维山体对周围流场结

构影响的模型相同，入口边界条件（velocity inlet）风速沿高度方向的变化规律用指数方程描述

$$u = u_0 \times (z/z_0) \times n$$

式中　u——不同高度 z 处风速；

　　　u_0——特征高度处风速；

　　　z_0——特征高度，m，$z_0 = 0.01$m。

风廓线指数 $n = 0.143$。污染源排放速度为 50%来流风速，通过调整入口边界不同高度处的温度以及计算区域顶部与底部温度实现不同稳定度的模拟。计算时入口边界条件风廓线、湍流强度廓线、温度廓线见图 8.2。

不同高度处湍流耗散廓线根据 $\varepsilon(z) = \dfrac{u_*^3}{\kappa z}\varphi_\varepsilon$ 计算。

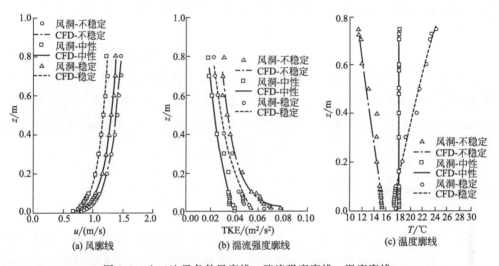

图 8.2　入口边界条件风廓线、湍流强度廓线、温度廓线

出口面边界条件（outflow）假设出口面上流动已充分发展，边界条件按自由出口设定。壁面边界条件（wall）计算域两侧及顶部离建筑物壁面较远，并且来流风速为水平方向，可以认为速度沿切线方向的梯度为零，沿法向的值为零，通过指定剪切应力（shear stress）为零来模拟，故计算域两侧及顶部采用滑移（slip）壁面条件。建筑物表面和地面设置一定的摩擦速度（u_*）与粗糙度（z_*），采用无滑移（no slip）的壁面条件并由壁面函数法确定壁面附近流动。山体附近采用弯曲边界条件，示踪气体的扩散采用被动扩散，示踪气体温度与环境温度相同。

采用压力-速度修正算法 SIMPLE 联立求解各离散方程，采用精度较高的 QUICK（quadratic upwind interpolation of convective kinematics）差分格式。计算过程中，对压力、动量、湍动能、湍动能耗散率及密度均做欠松弛处理。

8.2　结果分析与比较

本章主要研究烟囱位于山体迎风面回流区范围内，山体北风面回流区附近不同温度层结对流动和扩散特征的影响，分别在沿山体中心线（$y=0$），$x/H=0.0$、1.125、2.25、3.0、4.0 和 5.5（见图 8.1）6 个不同位置进行流场与浓度场分布特征的研究。

8.2.1　流场结构

本次数值模拟采用 RNG k-ε 湍流模型计算了山体对其周围流场的影响，在大气环境模拟领域，通常采用归一化速度消除不同模拟风速引起的山体对流场结构的影响差异。归一化速度（u/u_H）或（w/u_H）为局地纵向平均速度（u）或垂直方向上平均速度（w）与山体顶部 $H=200$mm 处纵向平均速度（u_H）之比。

8.2.1.1　纵向平均速度分布（u/u_H）

不稳定、中性与稳定层下风向不同距离处山体对周围流场影响的纵向上归一化速度数值模拟与 Takeo T 风洞试验结果比较见图 8.3。

由图 8.3 可知，数值模拟结果与 Takeo T 风洞试验结果较好吻合，不同稳定度条件下均表现为风速在山顶位置增速最大，山体背风侧尾流区内速度较小。特别是当大气处于稳定状态时，速度亏损略大于中性层结与不稳定条件的数值，最大速度亏损为相应来流的 20% 左右；随着下风距离的增大，在山体后方约 5.5H 处气流混合逐渐均匀，风速逐渐恢复到来流状态，但是大气处于稳定层结时，风速恢复相对较慢，说明对于该典型陡坡山体，山体的尾流效应在 5.5H 山体高度后基本消失。

在山体顶部（$x/H=0.0$），主要由于受机械扰动的影响，不同温度层结下速度变化不明显，其中最低提取点，稳定层结下 $u/u_H=1.14$，中性层结下 $u/u_H=1.08$，不稳定层结下 $u/u_H=1.13$。在尾流区范围内（$x/H=1.125$，2.25），不稳定与中性层结下 u/u_H 相对较大，而稳定层结 u/u_H 相对较小，特别是在山体高度以下（$z/H<1.0$）范围内。主要是由于边界层的混合特性影响。$x/H=1.125$ 处，不稳定层结下近地面 $u/u_H=-0.21$，中性层结下 $u/u_H=-0.24$，稳定层结下 $u/u_H=-0.32$。不同温度层结下，均在山体背风侧尾流区出现回流现象，回流区的高度为 $z/H=0.75$ 左右。该结果与 Takeo T 应用风洞试验研究不同温度层结下三维山体对周围流场结构的影响吻合性较好。总之，当大气处于稳定状态时，在山体高度以下（$z/H<1.0$）近地面层速度亏损略低于中性状态与不稳定状态，特别是在 $x/H=3.0$ 处，而在 $x/H=0$，1.125，2.25 处，由于受建筑物机械扰动的影响，中性与不稳定层结对流场影响不明显，稳定层结对流场影响相对显著。

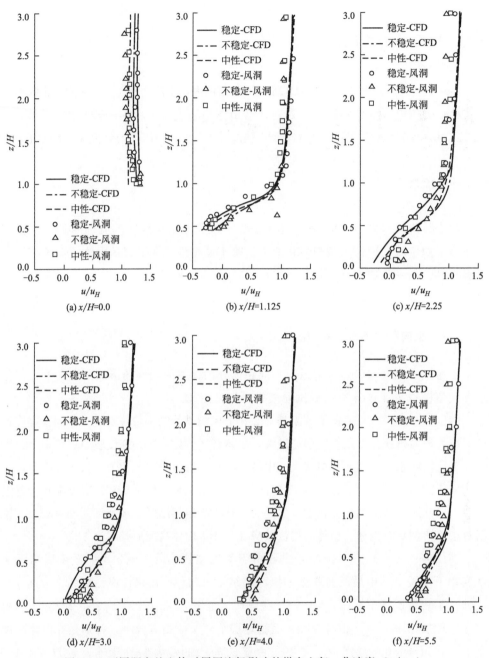

图 8.3　不同距离处山体对周围流场影响的纵向上归一化速度（u/u_H）

8.2.1.2　垂向平均速度分布（w/u_H）

不同温度层结条件下不同距离处山体对周围流场影响的垂向上归一化速度值模拟结果与 Takeo T 风洞试验结果比较见图 8.4。由图 8.4 可知，数值模拟结果与风洞试验结果总体较好吻合，在 $x/H=1.125$，2.25 位置处，当 $z/H>1.75$ 时，数值模拟结果与风洞试验结果差异相对较大。综合分析可知，垂向上速度相对较小，不同稳定度下山顶位置处（$x/H=0.0$），不同高度上速度均为负值。主要原因是在山顶处出现了较强的向下气流。在整个计算域内，$z/H>1.0$ 时 w/u_H 均小于 0，可能原因是温度层结的影响，产生微弱的气流向下运动，造成整个计算域的 W 均为负值。在 $x/H=1.125，2.25$ 位置处，在山体高度以下（$z/H<1.0$），不稳定条件下 w/u_H 绝对值略大于中性，稳定条件下 w/u_H 绝对值略小于中性条件。当 $x/H>3.0$ 时，大气稳定度对 w/u_H 没有影响。

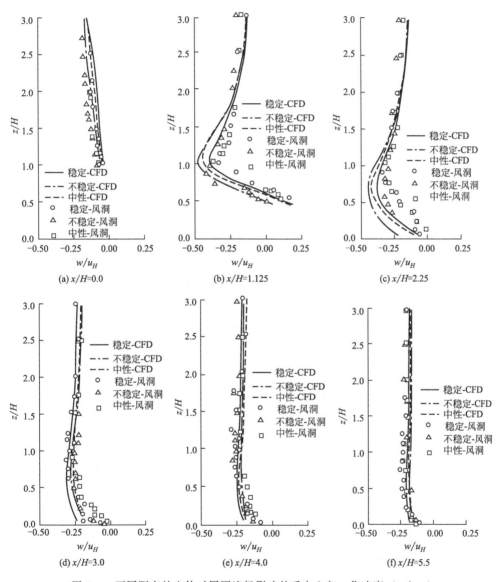

图 8.4　不同距离处山体对周围流场影响的垂向上归一化速度（w/u_H）

8.2.1.3　流场结构分布

不同温度层结条件下山体对周围流场影响的结构分布模拟结果见图 8.5。由图

8.5 可知，数值模拟结果较好地模拟山体附近尾流区及其回流区的信息，山体迎风面流场发生显著变化，风向轴线上部分动量转化成水平与垂直动量，山体后产生了回流，部分流场变成垂直向下。不同温度层结下数值模拟山体对流场的影响趋势基本一致，不稳定层结下空腔区的高度约在 $0.5H$ 处，中性层结下空腔区的高度约在 $0.75H$ 处，稳定层结下空腔区的高度约在 $0.8H$ 处。中性层结条件下模拟山体后侧再附着点约在 $1.9H$ 处，稳定层结条件下模拟山体后侧再附着点约在 $2.9H$ 处，不稳定层结条件下模拟山体后侧再附着点约在 $2.4H$ 处。稳定层结空腔区的高度与长度略大于中性层结与不稳定层结。

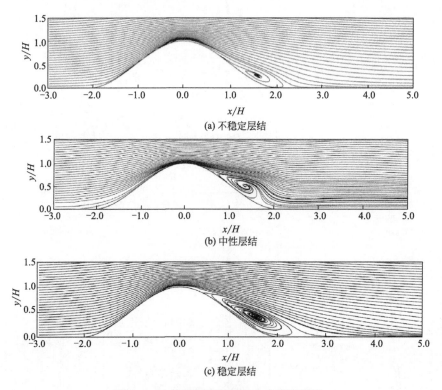

图 8.5　山体周围流场结构分布模拟结果

　　山体上游并未出现明显的扰流与偏转趋势，主要原因是由于 Fr 相对较大（$Fr=11$），大气处于弱稳定层结，山体附近的流动结构大体上与中性层结下的类似。Hunt 和 Snyder 通过水槽和风洞实验研究表明：山体上游排放物羽流是否能绕山体水平运动主要取决于 Fr，当 $Fr>1$ 时，稳定层结下山体附近的流动结构大体上与中性层结下的类似；而当 $Fr=10$ 时，稳定的大气层结对山体下游较远处的流动仍然有着较为强烈的影响。Leo 等提出了修正对数入流速度廓线中分流线高度的计算公式，并与现场试验结果进行比对验证。结果表明：当 $Fr\approx10$ 时，由于 Fr 值太大，在山体中间高度处并无明显的分流现象产生。本章研究结果与 Hunt 和 Snyder 以及 Leo 等的研究结果相吻合。

Finnigan 通过对现场实测数据和风洞试验数据的统计分析得出：三维山体最大坡度小于 0.27(15°) 时，山体北风面不会出现回流区域；最大坡度大于 0.32(18°) 时，山体背风面总会出现回流区域；当最大坡度在两者之间时，山体背风面回流区域不一定会发生，而 Wood 在研究中发现三维山体流动分离的临界坡度为 0.63 (32°)。本章研究的山体的最大坡度为 25.5°，不同温度层结下山体背风侧均出现回流现象，本章研究结果与 Finnigan 的结果相吻合。

8.2.2　湍流结构

不同温度层结，下风向不同距离处山体对周围归一化湍流动能 (k/u_H^2) 影响值模拟结果与 Takeo T 风洞试验结果比较见图 8.6。由图 8.6 可知，总体上分析，数值模拟结果与风洞试验结果较好吻合，湍流动能最大值出现在山体背风面尾流区范围内，主要是山体的扰动引起较高的速度梯度造成。山体顶部分离区域产生较强的湍流动能并且一直延伸到下游，在近地面湍流动能相对较大。大气处于稳定层结时，湍流动能的变化略低于不稳定与中性层结，主要原因是由于大气处于稳定层结时，垂直方向大气的温度梯度大于不稳定与中性层结时，大气在垂直方向上运动相对较小，从而湍流动能的变化较小，并且湍流动能的变化对流场与浓度场的影响较大。在回流区影响范围内 ($x/H=1.125$，2.25，3.0)，当 $z/H<1.5$ 以下，数值模拟结果与风洞试验结果差异相对较大，这是 RANS 模型不能很好地模拟流动分离造成的，并且对回流区的计算相对较大。

湍流动能最大值出现在尾流区包括回流区范围内 ($z/H<0.75$ 以下)，不同稳定层结下数值模拟湍流动能最大值均出现在 $x/H=2.25$ 处，对应点的速度梯度变化也相对较大。数值模拟稳定条件下湍流动能最大值为 0.14，不稳定条件下湍流动能最大值为 0.11，中性定条件下湍流动能最大值为 0.12，主要受山体机械扰动的影响，在回流区附近产生较大的风切变，因此山体附近尾流区包括回流区范围内出现最大的湍流动能，并且该区域稳定度对湍流动能相对较小。该结果与 Takeo T 和 Takeshi 的研究结果一致。而风洞试验湍流动能最大值出现在 $x/H=1.125$ 处，主要原因是 RANS 模型不能很好地模拟流动分离，并且对回流区的计算值相对较大。

综合分析可知，大气处于稳定层结时湍流动能略低于中性层结与不稳定层结，随着距离的增加 ($x/H=4.0$ 和 5.5 处)，大气温度层结对湍流强度的影响逐渐显现。

8.2.3　浓度场分析

图 8.7 显示了在不稳定、中性和稳定层结条件下，在山体尾流区包括回流区范

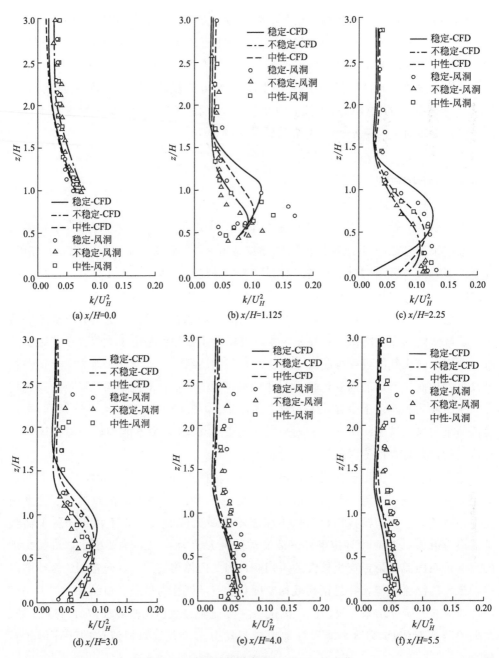

图 8.6 湍流动能随高度（k/H）的变化

围内不同位置处污染物归一化浓度数值模拟结果。

由图 8.7 可知，不同温度层结，下风向不同距离处数值模拟结果均表现为近地面稳定层结浓度值最大，而不稳定层结浓度值最小，中性层结位于中间，当 $z/H >$ 1.5 时，不同位置处逐渐表现为不稳定层结浓度值大于中性与稳定层结，均能清楚看出热稳定分层对污染物扩散的影响，同时可以观测到在尾流区范围内不同稳定度变化产生的浓度波动。

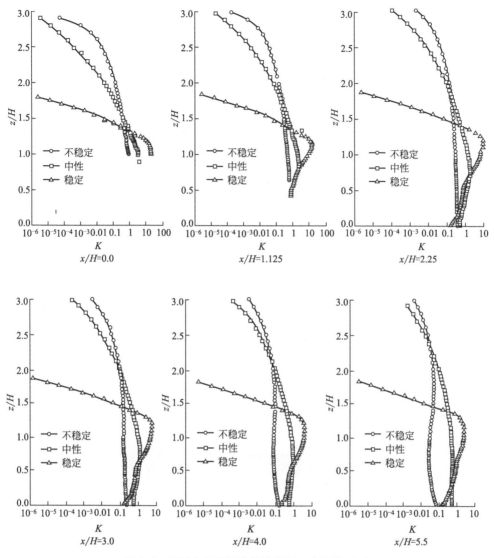

图8.7　不同位置处污染物浓度归一化浓度（K）

不同稳定度条件下地面归一化浓度最大值出现在山体背风侧尾流区范围内 $x/H=$ 1.125处，稳定层结污染物略小于中性与不稳定层结，稳定层结归一化浓度最大值为 0.35，不稳定层结地面归一化浓度最大值为0.4，中性层结归一化浓度最大值为0.5。主要因为山体的机械扰动，在附近产生较高的湍流动能。$z/H>1.5$ 时，热稳定性对污染物浓度影响逐渐显现，表现为不稳定层结浓度值大于中性与稳定层结。在尾流区范围内随着距山体距离的增加，温度层结对污染物扩散的影响逐渐显现。

图8.8为不同稳定度条件下沿风向轴线（$y=0$ 处）污染物扩散的垂直剖面图，由图8.8可知，稳定条件下，由于气流垂直运动相对较弱，烟羽主要表现为沿着山体运动到较远处，不稳定条件下，气流的垂直运动相对较强，烟羽抬升较高，并且垂直方向扩散较宽，并且在山体迎风面出现较大范围的高浓度区。中性条件下，烟羽抬升略低于不稳定条件，垂直方向山烟羽的扩散范围低于不稳定条件。稳定层结

下，由于撞山气流的影响，在山体迎风面出现较大区域的高浓度区，最大归一化浓度 $K=30.0$。由于本章研究大气稳定层结 Fr 数相对较大（$Fr=11$），因此可以观测到污染物沿山坡向上输送，并延伸到下风向较远处（$x/H=3.0$）。不稳定层结下，由于气流垂直运动相对较强，仅在山体迎风面出现较小的高浓度区，最大归一化浓度 $K=5.0$，中性层结，山体迎风面的高浓度区介于稳定与不稳定层结之间。

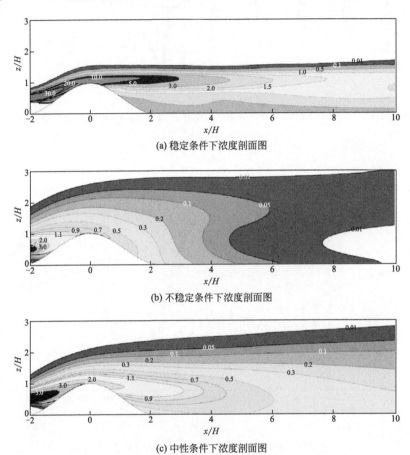

(a) 稳定条件下浓度剖面图

(b) 不稳定条件下浓度剖面图

(c) 中性条件下浓度剖面图

图 8.8   不同稳定度条件下沿风向轴线污染物扩散的垂直剖面图（见书后彩图 1）

图 8.9 为不同稳定度条件下沿风向轴线（距地面 $z=0.01\mathrm{m}$）污染物扩散的水平剖面图。由图 8.9 可知，稳定层结水平方向上高浓度区的延伸范围略大于中性与不稳定层结，不稳定层结水平方向上扩散范围略大于中性与稳定层结，主要是由于不稳定层结下大气的运动较强，使得烟羽在水平方向上扩散较宽。

不稳定层结下，地面最大浓度出现在山体背风侧（$x/H=2.0$ 处），最大归一化浓度 $K=0.3$，主要由于不稳定层结下气流的不规则运动，使得高浓度污染物提前着地，稳定层结下，地面最大浓度出现在距山体较远处（$x/H=8.5$ 处），最大归一化浓度 $K=0.3$，主要原因是由于本章研究大气稳定层结 Fr 数相对较大（$Fr=11$），因此污染物输送到下风向较远处。并且当 $Fr>1$ 时，稳定层结下山体附近的流动结构大体上与中性层结下的类似；而当 $Fr=10$ 时，稳定的大气层结对

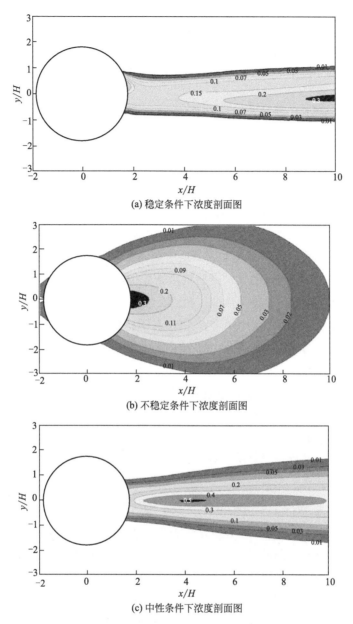

(a) 稳定条件下浓度剖面图

(b) 不稳定条件下浓度剖面图

(c) 中性条件下浓度剖面图

图 8.9　不同稳定度条件下沿风向轴线污染物扩散
的水平剖面图 ($z = 0.01$m)（见书后彩图 2）

山体下游较远处的流动仍然有着较为强烈的影响。中性层结下，地面最大浓度出现在距山体背风面 $x/H = 4.0$ 处，最大归一化浓度 $K = 0.5$。

综合分析可知，稳定层结下烟羽垂直分布范围小于中性与不稳定层结下分布范围，并且浓度的最大值略大于中性与不稳定层结下分布范围，这是因为大气处于稳定层结时抑制了垂直方向的运动，近地面污染物浓度高于中性与不稳定层结，并且沿风向轴线上污染物的扩散范围较大。水平方向上不稳定层结水平方向上扩散范围略大于中性与稳定层结，结果表明在山体尾流区范围内，热稳定性的影响增加了稳定层结下污染物浓度。总之，不稳定条件下垂直方向与水平方向上浓度分布大于中性与稳定状态。

8.3　结论

通过大气处于不同温度层结时，烟囱位于山体迎风面回流区范围内，对排放污染物弥散影响的数值模拟研究，结果表明如下：

① 不同稳定度条件下，均表现为风速在山顶位置风速最大，山体背风侧尾流区内速度最小。当大气处于稳定状态时，在近尾流区（包括回流区）风速显著减小，速度亏损略大于中性层结与不稳定条件，在山体顶部（$x/H=0.0$），主要由于受机械扰动的影响，不同温度层结下速度变化不明显。在尾流区范围内，不稳定与中性层结下，u/u_H 相对较大，而稳定层结 u/u_H 相对较小，当大气处于稳定状态时，在山体高度以下（$z/H<1.0$）近地面层速度亏损略低于中性状态与不稳定状态。由于受建筑物机械扰动的影响，中性与不稳定层结对流场影响不明显，稳定层结对流场影响相对显著。在整个计算域内，$z/H>1.0$ 时 w/u_H 均小于 0，可能原因是温度层结的影响，产生微弱的气流向下运动。

② 大气处于稳定层结时湍流动能略低于中性层结与不稳定层结，随着距离的增加（$x/H=4.0$ 和 5.5 处），大气温度层结对湍流强度的影响逐渐显现。在回流区影响范围内（$x/H=1.125$，2.25，3.0 处），当 $z/H<1.5$ 以下，数值模拟结果与风洞试验结果差异相对较大，这是由于 RANS 模型不能很好地模拟流动分离，并且对回流区的计算值相对较大。

③ 不同稳定度条件下烟羽扩散浓度最大值均出现在山体背风面尾流区范围内（$x/H=1.125$），主要因为山体的机械扰动，在附近产生较高的湍流动能。在山体尾流区范围内，热稳定性的影响增加了稳定层结下污染物浓度。总之，不稳定条件下垂直方向与水平方向上浓度分布大于中性与稳定状态。

④ 稳定层结下，当 Fr 数相对较大时，在山体迎风面出现较大的高浓度区，可以观测到污染物沿山坡向上输送，并延伸到下风向较远处（$x/H=3.0$）。不稳定层结下，由于气流垂直运动相对较强，仅在山体迎风面出现较小的高浓度区和中性层结，山体迎风面的高浓度区介于稳定与不稳定层结之间。

第9章

规则建筑群中流动和污染物扩散的研究

近 20 年来，污染物在类城市环境中的扩散一直是研究热点，城市区域中危险物质的意外释放和交通排放物会对公众安全和环境产生严重影响。城市区域中大气流动和建筑物的相互作用形成了复杂的流场和湍流结构，使得污染物在建筑群中扩散变得复杂。此外，污染物扩散过程也受到了大气层结等气象因素的影响，这也增加了城市区域中污染物扩散的研究难度。

关于城市环境中污染物扩散的早期报道主要为现场试验、风洞和水槽实验研究，这些实验主要研究规则障碍物群对污染物扩散规律的影响。Davidson 进行了现场试验和风洞实验，研究了建筑物群对上游地面点源释放的羽流扩散规律的影响。结果表明：障碍环境中的一些扩散特征基本与平坦地形上保持一致（如羽流横截面分布、中心线上的浓度衰减和羽流在下风向的横向增长）；建筑物矩阵显著增加了羽流垂直分布；然而，羽流平均浓度分布仍然符合高斯形式。MacDonald 通过现场试验和风洞实验，进一步研究了建筑物间隔密度和宽高比对羽流扩散的影响。结果表明：较大的宽高比的建筑物增大了羽流的横向分布；较稠密的矩阵增大了较近下风向范围内羽流的横向分布，但是在较远下风向距离处基本和平坦地形的情况相似。对于较远上风向距离处的释放源，障碍物矩阵对羽流扩散的影响是有限的。Mavroidis 进行了现场试验研究了两种建筑物布局（对齐和交错）中单个建筑物附近的流动和污染物扩散。结果表明：由于流动结构和回流区大小的差异使得不同建筑物尾流区内浓度分布显著不同。Belcher 总结了在城市冠层内影响街区近场扩散重要的流体力学过程，并在以往实验研究的基础上进一步解释了许多重要的扩散过程（如拓扑扩散、次级源现象等）的产生。大型现场试验 MUST（mock urban setting test）获得了大量类城市区域中流动和扩散的测量数据，进一步加深了对城市环境中污染物扩散规律的认识，同时也为数值模拟的验证提供了数据支持。一些物理模拟实验也对 MUST 几何环境中的流动和羽流扩散进行了研究。Yee 基于 MUST 现场测量数据，对比分析了上述风洞和水槽模拟实验的结果，着重研究了障碍物的作用对羽流细节结构的改变。

近年来，随着计算能力的提升和计算流体力学的发展，对复杂几何环境下流动和扩散的 CFD 模拟的准确性已得到显著提升，并且能够准确地再现障碍物对扩散过程的影响。目前，已有大量关于城市区域扩散的数值模拟研究，这些研究提供大量关于各种几何结构中（不同的建筑布局、建筑物形状和街谷）流场和羽流扩散的详细描述。Hanna 使用大涡模拟（LES）研究了对齐和交错立方体布局类型中不同间隔（$0.5H$ 和 $1.5H$）情形下的流动情况并与相应的水槽实验进行了比较。对比表明数值模拟能够捕捉到障碍物矩阵中流动的主要特征，但是却低估了街谷中平均风速和湍流强度。Santiago 使用基于 RANS 方法的标准 $k\text{-}e$ 模型模拟了规则立方体矩阵（街宽比为 1）中流动和污染物扩散，使用相应的风洞测量数据对模拟结果进行了统计学验证。结果表明复杂的三维流动结构影响了矩阵中污染物的扩散。许多数值模拟研究在 MUST 试验的基础上进一步分析了障碍物矩阵中羽流扩散规律。Milliez 和 Carissimo 使用 CFD 模型 Mercure＿Saturne 模拟了 20 个不同气象条件的 MUST 现场试验，并通过统计学比较参数对模拟结果进行了评估。着重强调了细长障碍物对羽流中心线偏斜的影响，并认为羽流偏斜对源的位置也较为敏感。Santiago 和 Dejoan 基于 LES 和 RANS 方法，模拟了 MUST 几何环境中流动和羽流扩散。Santiago 使用相应风洞试验数据，比较分析了垂直于 MUST 矩阵正面的入流风向条件下，LES 和 RANS 的流动模拟结果。并确定了几何不规则性对局部时均流动特性的影响。Dejoan 研究了入流风向角偏差对矩阵中平均浓度和污染物羽流扩散的影响。结果表明：LES 和 RANS 对平均浓度的预测结果与实验数据吻合良好；矩阵中近地面羽流偏斜是街谷中渠道化流动的结果，并且羽流朝向会随高度发生改变；入射风向角度的偏离对地面排放源的影响弱于较高位置的释放。Branford 使用直接数值模拟方法（DNS）研究了不同入流风向条件下，点源释放的被动示踪气体在规则立方体矩阵中的近程扩散。主要分析和讨论了影响羽流结构和浓度分布的一些过程（如街谷中的渠道化、次级源的产生、羽流的偏斜和拓扑扩散等）。结果表明：当入流风向垂直于障碍物正面时，街谷中环流对污染物的逸出起着显著作用；当障碍物相对于入流风向为交错排列时，拓扑扩散现象便会产生（垂直风向时不会出现），同时也增强了羽流的横向扩散；进一步确认了羽流的偏斜的产生是障碍物布局相对于入流风向为非对称时的结果。

大多数研究主要考虑入流风向和障碍物矩阵几何结构对城市环境流动和扩散的影响。目前，对于大气层结对城市环境扩散影响的研究十分有限。Uehara 通过风洞实验研究了温度层结对城市街谷内流动的影响，结果表明温度层结影响了街谷内空腔涡旋的强度。Xie 使用 LES 模拟研究了温度层结对城市环境扩散的影响。他们基于现场浓度数据，比较了中性和三种弱不稳定条件下（理查孙数，$R_i = 0$，-0.1，-0.24，-0.9）的模拟浓度值，并指出温度层结对扩散的影响是不可忽略的。Xie 研究了不同温度层结对交错立方体矩阵中流动和扩散的影响，然而其仅对局部的流场属性进行了分析说明，需要对城市环境中整体的流动规律进一步地研究和说明。

本章使用三维 CFD 软件 Fluidyn-PANACHE 首先对 MUST 现场试验进行了扩散模拟，通过对模拟浓度与现场观测值的统计学比较，检验其对城市扩散的预测能力。为了研究温度层结对城市区域中流动和污染物扩散的影响，进一步模拟了不同温度层结（不稳定、中性和稳定）条件下规则建筑物矩阵中流动和地面点源污染物的扩散。

9.1　模拟描述

9.1.1　几何描述

本章研究不同温度层结条件下规则矩形建筑物矩阵中的流动和污染物扩散规律。模拟使用的三维矩形障碍物高度（H）为 2m，其大小为 $H \times 3H \times H$（长 × 宽 × 高）。研究布局是由 56 个障碍物组成的矩阵，其规模为：8 个障碍物分布于流向上，7 个障碍物分布于横向上。矩阵流向长度（L_x）和横向宽度（L_y）分别为 36H 和 33H。建筑间隔在流向和横向上分别为 4H 和 2H。坐标系原点（$x/H = 0$ 和 $y/H = 0$）位于矩阵水平横截面（$z/H = 0$）的中心。矩阵第一排建筑物迎风面位于 $x/H = -18$，最后一排建筑物背风面位于 $x/H = 18$。建筑物矩阵几何示意详见图 9.1。

9.1.2　计算域和网格

模拟中计算域在流向和横向长度均为 60H，计算域高度为 25H，底部中心位于坐标系原点。使用 212×208×58 个笛卡尔网格对计算域进行离散化。网格在垂直方向、流向和横向上分布是不均匀的。在矩阵中，水平方向上网格尺寸为 0.2H，水平网格分辨率在矩阵上风向和下风向区域逐渐减小。在 2H 高度以下网格保持均匀最小的垂直间距，最小垂直网格尺寸为 0.1H，垂直网格间距在 2H 高度以上逐渐增大。使用一套精细的网格 280×268×62 进行网格独立性分析，图 9.2 比较了矩阵中心处使用精细网格和粗糙网格得到的流向速度垂直分布。散点图中数据点大致分布在 1∶1 线上，网格独立性分析结果表明两套网格中流向速度差异是很小的。由于使用精细网格并不会造成研究结论的改变，所以本章选用粗糙网格进行模拟。

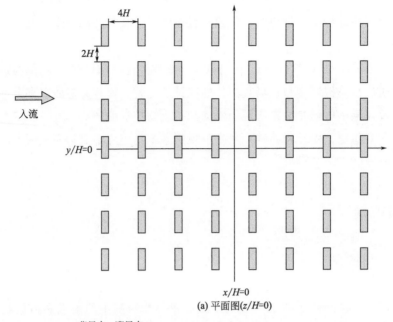

(a) 平面图(z/H=0)

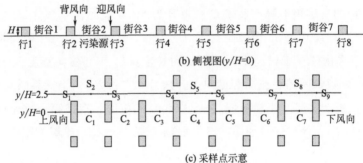

(b) 侧视图(y/H=0)

(c) 采样点示意

图 9.1　建筑物矩阵几何示意

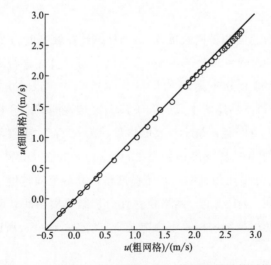

图 9.2　C_4 位置 u 剖面间散点图（精细和粗糙的网格）

9.1.3 边界条件

9.1.3.1 入流和出流边界

模拟中计算域侧面边界类型需要根据入流风向确定，即上游边界设为入流边界，下游边界设为出流边界。本研究考虑垂直于建筑物矩阵的入流风向（平行于 x 轴）并基于 Monin-Obukhov 相似理论来描述表面层。入口处平均风速和温度垂直廓线由下式定义。

$$U(z) = \frac{u_*}{\kappa} \left[\ln\left(\frac{z}{z_0}\right) - \Psi\left(\frac{z}{L}\right) + \Psi\left(\frac{z_0}{L}\right) \right] \tag{9.1}$$

$$T(z) = \theta(z_r) + \frac{\theta_*}{\kappa} \left[0.95\ln\left(\frac{z}{z_r}\right) - \psi\left(\frac{z}{L}\right) + \psi\left(\frac{z_r}{L}\right) \right] + z\lambda_{\text{adia}} \tag{9.2}$$

$$L = \frac{u_*^3 T}{q_0 \kappa g} \tag{9.3}$$

$$\theta_* = -q_0 / u_* \tag{9.4}$$

$$q_0 = Q_h / (\rho C_p) \tag{9.5}$$

式中　U——速度；

　　　　T——温度；

　　　　z——高度；

　　　　z_r——参考高度；

　　　　z_0——地面粗糙度；

　　　　θ——位温；

　　　　L——Monin-Obukhov 长度；

　　　　θ_*——温度尺度；

　　　λ_{adia}——绝热直减率，取值 $\lambda_{\text{adia}} = -0.009766$；

　　　　κ——冯卡门常数，取值 $\kappa = 0.41$；

　　　　Q_h——地面感热通量；

　　　　C_p——定压比热容；

　　Ψ，ψ——稳定度修正函数，在中性条件下 Ψ 和 ψ 均等于 0；

　　　　g——重力加速度，9.8m/s^2。

稳定条件：

$$\Psi\left(\frac{z}{L}\right) = -6\frac{z}{L} \tag{9.6}$$

$$\psi\left(\frac{z}{L}\right) = -7.8\frac{z}{L} \tag{9.7}$$

不稳定条件：

$$\Psi\left(\frac{z}{L}\right)=\ln\left(\frac{1+x^2}{2}\right)+2\ln\left(\frac{1+x}{2}\right)-\frac{2}{\tan x} \tag{9.8}$$

$$x=\left(1-19.3\ \frac{z}{L}\right)^{0.25} \tag{9.9}$$

$$\psi\left(\frac{z}{L}\right)=2\ln\left[0.5+0.5\left(1-11.6\ \frac{z}{L}\right)^{0.5}\right] \tag{9.10}$$

使用 Ye 提出的 Prognostic 湍流廓线描述模拟边界层内的湍流分布。基于入口处速度和温度廓线，Prognostic 廓线由湍流动能、k 和耗散、ε 的 1-D 传输方程推导得出。

9.1.3.2 对称与壁面边界

计算域顶部及两侧面（平行于 x 轴）应用对称边界条件，这些边界上所有变量正向梯度均等于零。底部边界定义为无滑移壁面条件并设置粗糙度 z_0 等于 0.02m，该壁面上速度分量设为零并使用标准壁面函数计算其他变量。壁面动量由如下对数律法则描述：

$$u^+=\begin{cases} \dfrac{1}{\kappa}\lg(Ey^+) & y^+>11.63 \\ \\ y^+ & y^+<11.63 \end{cases} \tag{9.11}$$

$$u^+=\frac{U_p}{u_*}$$

$$y^+=\rho u_*\ y/\mu$$

式中　E——壁面粗糙度函数；

　　　u^+——无量纲速度；

　　　U_p——平行于壁面的流体速度；

　　　y^+——壁面至网格中心的无量纲距离；

　　　y——网格中心到壁面的距离。

为了研究矩阵中持续释放污染物的扩散规律，地面点源设在矩阵中轴线（$y/H=0$）上的第 2 个街谷的中心［见图 9.1(b)］。为了避免由于示踪气体与空气密度差引起的浮力影响，模拟选用一种中性的被动示踪气体（CO）。示踪气体以稳定速率（$Q=0.04\text{m}^3/\text{s}$）由排放源释放。不同模拟边界层中参考高度处（$z_r=H$）风速（$U_{\text{ref}}$）和温度（$T_{\text{ref}}$）分别设为 2m/s 和 298K。

9.2 模型有效性分析

9.2.1 MUST 现场实验描述

2001 年 9 月 6～27 日期间，由 Defense Threat Reduction Agency（DTRA）在

U. S. Army Dugway Proving Ground（DPG）进行了全面的类城市区域扩散现场实验，即 MUST。该试验目的旨在获得不同气象条件下城市区域扩散数据以便于扩散模型的发展和验证。

Biltoft 和 Yee and Biltoft 分别给出了关于实验设置、几何布局、气象条件和排放源的详细描述。城市区域由 12×10 个集装箱组成，每个集装箱长 12.9m、宽 2.42m、高 2.54m。集装箱之间平均横向间隔是 7.9m，流向平均间隔为 12.9m，在纵向和横向上街谷宽高比分别约为 5 和 3。建筑物矩阵总宽和总长分别为 193m 和 171m。实验场基本上为平坦地形，平均地面粗糙度（z_0）为 0.045m ± 0.0005m，该区域盛行风向为东南风和西北风。建筑物矩阵 x 轴指向北偏西 30°方向，建筑物布局和所使用的浓度检测器位置示意见图 9.3。

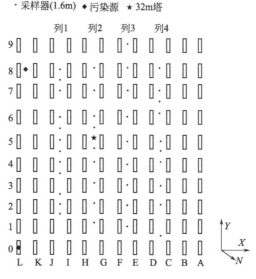

图 9.3　MUST 现场试验几何示意

图 9.3 中几何布局中的不规则性主要是勘测标记导致了对齐误差。这些试验大多在夜晚或者清晨进行，以便获得中性至稳定大气层结下的扩散数据。试验中采用丙烯作为示踪气体，Biltoft 表明在初始释放阶段丙烯气云与环境空气的密度差对扩散过程的影响是可忽略的。48 个采样范围为 $(0.04 \sim 1000) \times 10^{-6}$ 的采样器用于浓度的测量；其中 40 个检测器安置在四条高度为 1.6m 的水平线上（lines 1~4），用于垂直采样的 8 个检测器位于 32m 高塔上，分布高度分别是 1m、2m、4m、6m、8m、10m、12m 和 16m。试验中平均风速和风向，地面摩擦速度和 MO 长度均在 4m 高度处测得。现场试验使用 Monin-Obukhov 长度来衡量大气稳定等级，$L > 2500$m 为中性条件；130m$\leqslant L \leqslant 330$m 为弱稳定至近中性；$4.8m\leqslant L \leqslant 91$m 为稳定至强稳定。本章选择了中性（$L = 2500$m）和弱稳定（$L = 130$m）条件下的两次现场试验（试验号：2681829，2692157）进行稳态模拟，并对预测浓度值与现场试验测量浓度平均值进行了比较。表 9.1 给出了两次 MUST 试验的气象条件和排放源参数设置。

表 9.1   两次 MUST 试验的气象条件和排放源参数设置

标号	序号	$S_{04}/(\text{m/s})$	$\alpha/(°)$	$u_*/(\text{m/s})$	$Q_s/(1/\text{min})$	T_s/min	H_s/m	L/m
1	2681829	7.93	−41	1.1	225	15	1.8	28000
2	2692157	2.98	43	0.39	225	15	2.6	130

注：S_{04} 与 α 均为 4m 高度处的风速与风向角。

9.2.2   模拟设置

本模拟使用嵌套式计算域。鉴于 MUST 矩阵规模，内部计算域尺寸设为 250m×250m，为了使气流进入障碍矩阵之前得到充分发展，外部计算域设为 400m×400m，计算域高度设为 200m。由于 MUST 矩阵几何不规则性，整个计算域内使用非结构化网格。为了能够准确描述羽流在障碍物矩阵中的扩散细节，内部计算域中生成更加精细的网格，并且对排放源和采样点附近的网格进一步加密。计算域中网格总数为 1845250。垂直方向上最小网格分辨率为 0.2m，并在 5m 高度以下保持均匀的最小网格间隔。从 5m 至 100m 高度处，垂直网格间隔逐渐拉伸至 10m，在 100m 以上高度，垂直网格间距保持在 20m。

计算域中障碍矩阵上风向侧边界设为入流边界，下风边界则为出流边界。计算域顶部应用对称边界条件，底部使用无滑移壁面条件。入流速度、温度和湍流廓线的描述均与之前章节保持一致，并依据表 9.2 给出的现场气象观测数据设置输入参数。

表 9.2   现场气象观测数据设置输入参数

温度层结	$u^*/(\text{m/s})$	b_h/m	L/m
不稳定	0.195	585	−15
中性	0.178	530	26000
稳定	0.145	54	12.5

9.2.3   统计学分析

本研究使用 Chang and Hanna 提出的统计学方法对模拟结果进行定量评价。主要的统计学参数包括 NMSE、FB、MG、VG 和 FAC2。

$$FB = \frac{\overline{(\overline{C_o} - \overline{C_p})}}{0.5(\overline{C_o} + \overline{C_p})} \tag{9.12}$$

$$MG = \exp(\overline{\ln C_o} - \overline{\ln C_p}) \tag{9.13}$$

$$NMSE = \frac{\overline{(C_o - C_p)^2}}{\overline{C_o}\,\overline{C_p}} \tag{9.14}$$

$$VG = \exp\left[\overline{(\ln C_o - \ln C_p)^2}\right] \tag{9.15}$$

$$FAC = 0.5 \leqslant \frac{C_p}{C_o} \leqslant 2.0 \tag{9.16}$$

式中　C_o——测量浓度值；

　　　　$\overline{C_o}$——测量浓度的平均值；

　　　　C_p——模拟浓度值；

　　　　$\overline{C_p}$——模拟浓度的平均值；

　　　　FB——单一偏差；

　　　　MG——几何平均偏差；

　　NMSE——标准偏差；

　　　　VG——几何方差；

　　　FAC——吻合度因子。

Chang 和 Hanna 也给出了可接受模拟结果的统计度量范围：NMSE＜4，－0.3＜FB＜0.3，0.7＜MG＜1.3，VG＜1.6，FAC2＞0.5。考虑到 MUST 现场试验浓度检测器的检测极限，本章将小于 0.04×10^{-6} 的模拟和观测浓度值从数据集中除去。Milliez、Carissimo 及 Kumar 在进行模拟评价时也采用了上述的处理方式。本书通过对两次 MUST 实验（2681829 和 2692157）模拟浓度值进行统计学比较分析，来评估 Fluidyn-PANACHE 对中性和弱稳定条件下城市环境污染物扩散的模拟效果。

图 9.4 比较了两次试验中 32m 塔上模拟浓度和测量浓度的垂直分布。图 9.4(a) 中，试验 2681829 中，在 6m 高度以下浓度预测值与观测值吻合良好，最大偏差出现在 10m 和 12m 处，相对误差大约为 60%。不同高度处模拟浓度均小于观测值，

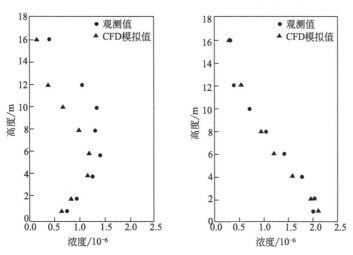

图 9.4　32m 塔两次试验浓度垂直分布

这表明在中性条件下 CFD 模拟低估了浓度垂直分布。图 9.4(b) 中，试验 2692157 中，不同高度处模拟浓度与测量值吻合良好，最大误差小于 30%。这表明 CFD 模拟对弱稳定条件下浓度垂直分布的模拟效果优于中性条件。Kumar 比较了两次 MUST 试验 2671852（$L = 330\text{m}$）和 2672213（$L = 150\text{m}$）中 32m 塔上模拟浓度和测量浓度的垂直分布，其结果也表明 fluidyn-PANACHE 对弱稳定条件下浓度垂直分布的模拟效果较好。

图 9.5 显示了两次试验中各采样点预测浓度和观测浓度的散点图。总体上看，图中大多数散点（73%）都位于 1/2 倍线和 2 倍线之间，这表明 CFD 模拟可以获得较为满意的浓度模拟结果。位于 1/2～2 倍线区间内的数据点在试验 2681829 和 2692157 中分别约为 71% 和 75%。大约有 75% 的散点位于 1/1 倍线右侧，这意味着 CFD 模拟总体上低估了平均浓度值。表 9.3 给出了两次模拟的浓度统计学参量，两次模拟的整体的 FAC2 值分别为 0.962 和 0.807，NMSE 值分别为 0.16 和 0.201，VG 值分别为 1.583 和 1.455，均符合其可接受范围。总的 MG 值（1.461 和 1.474）略大于其可接受极限（MG=1.3）。这表明 CFD 预测结果总体上是可接受的。两次试验中 FAC2 值随着采样线与源距离的增大而逐渐减小，最大偏差出现在采样线 4 上，FAC2 值分别为 0.536 和 0.491，NMSE 值分别为 0.422 和 0.633；这表明 CFD 模拟极大地低估了下风向较远距离处的浓度值。FB 值代表着对观测值的高估或低估趋势，试验 2681829 中采样线 1 上 FB 值小于 0，最小 FB 值出现在采样线 2，这表明中性条件下模拟高估了源较近距离处的浓度值。两次试验中各采样线 FB 值总体上都为正值进一步确认了模拟结果中预测浓度低于观测值。试验 2692157 中，水平采样线上 FB 值随着与排放源距离的增大逐渐减小，这表明弱稳定条件下 CFD 模拟对较远下风向距离浓度值的低估程度远大于释放源附近。这点与 Kumar 中的报道一致。

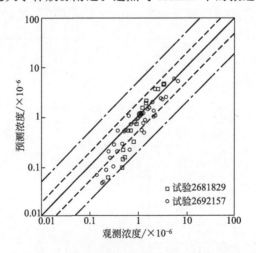

图 9.5　预测结果和观测结果之间比较的散点图

（------ ——FAC=$\frac{1}{2}$～2，—·——·—— ——FAC=$\frac{1}{5}$～5）

表 9.3　两次模拟的浓度统计学参量

标号		NMSE	FB	MG	VG	FAC2
1	全部	0.160	0.040	1.461	1.583	0.962
	L1	0.148	-0.18	1.293	1.802	1.197
	L2	0.070	0.043	1.207	1.225	0.958
	L3	0.058	0.183	1.478	1.532	0.832
	L4	0.422	0.603	2.434	2.601	0.536
	垂线	0.182	0.340	1.565	1.422	0.710
2	全部	0.201	0.213	1.474	1.455	0.807
	L1	0.124	0.045	1.086	1.164	0.956
	L2	0.232	0.349	1.580	1.335	0.703
	L3	0.555	0.533	1.915	1.912	0.579
	L4	0.633	0.683	2.538	2.667	0.491
	垂线	0.012	0.044	1.027	1.019	0.957

图 9.6 显示了两次模拟中羽流在 1.6m 高度处水平浓度分布。在建筑物矩阵中下风向羽流输运方向与入流风向产生了显著的偏离。现场试验中同样也观察到了这种偏移现象，Yee 和 Biltoft 认为这种现象主要是由于街谷内污染物扩散受到渠道化流动的影响。Kumar 也验证了 Fluidyn-PANACHE 对复杂城市环境中不同大气层结下污染物扩散的实际预测能力，本验证模拟的结论与其保持一致。

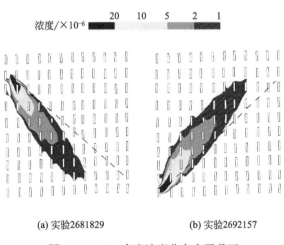

(a) 实验2681829　　　　　(b) 实验2692157

图 9.6　1.6m 高度浓度分布水平截面

9.3　结果分析

本研究主要对矩阵中不同区域的流场结构和浓度分布进行分析，主要比较了不

同温度层下 $y/H=0$ 和 $y/H=2.5$ 垂直平面上不同位置处归一化纵向速度 u/U_{ref} 垂直分布。此外，还对 $y/H=0$ 平面上 u/U_{ref}，归一化垂直速度 (w/U_{ref}) 和归一化湍流动能 (k/U_{ref}^2) 的分布和街谷的流场结构进行了分析。本章使用 $K=\dfrac{CU_{ref}H^2}{Q}$（C 为气体的体积浓度）对模拟浓度结果进行无量纲化处理，并分析了不同温度层结下垂直平面 $(y/H=0)$ 和水平面 $(z/H=0.1)$ 上归一化浓度 (K) 的分布规律。

9.3.1　纵向速度 (u/U_{ref})

图 9.7 比较了不稳定、中性和稳定条件下矩阵上游、下游和街谷中心位置处（C1～C7）流向速度 (u/U_{ref}) 的垂直分布。在矩阵上风向 $2H$ 处，近地面附近 u/U_{ref} 已经开始出现衰减，不同温度层结下 u/U_{ref} 近地面分布基本一致。在街谷中心位置，不同温度层结下，$z/H<0.5$ 范围内的 u/U_{ref} 均为负值。这主要是因为障碍物机械扰动的影响，街谷中底部出现回流所导致。而且在 C2～C7 处均表现为近地面 u/U_{ref} 值在不稳定条件下最小，中性条件下 u/U_{ref} 值略大于不稳定和稳定条件，这表明不稳定条件下街谷中近地面回流速度大于中性和稳定条件。纵向速度受建筑物矩阵影响的最大高度在不稳定、中性和稳定条件下分别约为 $2H$、$2H$ 和 $2.5H$。C1 处 u/U_{ref} 分布波动较为剧烈，这是因为气流经过第 1 排障碍物时强烈风切变现象造成了较大的流向速度梯度。C2 位置之后，不同街谷中心处，$z/H<1$ 范围内 u/U_{ref} 垂直分布差异非常小，这表明街谷内流向速度垂直分布从第 2 个街谷似乎开始达到平衡。Hanna 等使用 LES 方法模拟了立方体矩阵中的流动，并使用相应的水槽实验观测数据验证了模拟结果。在数值模拟和水槽实验中发现不同下风向位置平均流向速度的垂直分布在第 3，4 排障碍物之后达到稳定状态。本章的模拟结果与其结论一致。在建筑物矩阵下风向 $2H$ 距离处，速度开始逐渐恢复到来流状态，在 $z/H=0.1$ 处 u/U_{ref} 值在不稳定、中性和稳定条件下分别约为 0.13、0.08 和 0.03。这表明稳定条件下风速恢复慢于不稳定和中性条件，不稳定条件下的速度恢复相对较快。

图 9.8 比较了流向通道中心面 $(y/H=2.5)$ 上不同位置处（S1～S9）u/U_{ref} 的垂直分布。S2、S5、S8 位于街道交汇处，S1、S3、S4、S6、S7、S9 位于两列建筑物之间。当矩阵中流动趋于稳定时，不同温度层结下，建筑物间隙处（S4，S6，S7，S9）$z/H<2$ 范围内 u/U_{ref} 分布显著大于街道交汇处（S5，S8）。不同温度层结下，在 S1 处的 u/U_{ref} 增大量明显大于其他位置（S3、S4、S6、S7 和 S9），最大 u/U_{ref} 增量在不稳定、中性和稳定条件下分别为分别约为 34%、25% 和 35%。这表明气流通过第 1 排建筑物间隙时产生了较为剧烈的风切变。在不稳定和中性条件下，增速现象一直延伸到 $2.5H$ 高度处，稳定条件下，在 $2H$ 高度处 u/U_{ref} 值大

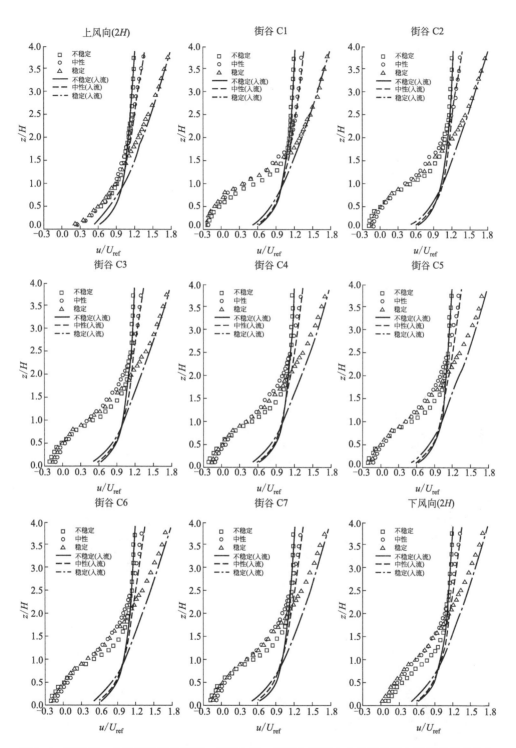

图 9.7 不稳定、中性和稳定条件下，矩阵上游、下游和街谷中心位置处流向速度的垂直分布

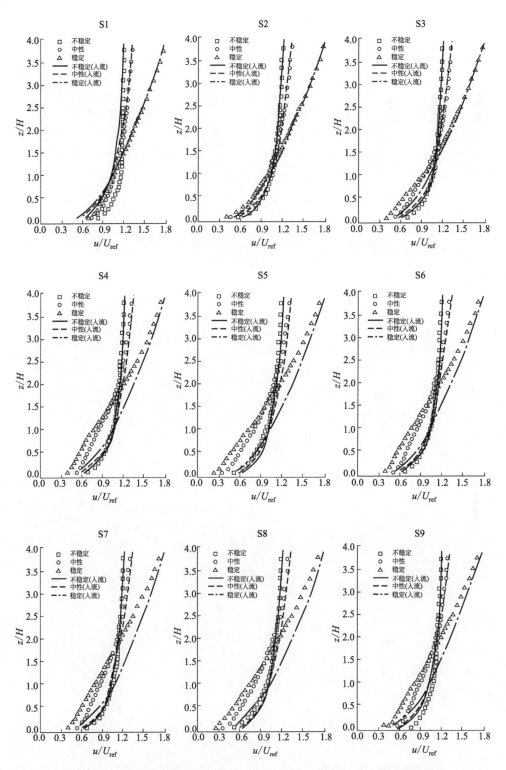

图 9.8　流向通道中心面（$y/H = 2.5$）上不同位置处 u/U_{ref} 的垂直分布

致与入流状态相等，这表明稳定条件下风切变对较高处风速的增强作用弱于不稳定和中性条件。当大气处于不稳定条件时，通道内不同位置处 u/U_{ref} 垂直分布大体上与入流状态一致。从 S2 至 S9，中性和稳定条件下的 u/U_{ref} 分布出现显著的减少，近地面最大 u/U_{ref} 亏损出现在 S5 处，在中性和稳定条件下分别为来流 40％和 54％，并且 $z/H<2.0$ 范围内 u/U_{ref} 的垂直分布逐渐趋于线性，这表明中性和稳定条件下建筑物矩阵对纵向速度的影响大于不稳定条件。当大气处于稳定条件时，从 S4～S9，$z/H>3.0$ 范围内 u/U_{ref} 值仍然小于来流风速。这再次确认了稳定条件下建筑物矩阵对较高处纵向速度有着显著影响。

图 9.9 显示了不同温度层结下矩阵中心面（$y/H=0$）上流向速度 u/U_{ref} 等值线图。建筑物矩阵上方纵向速度在不同温度层结下均出现了明显垂直的梯度。不同温度层结下街谷中出现了大范围的负向速度区域，较大值的负向速度区域（$u/U_{ref}<-0.2$）位于街谷底部（$z/H<0.5$）。这主要是因为受建筑物扰动影响街谷中出现了涡旋回流。在 C1 内，不同温度层结下较大负向速度区域显著大于其他下风向街谷，第 2 排建筑物之后，不同温度层结下街谷中 u/U_{ref} 分布大体上保持了相似，街谷底部 $u/U_{ref}<-0.2$ 负向速度区域在中性和稳定条件下变得很小。这是因为第 1 个街谷内强烈的机械扰动对流动起主导作用，温度层结的影响并不明显，因此该街区内的涡旋强度较大。第 2 排建筑物之后，中性和稳定条件下街谷涡旋强度出现明显的减弱，主要原因是街谷 2-7 中机械湍流强度出现减弱，温度层结对流动的影响逐渐显现。在街谷底部下游，不稳定条件下负向速度大于中性和稳定条件，这表明不稳定条件街谷背风侧的涡旋回流强度大于中性条件和稳定条件。

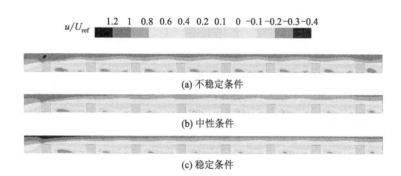

u/U_{ref} 1.2   1   0.8   0.6   0.4   0.2   0.1   0   -0.1   -0.2   -0.3   -0.4

(a) 不稳定条件

(b) 中性条件

(c) 稳定条件

图 9.9　不同温度层结下矩阵中心面（$y/H=0$）上流向速度 u/U_{ref} 等值线（见书后彩图 3）

9.3.2　垂直速度（w/U_{ref}）

图 9.10 显示了不同温度层结下 $y/H=0$ 平面上归一化垂直速度 w/U_{ref} 等值线分布。第 1 排障碍物迎风角附近，强烈的风切变造成了强烈的垂直速度分布。不同温度层结下，街谷中部区域 w/U_{ref} 为负值，街谷背风侧 w/U_{ref} 为正值，街谷迎风

侧 w/U_{ref} 为负值。气流在街谷背风侧和迎风侧的垂直运动分别为向上和向下的，这两种垂直运动分别属于街谷内上游涡旋和下游涡旋的一部分。不同温度层结下，街谷内背风侧向上的运动要强于迎风侧向下的运动，这也表明街谷内上游涡旋强度大于下游涡旋。不稳定条件下街谷内背风侧垂直速度大于中性和稳定条件，稳定条件下街谷背风侧垂直速度最小。这是因为稳定的大气层结抑制了气流的垂直运动，不稳定条件下气流垂直运动较为剧烈。

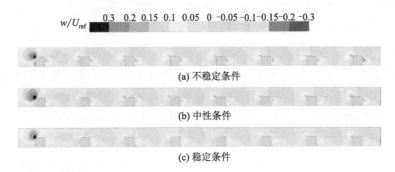

图 9.10　不同温度层结下 $y/H=0$ 平面上归一化垂直速度 w/U_{ref} 等值线分布（见书后彩图 4）

9.3.3　湍流动能（k/U_{ref}^2）

图 9.11 显示了不同温度层结下 $y/H=0$ 平面上归一化湍流动能 k/U_{ref}^2 等值线分布。不同温度层结下 k/U_{ref}^2 最大值均出现在建筑物迎风角附近，这是因为建筑物顶部（$z/H=1$）风切变作用产生了强烈的机械湍流。$y/H=0$ 平面上，主要是最大的 k/U_{ref}^2 出现在不稳定层结下，这是由于建筑物矩阵内不稳定条件下热力湍流强度大于中性和稳定条件。从第 2 排建筑物开始，不稳定和中性条件下 k/U_{ref}^2 的垂直分布大体上保持相似；稳定条件下，迎风角附近 k/U_{ref}^2 最大值随下风向距离的增大出现略微的减小。此外，街谷底部的 k/U_{ref}^2 值明显小于不稳定和中性条件。这也说明稳定条件下街谷底部的热力湍流强度较弱。

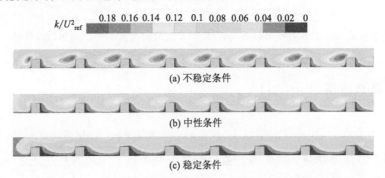

图 9.11　不同温度层结下 $y/H=0$ 平面上归一化湍流动能 k/U_{ref}^2 等值线分布（见书后彩图 5）

9.3.4　流场结构

图 9.12 展示了矩阵中前 3 个街谷中 $y/H=0$ 平面上速度场流线。图 9.12 中，在 $y/H=0$ 平面上，不同温度层结下街谷上游和下游部分均有涡旋出现，并且上游涡旋显著大于下游涡旋。这种流动模式即 OKE（1988）提出的尾迹干扰流动（wake interference flow）。不同温度层结下，街谷 1 中的涡旋结构与街谷 2、3 中的差异较为明显，街谷 2、3 中流场结构是相似的。这是因为气流经过第 1 个街谷内速度波动程度较为剧烈。在街谷 2、3 中，不同温度层结下下游涡旋略大于街谷 1，并且涡旋中心与背风侧水平距离略小于街谷 1。流动趋于稳定之后，不稳定条件下街谷上游涡旋中心高度（2/3H）和长度略小于中性条件和稳定条件；稳定条件涡旋中心与背风侧水平距离大于不稳定条件和中性条件，约为 $2H$。稳定条件下街谷下游涡旋范围明显小于不稳定条件和中性条件。

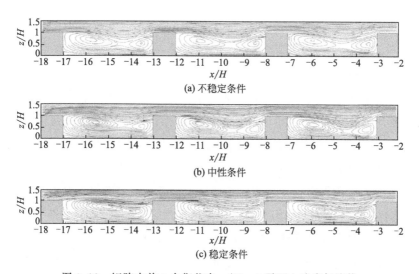

图 9.12　矩阵中前 3 个街谷中 $y/H=0$ 平面上速度场流线

9.3.5　污染物扩散

图 9.13 显示了不同温度层结下归一化浓度 K 在矩阵中心面（$y/H=0$）上的垂直分布。

不同温度层结下，第 2 个街谷内污染物浓度远高于其他下游街谷，这表明当风向垂直于街谷时街谷内通风较差，使得底部释放的污染物大量滞留在街谷内，导致了次级源现象的出现。在 Davidson 等进行的风洞实验中，风向垂直于街谷时，同样观察到次级源现象的产生。Belcher 等认为较长的街谷造成了这种现象的产生。不同温度层结下，高浓度区域出现在街谷内上游部分，表明街谷内污染物在垂直方

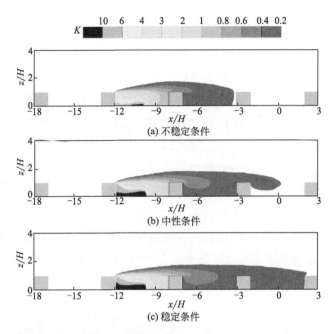

图 9.13 不同温度层结下归一化浓度 K 在矩阵中心面（$y/H=0$）上的垂直分布（见书后彩图 6）

向的传输主要由涡旋回流主导。第 2 个街谷内，少量污染物主要由涡旋垂直输送到建筑物高度以上并由自由气流（平行于 x 轴）夹带向下游传播。街谷 2 中，不稳定条件下 $K>10$ 浓度区域小于中性条件和稳定条件，该浓度区域在稳定条件下略大于中性条件。街谷内污染物的稀释主要由湍流混合主导，这再次表明不稳定条件下街谷内湍流动能大于中性条件和稳定条件。在建筑物矩阵中，稳定条件下羽流下风向扩散范围大于不稳定条件和中性条件，羽流延伸到第 5 排建筑物处。

图 9.14 显示了 $z/H=0.1$ 平面上归一化浓度 K 水平分布。街谷 2 中，不同稳定度条件下羽流水平分布规律是相似的，这是因为街谷内污染物分布主要由局部流场所主导。不同温度层结下污染物主要分布在街谷上游部分，这是因为街谷底部回流主导了地面附近污染物的扩散。在水平方向上，污染物主要通过街谷上游障碍物背风侧两个涡漩卷吸进入流向通道并由平行于 x 轴的气流携带向下游传播。稳定条件下污染物羽流有着最大的下风向分布。

图 9.15 比较了不同温度层结下街谷 2 和 3 中沿迎风侧和背风侧 K 的垂直分布。不同稳定条件下，街谷 2 和 3 中背风线上 K 值远大于迎风侧，Chang 和 Meroney 比较了不同街宽比（$B/H=1$、2 和 4）的街谷中迎风面和背风面上污染浓度分布，其结论表明不同结构的街谷中背风面上污染物浓度显著高于迎风侧，这是主要是由于街谷中上游涡旋回流造成的。对于较宽的街谷中，上游涡旋流动将污染物携带到谷外，使得街谷下游区域浓度值显著偏低。不同高度处，背风线和迎风线上最大 K 值出现在稳定条件下，不稳定条件下 K 值最小。这也证明了稳定条件下空气对羽流稀释程度弱于中性条件和不稳定条件。

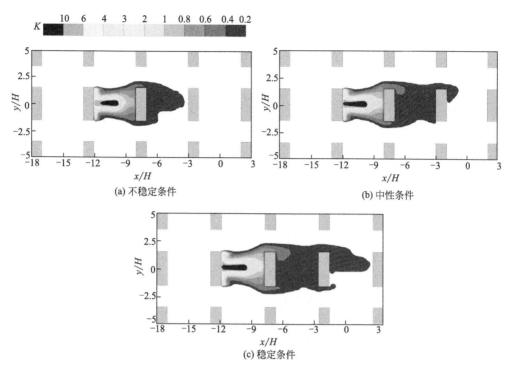

图 9.14　$z/H = 0.1$ 平面上归一化浓度 K 水平分布（见书后彩图 7）

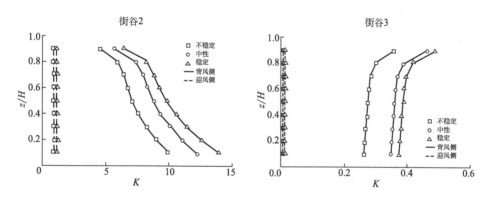

图 9.15　不同温度层结下街谷 2 和 3 中沿迎风侧和背风侧 K 的垂直分布

第10章

不同温度层结对LNG蒸气扩散影响

天然气作为一种清洁能源已经得到了广泛使用，为了满足对天然气的需求，全世界范围内大型 LNG 接收站的数量正在不断地增加。大型低温常压 LNG 储罐的应用解决了 LNG 大量储存的问题。由于大型 LNG 储罐暴露于大气环境中，罐内 LNG 受热蒸发，在罐体内顶部会聚集大量 LNG 蒸气，其主要成分为甲烷。储罐可能受外界因素影响使得罐体破裂，从而导致意外泄漏事故的发生。LNG 蒸气为可燃性气体，其泄漏扩散后与空气混合形成大规模的可燃气云，一旦被点燃就会导致火灾或者蒸气云爆炸事故。而且，LNG 蒸气密度大于空气密度，即重气体，许多实验证明了重气体在大气中的扩散状态是复杂的，涉及了三个明显的扩散阶段：浮力主导，稳定分层和被动扩散，对于较高位置的释放源可能还包括空降阶段和着陆阶段。

LNG 泄漏扩散的早期研究主要集中于大型的现场试验，主要有 Falcon 系列试验、Burro 系列试验和 Coyote 系列试验。Burrro 系列试验包括 8 个 LNG 泄漏试验，泄漏体积从 $24m^3$ 至 $39m^3$，环境风速范围为 $1.8 \sim 9.1 m/s$，大气稳定度范围从不稳定（B 类）到弱稳定（E 类）。Burro 系列试验发现在较低大气边界层内大气湍流主导了所有试验（除了 Burro8）中 LNG 蒸气的传输和扩散。Coyote 系列试验研究了 LNG 泄露时快速相变（RPT）和蒸气云点燃后造成火灾的特点。Falcon 试验在稳定和中性条件下进行，其包括 5 个大型 LNG 泄漏试验，这些试验主要评估了 LNG 意外泄漏时围栏对 LNG 蒸气的缓解作用。这些现场实验通常在水面上进行，对较高的释放源类型考虑有限，这就导致了 LNG 蒸气扩散受大气条件影响相对较小。现场试验往往具有一定危险性并伴随着高额的花费，而数值模拟方法作为一种有效的研究手段已经被验证和广泛使用。重气体扩散数值模型主要分为经验模型、积分模型、浅层模型、拉格朗日颗粒轨迹模型、CFD 模型等。经验模型简化了流动的物理过程，主要基于现场试验数据和实验室测量的对照和简化关系来描述扩散状态，如 VDI。积分模型对于下风向气体扩散的浓度分布进行假设，如高斯分布，然后沿着下风向距离进行积分，DEGADIS 模型是应用最广泛的积分模型之一。而浅层模型基于偏微分方程描述质量、动量和能量守恒规则。这两类模型的缺陷就是仅适合于平坦地形。拉格朗日颗粒轨迹模型能够考虑风速，大气湍流和密度对扩散的影响并且也适用于复杂地形，但是不能表征热力学带来的影响。

随着计算流体力学的发展和计算机能力的快速提升，CFD 方法被广泛地应用于 LNG 泄漏和重气体扩散模拟。Giannissi 基于 Falcon 试验，使用标准 k-ε 湍流模型对障碍环境中 LNG 扩散进行了模拟并且比较了两种源项模拟方法，发现与 LNG 液池面源相比，使用两相喷射模拟方法的 CFD 结果与试验结果吻合更好。Luo 等基于多相模型模拟了 LNG 完整的泄漏过程（包括 LNG 释放、LNG 和水相互作用、LNG 蒸发和蒸气扩散），并用 Falcon 现场实验对其结果进行验证分析，结果表明多相模型可以充分考虑由于相变带来的湍流影响和温度变化，其可以提供更好的计算结果。Sun 和 Guo 使用计算流体力学方法模拟了 LNG 泄漏可能造成的两种事故后果（LNG 蒸气扩散和 LNG 池火），通过现场试验对模拟结果进行了验证，并提出了事故后果缓减措施。Tauseef 比较了不同 k-ε 湍流模型对障碍环境中重气体扩散模拟的影响，发现 Realizable k-ε 湍流模型对重气体扩散预测效果更好。Qi 等基于 Monin-Obukhov 相似理论，使用 CFX 对 LNG 蒸气扩散进行模拟并通过现场试验对 CFD 预测结果进行了验证，表明 CFD 能够有效地描述 LNG 蒸气扩散的重气体特征。Sun 和 Utika 等使用 FLUENT 验证了 Burro5 和 Burro8 试验，与积分模型相比，CFD 模拟与实验结果吻合性更好，并且针对设计的泄漏情景进行了风险分析。

在大气边界层内的气象因素对 LNG 的扩散也有显著的影响。Luketa Hanlin 等提出气象因素对 LNG 蒸气扩散距离的影响是非常显著的，特别是当大气处于稳定条件和环境风速较低时 LNG 泄漏会造成较远的 LFL 距离。Cormier 等基于 CFD 进行了 LNG 泄漏后果模拟并研究了一些重要参数对 LNG 蒸气扩散的影响，研究发现风速和感热通量影响着 LNG 蒸气云的形状长度和稀释程度。然而，目前为止关于大气稳定度对 LNG 蒸气扩散影响的研究仍然很有限。

本章应用 Fluidyn-PANACHE 对 Burro8 现场试验进行模拟，并利用现场试验结果对 CFD 模拟结果进行验证。其次，针对大型 LNG 储罐可能发生的泄漏情景，分别对不同大气稳定度条件（不稳定、中性和稳定）下 LNG 蒸气扩散进行了模拟。

10.1　数值模拟

本研究对储量为 $3\times10^{4}\,\mathrm{m}^{3}$ 的 LNG 大型低温常压型储罐进行了泄漏扩散模拟。假设储罐顶部中央由于某些因素意外发生破裂，LNG 蒸气从裂缝处垂直向上快速释放。鉴于大型 LNG 储罐形状、尺寸各异，本章研究使用位于平坦地形上储罐，储罐为圆柱体，外罐底部直径（d）为 41m，高（h）为 28.1m（图 10.1）。本章主要研究大气处于不稳定（B）、中性（D）和稳定（F）三种稳定条件时 LNG 蒸气的扩散情况。LNG 的沸点约为 $-111K$，由于储罐内部 LNG 的受热蒸发和翻滚，使得罐内顶部聚集了大量低温的 LNG 蒸气。当罐体顶部产生裂缝时，大量 LNG 蒸气逸出。这里假设 LNG 蒸气从破裂处垂直向上释放，速度大小为 30m/s。LNG 蒸气密度大约为环境空气的 1.5 倍，因此将它视为重气体。考虑到低温的 LNG 蒸气释放后会与环境空气进行热交换，气体温度会有明显变化。基于理想气体定律，这里将 LNG 蒸气密度视为随温度变化的函数。首先进行稳态模拟以得到计算域中稳定的风场，其结果作为后续 LNG 瞬态扩散模拟的初始条件。采用 SIMPLEC 算法求解压力-速度耦合方程，数值差分格式使用 UDS。数值模拟主要参数设置见表 10.1。

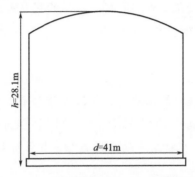

图 10.1 大型低温常压 LNG 储罐模型

表 10.1 环境参数和泄漏初始条件

变量	值
风速 z_r 处/(m/s)	1.5
温度 z_r 处/℃	25
压强/Pa	100
地面粗糙度/m	0.1
释放速率/(kg/s)	20
释放时间/s	240
模拟时间/s	480
时间步长/s	1

10.1.1 计算域设置

计算域尺寸为长（x）为 1000m、宽（y）为 500m、高（z）为 500m。释放点源位于储罐顶部中心，其上风向（inflow）水平距离为 200m，下风向（outflow）

水平距离为 800m。本模拟采用六面体结构化网格划分整个计算域，为了准确地描述计算域内 LNG 泄漏扩散情况，释放点源和储罐附近以及储罐下风向区域使用精细网格，水平方向最小网格尺寸为 1m，垂直方向最小网格尺寸为 0.1m，网格总数为 94 万。计算域边界类型和储罐附近网格分布见图 10.2。采用压力-速度修正算法 SIMPLE 求解各离散方程。

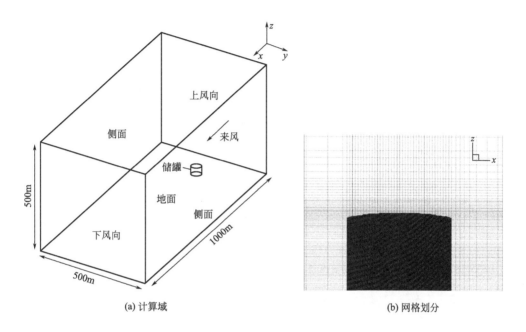

(a) 计算域　　　　　　　　　　　　　　　(b) 网格划分

图 10.2　计算域边界类型及储罐附近网格分布

10.1.2　边界条件设置

本章根据计算域中风向将边界类型分为入流和出流边界，边界条件设置分别如下所述。

10.1.2.1　入流边界

大气边界层对 LNG 蒸气扩散有着至关重要的影响，为了得到可靠的 CFD 模拟结果，准确描述大气边界内空气流动是非常必要的。入口边界条件（velocity inlet）风速沿高度方向的变化规律用指数方程描述，通过控制不同高度处的温度，形成温度梯度，从而实现不同稳定度条件下大气边界层的模拟。对于不考虑科氏力但需要考虑热力层结影响作用的大气流动的模拟，只取决于雷诺数和莫宁-奥布霍夫（Monin-Obukhov）长度。不同稳定度条件下主要计算参数见表 10.2。

表 10.2　不同稳定度等级参量取值

稳定度分类 参量	不稳定	中性	稳定
风廓线指数 n	0.09	0.16	0.54
边界层厚度 b_h/m	465	365	36
Monin-Obukhov 长度/m	−15.6	∞	13.7
地面摩擦速度 u_*/(m/s)	0.170	0.133	0.066

计算域中内风速、温度和湍流垂直分布由如下给出。

入流风速在垂直方向上分布符合指数规律，不同高度处的风速由下述方程给出：

$$U(z) = U_{z_r} \left(\frac{z}{z_r} \right)^n \tag{10.1}$$

这里，$U(z)$ 为给定高度 z 处的风速，参考高度 z_r 为 10m，U_{z_r} 是参考高度处的环境风速为 1.5m/s，n 是风廓线指数，其值由大气稳定度等级和地面粗糙度共同决定。

基于 Monin-Obukhov 相似理论描述入流边界上的温度垂直分布情况，沿高度 z 的温度梯度函数与第 9 章相同。

根据 Han 和 Arya 理论，垂直方向上湍流分布由如下式定义：

① 大气处于稳定和中性条件时

$$k = 6u_*^2 \left(1 - \frac{z}{b_h} \right)^{1.75} \tag{10.2}$$

$$\varepsilon = \frac{u_*^3}{\kappa z} \left(1.24 + 4.3 \frac{z}{L} \right) \left(1 - 0.85 \frac{z}{b_h} \right)^{1.5} \tag{10.3}$$

② 不稳定条件下

$$k = \begin{cases} 0.36w_*^2 + 0.85u_*^2 \left(1 - 3\frac{z}{L} \right)^{2/3} & z \leqslant b_h/10 \\ \left[0.36 + 0.9 \left(\frac{z}{b_h} \right)^{2/3} (1 - 0.8)^2 \right] w_*^2 & z > b_h/10 \end{cases} \tag{10.4}$$

$$\varepsilon = \begin{cases} \dfrac{u_*^3}{\kappa z} \left(1 + 0.5 \left| \frac{z}{L} \right|^{2/3} \right)^{3/2} & z \leqslant b_h/10 \\ \dfrac{u_*^3}{b_h} \left(0.8 - 0.3\frac{z}{b_h} \right) & z > b_h/10 \end{cases} \tag{10.5}$$

10.1.2.2　壁面边界

计算域两侧及顶部离建筑物壁面较远，并且来流风速为水平方向，可以认为速度沿切线方向的梯度为零，沿法向的值为零，通过指定剪切应力（Shear Stress）为零来模拟，故计算域两侧及顶部采用滑移（slip）壁面条件。

10.2　数值模拟有效性分析

本章选用 Burro8 泄漏试验对 CFD 数值模拟结果进行验证分析，Burro8 试验在低风速弱稳定的大气条件下进行，稳定条件下大气的湍流混合较弱，重气体扩散受重力影响更加显著。该现场试验在水面上进行，水池直径为 58m，水面比附近地平面低约 1.5m，LNG 泄漏位置位于水池中心。25 个气体传感器分布在泄漏点下风向 57m、140m、400m 和 800m 的弧线上，分别测量高度为 1m、3m 和 8m 处的气体浓度值，上风向并未设置气体传感器。20 个风场监测站分布在上风向 800m 至下风向 900m 的范围内，测量 2m 高度处风速和风向，现场中心轴线与当地盛行风向一致。该现场试验泄漏参数和气象数据由表 10.3 给出。假设计算域中水平风向与 x 方向平行，计算域大小为 $1000m \times 500m \times 200m$，坐标原点设于水池中心。计算域中使用六面体结构化网格，地面附近区域使用精细网格，最小网格尺寸为 0.05m，网格总数为 77 万。水池位置及其附近网格划分如图 10.3 所示。LNG 蒸气云密度视为随温度变化的函数。

表 10.3　Burro8 泄漏试验初始条件

主要参数	Burro8 试验
释放量/m^3	28.4
释放时间/s	107
释放速率/(m^3/min)	16
风速/(m/s)	1.8
温度/℃	33.1
相对湿度/%	4.5
稳定度	E

10.2.1　边界条件

入流风速随高度呈指数变化，参考高度 (z_r) 2m 处的风速 (U_{z_r}) 为 1.8m/s，风廓线指数 $n = 0.34$，地面粗糙度 (z_0) 约为 0.01m。参考高度 (z_r) 2m 处的温度为 33.1℃，温度在垂直方向上的分布符合线性规律，温度递减率为 0.145。Burro8 试验中 LNG 泄漏总质量为 12070kg，本章假设 Burro 现场试验中 LNG 的蒸发率等于泄漏率来计算源项，因此本次模拟 LNG 泄漏率设为 112.8kg/s。

出流边界条件设为压力出口，地面设为壁面边界条件（wall）。计算域两侧及顶部采用滑移（slip）壁面条件。地面设置一定的摩擦速度 (u_*) 与粗糙度 (z_0)，采用无滑移（no slip）的壁面条件，使用标准壁面函数计算壁面拖曳力。采用

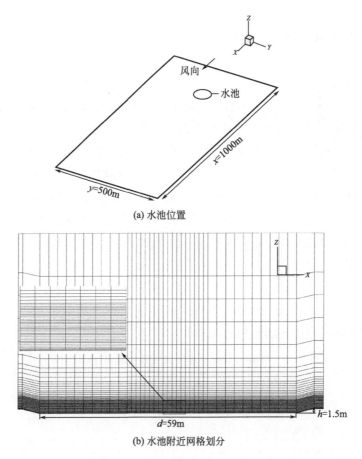

(a) 水池位置

(b) 水池附近网格划分

图 10.3　水池位置及其附近网格划分

SIMPLE 求解各离散方程。计算过程中，对压力、动量、湍动能、湍动能耗散率及密度均作欠松弛处理。在 LNG 释放之前，先对计算域中风场进行稳态模拟以得到稳定的收敛结果。稳态风场作为初始条件用于 LNG 扩散的瞬态模拟，持续时间为 200s。

10.2.2　验证结果分析

10.2.2.1　横向扩散

图 10.4 为 CFD 模拟 LNG 释放后 60s 和 100s 时下风向 57m 处蒸气浓度垂直分布情况，并与重气体扩散原理图进行了比较。LNG 气云浓度值随高度增加逐渐减小，从 60s 至 100s 时 1% 浓度垂直分布高度并无明显变化，这是因为稳定层结抑制了气云在垂直方向的运动。在重力作用下 LNG 气云沿着地面迅速传播，使得横向分布距离显著增加，1% 体积浓度气云横向分布距离在 60s 和 100s 时分别约为 96m 和 140m。并且由于重气流动与空气流动相互影响，气云两端会产生较强的漩涡，

加剧了气云与空气的混合，使得其两端垂直分布高度略大于中部。该结果为重气体扩散的显著特征。

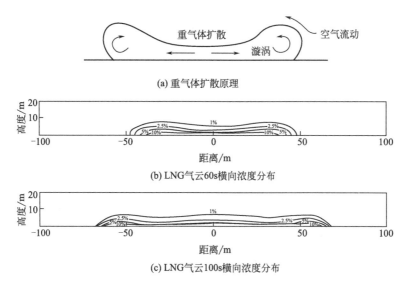

图 10.4　重气体扩散过程示意和数值模拟 LNG 气云 60s 和 100s 横向浓度分布情况

10.2.2.2　水平扩散

图 10.5 为数值模拟和 Burro8 现场试验中 60s 和 100s 时下风向高 1m 处水平体积浓度分布情况。CFD 结果和 Burro8 试验结果中 1% 浓度气云水平扩散距离在 60s 时均分别为 130m 和 150m，100s 时分别为 190m 和 210m。LNG 可燃上限（LUL）和可燃下限（LFL）分别为 15%、5%（体积分数，%）。CFD 模拟中 60s 和 100s 时 5% 体积浓度下风向距离分别为 100m 和 150m，现场试验 60s 和 100s 时 5% 浓度下风向距离分别为 140m 和 150m，100s 时数值模拟的 LFL 距离与现场试验数据基本一致。CFD 模拟结果中 LNG 气云横向分布范围随下风向距离增加逐渐减小，而在现场试验中，LNG 气云随着时间增加气云逐渐出现了分叉现象，这是大气环境中风向无规则变化引起的。而在 CFD 模拟中风速和风向是不变的，这可能是 CFD 结果的气云形状不同于现场试验结果的原因。Sun 使用 CFD 技术对 Burro8 现场试验进行模拟验证，通过 CFD 结果与现场试验结果的比较，发现在稳定的大气条件下，LNG 下风向扩散距离较小并且在上风向也有显著的扩散，但是气云在横向分布范围较大。本章模拟结果与 Sun 模拟结果相一致。

图 10.6 为下风向不同距离处 Burro8 现场试验和 CFD 数值模拟的浓度最大值比较。下风向距离 30m、60m 和 265m 处，CFD 模拟浓度值与试验结果基本一致。最大偏差出现在下风向 100m 和 180m 处，CFD 模拟浓度值约为试验结果的 2 倍。

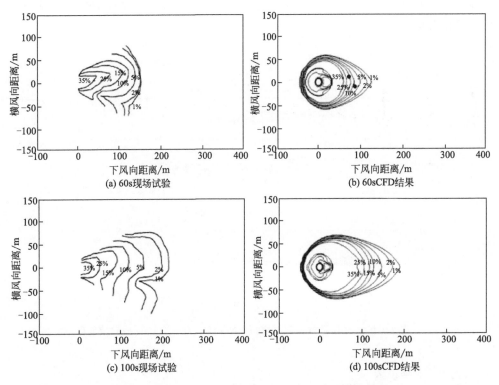

图 10.5　60s 和 100s 时下风向 LNG 气云水平分布情况

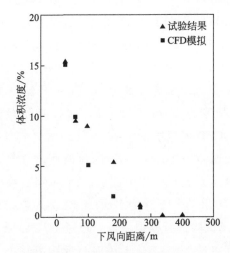

图 10.6　下风向不同距离处 CFD 模拟的浓度和现场 Burro8 试验结果的对比

10.3　不同稳定度对 LNG 扩散的影响

本章通过比较不同稳定度条件下储罐下风向 LNG 蒸气扩散结果，来说明大气稳定度对 LNG 扩散的影响，主要讨论 LNG 蒸气云的垂直和水平分布、下风向轴线体积浓度值（体积分数）和 LFL/2 距离的变化情况。

10.3.1　垂直分布

图 10.7～图 10.10 分别给出了 30s、60s、180s 和 300s 时下风向 LNG 体积浓度值在轴线处的垂直分布情况，LNG 体积浓度值范围为 0.001～0.2。

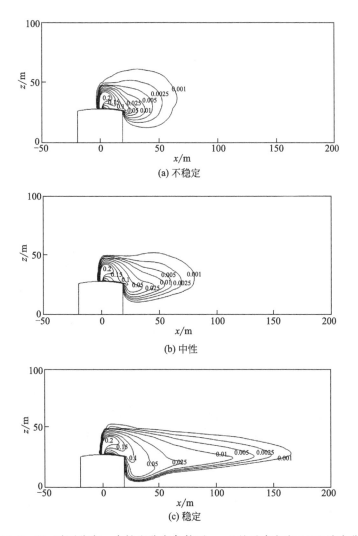

图 10.7　30s 时不稳定、中性和稳定条件下 $y=0$ 处垂直方向 LNG 浓度分布

图 10.7 中，30s 时 LNG 气云处于空降阶段，不同稳定度条件下垂直方向上 LNG 气云形状各不相同。储罐下风向 0.001 浓度值的 LNG 气云垂直分布最大高度在不稳定条件下约为 60m，中性和稳定条件均小于 55m。30s 时气云在稳定条件下达到了最大的下风向扩散距离，约为 165m。这是因为稳定条件下气流的水平输送运动略高于不稳定和中性条件。在不稳定、中性和稳定条件下，0.001 浓度气云与

地面的最小距离分别为 12m、10m 和 5m。这说明稳定条件下气云的沉降速度大于中性和不稳定条件，这是因为稳定层结抑制了气流垂直方向上的对流运动，使得气云受浮力影响显著减弱。

图 10.8 中，60s 时 LNG 气云已经沉降到地面上，不稳定、中性和稳定条件下，下风向气云垂直分布高度与 30s 时相比并无显著变化。在释放初始阶段，LNG 垂直扩散主要受初始动量的影响。不稳定条件下 LNG 气云扩散高度大于中性和稳定条件，这是因为大气湍流主要受温度层结的影响，不稳定层结促进了大气湍流的产生，强烈的湍流混合促进了空气对 LNG 气云的稀释，使其在垂直方向上的运动更加显著。60s 时 LNG 气云扩散的最大下风向距离在不稳定、中性和稳定条件下分别约为 100m、125m 和 260m。

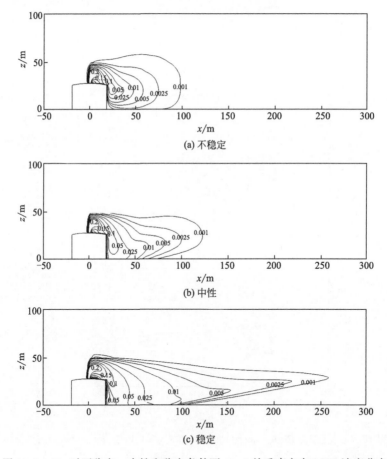

图 10.8 60s 时不稳定、中性和稳定条件下 $y=0$ 处垂直方向 LNG 浓度分布

图 10.9 中，180s 时不稳定、中性和稳定条件下，LNG 气云垂直分布的最大高度均出现在释放源上方，这表明 LNG 气体释放后达到的最大高度主要由初始动量决定。随着下风向距离的增加，中性和稳定条件下 LNG 气云垂直分布高度明显减小，而不稳定条件下气云垂直分布高度并没有明显变化。这是表明随着初始动量

的衰减, 中性和稳定条件下 LNG 气云垂直扩散受重力作用的影响较为显著。并且
由于中性和稳定条件下湍流混合较弱, 减弱了空气对 LNG 气云的稀释, 进而抑制
了气云在垂直方向的运动。180s 时 LNG 气云扩散的最大下风向距离在不稳定、中
性和稳定条件下分别约为 245m、270m 和 390m。

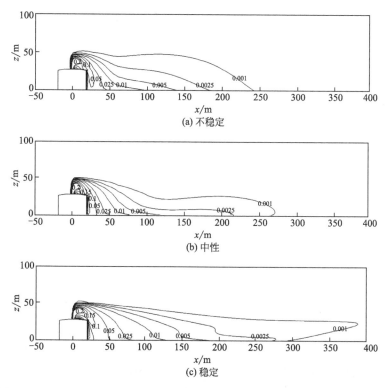

图 10.9 180s 时不稳定、中性和稳定条件下 $y=0$ 处垂直方向 LNG 浓度分布

60s 和 180s 时不同稳定度条件下, 储罐下风向高浓度 (>0.05) 区域位于储
罐背风面附近。这表明在 LNG 释放期间, 由于较低的风速, 储罐背风面附近区域
中气体浓度值较高, 并且在稳定条件下储罐下风向高浓度气体区域大于不稳定和中
性条件。

图 10.10 中, 300s 时不同稳定度条件下地面附近均出现了浓度分层现象, 且
气体浓度值均小于 0.01, LNG 扩散接近 "稳态", 该阶段 LNG 扩散主要是由大气
湍流主导。不稳定条件下, 0.001 和 0.003 浓度值气云垂直分布范围明显大于中性
和稳定条件, 这说明不稳定条件下, 在垂直方向上空气对 LNG 的稀释程度大于中
性和稳定条件。300s 时 LNG 气云扩散的最大下风向距离在不稳定、中性和稳定条
件下分别约为 350m、420m 和 560m。综合分析可知, 不同时间段, LNG 气云扩
散的最大下风向距离出现在稳定条件下, 这是因为稳定层结下 LNG 气云在垂直方
向上运动受到抑制, 同时水平方向上的扩散增强, 使得稳定层结下 LNG 气云扩散
到下风向较远距离处。

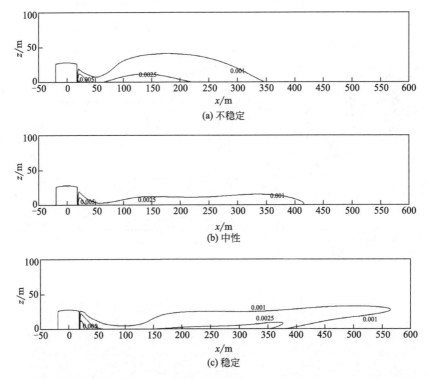

图 10.10   300s 时不稳定、中性和稳定条件下 $y=0$ 处垂直方向 LNG 浓度分布

图 10.11 比较了 480s 内不稳定、中性和稳定条件下不同下风距离 ($x=23\mathrm{m}$, 30m, 40m, 55m, 75m, 100m, 130m, 180m, 250m, 350m) 地面高 1m 处最大浓度值。不稳定条件下最大浓度值随下风向距离逐渐减小。$x=23\mathrm{m}$ 处，最大浓度值在不稳定、中性和稳定条件下分别为 5.5%、6.1% 和 4.35%。这表明稳定条件下，

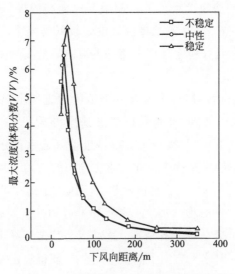

图 10.11   下风向高 1m 处最大浓度值变化

储罐背风面附近地面 LNG 浓度小于中性和不稳定条件。稳定条件下最大浓度值随下风向距离增大后逐渐减小，浓度值在 $x=40m$ 处达到最大，为 7.5%。这是因为稳定条件下受风力影响，使得气云的水平运动较为剧烈；浓度值在 $x>30m$ 时，稳定条件下浓度值大于不稳定和中性条件，并且不稳定和中性条件下浓度值基本接近。这表明在稳定条件下，地面附近蒸气云浓度值更容易达到爆炸极限。并且由于大气环境中湍流混合的衰减，大量 LNG 会在地面附近聚积，增大了形成爆炸性蒸气云的可能性。

10.3.2　水平分布

　　图 10.12 为 60s、180s 和 300s 时不同稳定度条件下风向地面高 1m 处 LNG 气云浓度水平分布情况。由图 10.12 可知，不同稳定度条件下储罐下风向均出现较为宽的气云形状，这是因为低风速条件下，地面附近 LNG 气体水平方向的传播主要由重力驱使。60s 时 LNG 气云已经沉降到地面上。稳定条件下最大浓度值大于 0.05，而不稳定和中性条件下气体浓度值均小于 0.05。这表明在 LNG 释放阶段，

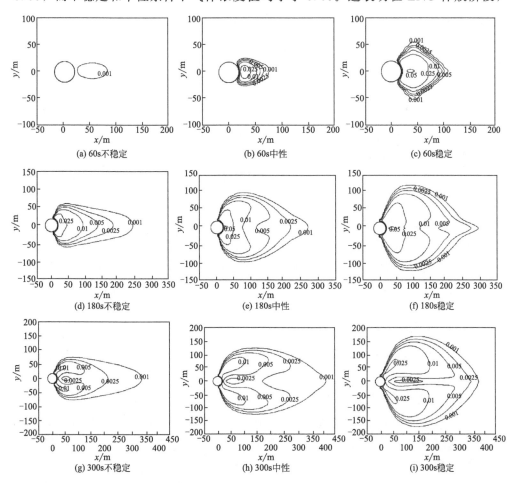

图 10.12　60s、180s 和 300s 时不稳定、中性和稳定条件下高 1m 处 LNG 气云浓度水平分布

稳定条件下地面附近浓度值增长速度快于不稳定和中性条件。从 180s 到 300s 时，不稳定和中性条件下 0.001～0.003 浓度区域显著地增大，而在稳定条件下这种变化相对较小。这表明在被动扩散阶段，稳定层结下水平方向上空气对 LNG 稀释的程度弱于不稳定和中性条件。

60s 时，在不稳定、中性和稳定条件下 0.001 体积浓度值的气云横向扩散（沿 y 轴）距离分别约为 20m、60m 和 100m，纵向（沿 x 轴）扩散距离分别约为 80m、80m 和 110m。180s 时，不稳定、中性和稳定条件下 0.001 体积浓度廓线横向（沿 y 轴）扩散距离分别为 120m、200m 和 240m，纵向（沿 x 轴）扩散距离分别约为 245m、270m 和 300m。稳定条件下 LNG 气云在水平方向上分布范围大于中性和不稳定条件。这是因为稳定条件下，气云垂直分方向上运动相对较弱，同时增大了 LNG 气云在地面附近水平方向上的分布范围。

综合分析可知，相同时间同一距离处，稳定条件下近地面浓度值大于不稳定和中性条件，稳定条件下 LFL/2 距离在 60s 和 180s 时分别为 70m 和 80m，180s 时 LFL/2 距离在不稳定和中性条件下分别约为 50m 和 50m。这表明在稳定条件下 LNG 扩散可以达到更大的 LFL/2 下风向距离。

10.4　结论

本章使用 CFD 模块 Fluidyn-PANACHE 研究大气稳定度对 LNG 扩散的影响，并通过 Burro8 现场试验对其进行了验证，CFD 模拟结果与试验结果基本一致，证明了 PANACHE 能够很好地描述 LNG 重气体扩散的特点。

通过比较了不稳定、中性和稳定条件下储罐下风向 LNG 蒸气扩散模拟结果，研究了大气稳定度对 LNG 气云扩散的影响。对比结果表明：不稳定条件下，由于垂直方向强烈的大气湍流，使得 LNG 气云垂直分布大于中性和稳定条件，气云垂直分布的增加也减少了其在地面附近的水平分布范围。稳定条件下 LNG 气云受浮力影响显著减弱，使得气云能更快地沉降到地面。稳定层结抑制了 LNG 气云在垂直方向的扩散，从而增大了其在地面上的分布范围。稳定条件下 LNG 气云近地面分布范围大于中性和稳定条件，中性条件下 LNG 气云地面分布范围略小于稳定条件。相同下风向距离处，稳定条件下近地面浓度最大值大于不稳定和中性条件。较弱的大气湍流减弱了空气对气云的稀释，进一步增加了地面附近 LNG 气云的积累，稳定的条件下 LFL/2 下风向距离大于不稳定和中性条件。稳定层结也减弱了 LNG 气云在被动扩散阶段的扩散。

研究结果表明大气稳定度条件对下风向 LNG 蒸气扩散范围、近地面最大浓度值和 LFL/2 距离有着显著影响。稳定条件下，LNG 发生意外泄漏后在地面附近更容易形成爆炸性气云，并且由于空气对其稀释程度的降低，增加事故发生的可能性，遇到点火源可能会造成严重的事故后果（如火灾或爆炸等）。所以考虑大气稳定度对 LNG 扩散的影响、对于事故预防工作等有重要的意义。

◆ 参考文献 ◆

[1] 于勇，张俊明，姜连田.FLUENT 入门与进阶教程 [M].北京：北京理工大学出版社，2008.

[2] John D. Anderson. 计算流体力学及其应用 [M].吴颂平，刘赵淼，译.北京：机械工业出版社，2007.

[3] 周雪漪.计算水力学 [M].北京：清华大学出版社，1995.

[4] 章梓雄，董曾南.粘性流体力学 [M].北京：清华大学出版社，1998.

[5] 李万平.计算流体力学 [M].武汉：华中科技大学出版社，2004.

[6] 阎超.计算流体力学方法及应用 [M].北京：北京航空航天大学出版社，2006.

[7] 龙天渝，苏亚欣，向文英，等.计算流体力学 [M].重庆：重庆大学出版社，2007.

[8] 陶文铨.数值传热学 [M].第 2 版.西安：西安交通大学出版社，2001.

[9] 张涵信，沈孟育.计算流体力学——差分方法的原理和应用 [M].北京：国防工业出版社，2003.

[10] 李人宪.有限体积法基础 [M].第 2 版.北京：国防工业出版社，2008.

[11] 王福军.计算流体动力学分析——CFD 软件原理与应用 [M].北京：清华大学出版社，2004.

[12] 张师帅.计算流体动力学及其应用——CFD 软件的原理与应用 [M].武汉：华中理工大学出版社，2011.

[13] 郭鸿志.传输过程数值模拟 [M].北京：冶金工业出版社，1998.

[14] 任玉新，陈海昕.计算流体力学基础 [M].北京：清华大学出版社，2006.

[15] Patankar. SV 传热与流体流动的数值计算 [M].张政，译.北京：科学出版社，1984.

[16] Yoshihide T, Ted S. Numerical simulation of dispersion around an isolated cubic building: Comparison of various types of k-ε models [J]. Atmosphere Environment. 2009, 43: 3200-3210.

[17] Andy T C, Ellen S P SO. Strategic guidelines for street canyon geometry to achieve sustainable street air quality [J]. Atmosphere Environment. 2001, 35: 4089-4098.

[18] Jones C D, Griffiths R F. Full-scale experimentson dispersion around an isolated building using an ionisedair tracer technique with a very short averaging time [J]. Atmospheric Environment. 1984, 18: 903-916.

[19] LI W, Meroney R N. Gas dispersion near a cubical model building, Part I, Meanconcentration measurements [J]. Wind Engrg, & Ind. Aerodyn. 1983, 12: 5-33.

[20] LI W, Meroney R N. Gas dispersion near a cubical model building. Part II. Concentration fluctuation measurements [J]. Wind Engrg, & Ind. Aerodyn. 1983, 12: 35-47.

[21] Castro IP, Robins AG. The flow around a surface-mounted cube in uniformand turbulent streams [J]. Fluid Mech. 1977, 79: 307-335.

[22] 姚仁太，乔清党，等.复杂建筑物近场扩散的风洞模拟 [J].辐射防护通讯，2002, 6: 1-6.

[23] 王卫国，徐敏，等.建筑物附近气流特征及湍流扩散的模拟实验 [J].空气动力学学报，1999, 1:

87-92.

[24] Meroney R N, Bernd M LI. Wind-tunnel and numerical modeling of flow and dispersion about several building shapes [J] . Wind Engineering and Industrial Aerodynamics. 1999, 81: 333-345.

[25] Yoshihide T, Akashi M, Shuzo M. Satoshi SawakidComparison of various revised k-ε models and LES applied to flow around a high-rise building model with 1 : 1 : 2 shape placed within the surface boundary layer [J] . Wind Engineering and Industrial Aerodynamics. 2008, 96: 389-411.

[26] Meng T, Hibi K. Turbulent measurements of the flow field around a high-rise building. [J] . Wind Engineering and Industrial Aerodynamics. 1998, 76: 55-64.

[27] Yoshihide T, Akashi M. Cross comparisons of CFD results of wind environment at pedestrian level around a high-rise building and within a building complex [J] . Asian Architecture and Building Engineering, 2004, 3: 1-8.

[28] Onoa Y, tamura T. LES analysis of unsteady characteristics of conical vortex on a flat roof [J] . Wind Engineering and Industrial Aerodynamics. 2008, 96: 2007-2018.

[29] Tetsuro T, Hiromasa K. Numerical prediction of wind loading on buildings and structures-Activities of AIJ cooperative project on CFD [J] . Wind Engineering and Industrial Aerodynamics. 1997, 67&68: 671-685.

[30] 张晓伟, 朱蒙生. 住宅小区污染物扩散的数值模拟分析 [J] . 低温建筑技术, 2008, 1: 121-123.

[31] 张宁, 蒋维楣. 建筑物对大气污染物扩散影响的大涡模拟 [J] . 大气科学, 2006, 30: 212-220.

[32] 蒋维楣, 苗世光, 等. 城市街区污染散布的数值模拟与风洞实验的比较分析 [J] . 环境科学学报, 2003, 23: 652-656.

[33] 蒋维楣, 吴小鸣, 等. 大气环境物理模拟 [M] . 南京: 南京大学出版社, 1991.

[34] Wang X, McNamara K F. Evaluation of CFD simulation using RANS turbulence models for building effects on pollutant dispersion [J] . Environmental Fluid Mechanics. 2006, 6: 181-202.

[35] Hiromasa Nakayama, Tetsuya Takemi. LES Analysis of Plume Dispersion through Urban-Like Building Arrays [J] . the seventh international conference on urban climate. Japan, 2009.

[36] 胡二邦,陈家宜. 核电厂大气扩散及其环境影响评价 [M] . 北京: 原子能出版社, 1999.

[37] Meroney R N, Cermak J E. Wind tunnel modeling of flow and diffusion over San Nicolas Island. California. [M] Pacific Missile Range. 1967.

[38] Uehara K, Murakami S, Oikawa S, et al. Wind tunnel experiments on how thermal stratification affects flow in and above urban street canyons. [J] . Atmospheric Environment, 2000, 34: 1553-1562.

[39] Yassin M F, Kato S, Ooka R, et al. Field and wind-tunnel study of pollutant dispersion in a built-up area under various meteorological conditions. [J] . Journal of wind engineering and industrial aerodynamics, 2005, 93: 361-382.

[40] Yassin M F. A wind tunnel study on the effect of thermal stability on flow and dispersion of rooftop stack emissions in the near wake of a building. [J] . Atmospheric Environment, 2013, 65: 89-100.

[41] Mavroidis I, and D. J. Hall, Field and wind tunnel investigations of plume dispersion around single surface obstacles. [J] . Atmos. Environ. , 2003, 37: 2903-2918.

[42] Tominaga Y, Ted S. Numerical simulation of dispersion around an isolated cubic building: Comparison of various types of k-ε models. [J] . Atmosphere Environment, 2009, 43:

3200-3210.

[43]　Tominaga Y, Ted S. CFD simulation of near-field pollutant dispersion in the urban environment: A review of current modeling techniques. [J] . Atmospheric Environment, 2013, 79: 716-730.

[44]　Santos J M, Reis Jr N C, Goulart E V, et al. Numerical simulation of flow and dispersion around an isolated cubical building: The effect of the atmospheric stratification. [J] . Atmospheric Environment, 2009, 43: 5484-5492.

[45]　Meroney R N, LI Bernd M. Wind-tunnel and numerical modeling of flow and dispersion about several building shapes. [J] . Journal of Wind Engineering and Industrial Aerodynamics, 1999, 81: 333-345.

[46]　Tominaga Y, Mochida A, Murakami S. Comparison of various revised k-ε models and LES applied to flow around a high-rise building model with 1 : 1 : 2 shape placed within thesurface boundary layer. [J] . Journal of Wind Engineering and Industrial Aerodynamics, 2008, 96: 389-411.

[47]　Endalew A M, Hertog M, Delele M A. CFD modeling and wind tunnel validation of airflow through plant canopies using 3D canopy architecture. [J] . International Journal of Heat and Fluid Flow, 2009, 30: 356-368.

[48]　Mavroidis I, Andronopoulos S, Bartzis J G. Computational simulation of the residence of air pollutants in the wake of a 3-dimensional cubical building. The effect of atmospheric stability. [J] . Atmospheric Environment, 2012, 63: 189-202.

[49]　Santiago J L, Borge R, Martin F, et al. Evaluation of a CFD-based approach to estimate pollutant distribution within a real urban canopy by means of passive samplers. [J] . Science of the Total Environment, 2017, 576: 46-58.

[50]　Pieterse J E, Harms T M. CFD investigation of the atmospheric boundary layer under different thermal stability conditions. [J] . Journal of Wind Engineering and Industrial Aerodynamics, 2013, 121: 82-97.

[51]　Ai Z T, Mak C M. CFD simulation of flow in a long street canyon under a perpendicular wind direction: Evaluation of three computational settings. [J] . Building and Environment, 2017, 114: 293-306.

[52]　Federico F, Rene G, Ricardo C M. CFD simulations of turbulent buoyant atmospheric flows over complex geometry: Solver development in OpenFOAM. [J] . Computers & Fluids, 2013, 82: 1-13.

[53]　Bert B, Ted S, Jan C. CFD simulation of the atmospheric boundary layer: wall function problems. [J] . Atmospheric Environment, 2007, 41: 238-252.

[54]　Ashrafi K, Orkomi A Ah, Motlagh M S. Direct effect of atmospheric turbulence on plume rise in a neutral atmosphere. [J] . Atmospheric Pollution Research, 2017, 8: 640-651.

[55]　Orkomi A Ah, Ashrafi K, Motlagh M S. New plume rise modeling in a turbulent atmosphere via hybrid RANS-LES numerical simulation. [J] . Journal of Wind Engineering and Industrial Aerodynamics, 2018, 173: 132-146.

[56]　Kato M, Launder B E. The modeling of turbulent flow around stationary and vibrating square cylinders. [C] . 9th Symposium on Turbulent Shear Flows, Kyoto, August, 1993, 10. 4. 1-10. 4. 6.

[57]　Cheng W C, Liu C H, Leung D Y C. On the correlation of air and pollutant exchange forstreet

canyons in combined wind-buoyancy-driven flow [J] . Atmospheric Environment, 2009, 43 (24): 3682-3690.

[58]   Cian J D, Simon J W, Philip E H. Modelling the wind energy resource in complex terrain and atmospheres Numerical simulation and wind tunnel investigation of non-neutral forestcanopy flow [J] . Journal of Wind Engineering and Industrial Aerodynamics, 2017, 166: 48-60.

[59]   Chi Y C, Jonas S, Martin D, et al. A consistent steady state CFD simulation method for stratified atmospheric boundary layer flows [J] . Journal of Wind Engineering and Industrial Aerodynamics, 2018, 172: 55-67.

[60]   Isao K, YukioYa. Passive scalar diffusion in and above urban-like roughness under weaklys table andunstable thermal stratification conditions [J] . Journal of wind engineering andindustrial aerodynamics, 2016, 148: 18-33.

[61]   Kikumoto H, Ooka R, Uehara K. Large-eddy simulation of gasous diffusion in street canyon with thermal stratification [C] The Asia-Pacific Conference on Wind Engineering, 2009: 963-964.

[62]   Michalcová V, Lausová L, Skotnicová I, et al. Numerical and experimental models of the thermally stratified boundary layer [J] . Transactions of the Všb- Technical University of Ostrava Civil Engineering Series, 2016, 16 (2): 135-140.

[63]   M Pontiggia, M Derudi, R Rota. Hazardous gas dispersion: A CFD model accounting for atmospheric stability classes [J] . Journal of Hazardous Materials, 2009, 171 (1): 739-747.

[64]   Olvera H A, Choudhuri A R. Numerical simulation of hydrogen dispersion in the vicinity of a cubical building in stable stratified atmospheres [J] . International Journal of Hydrogen Energy, 2006, 31 (15): 2356-2369.

[65]   Santos J M, Jr N C R, Goulart E V, et al. Numerical simulation of flow and dispersion around an isolated cubical building: The effect of the atmospheric stratification [J] . Atmospheric Environment, 2009, 43 (34): 5484-5492.

[66]   Takeo T, Shinsuke K, Shuzo M, et al. Wind tunnel tests of effects of atmospheric stability on turbulent flow over a three-dimensional hill [J] . Journal of wind engineering andindustrial aerodynamics, 2005, 93: 155-169.

[67]   T Okaze, A Mochida. Large-eddy simulation of non-isothermal flow around a building using artificially generated inflow turbulent fluctuations of wind velocity and air temperature [J] .Journal of Heat Island Institute International, 2017, 12 (2): 29-34.

[68]   Tan Z, Dong J, Xiao Y, et al. A numerical study of diurnally varying surface temperature onflow patterns and pollutant dispersion in street canyons [J] . Atmospheric Environment, 2015, 104: 217-227.

[69]   Tominaga Y, Mochida A, Murakami S. Comparison of various revised k- ε models and LES applied to flow around a high-rise buildingmodel with 1 : 1 : 2 shape placed within the surface boundary layer [J] . Journal of Wind Engineering and Industrial Aerodynamics, 2008, 96: 389-411.

[70]   Yassin M F, Kato S, Ooka R, et al. Field and wind-tunnel study of pollutant dispersion in abuilt-up area under various meteorological conditions [J] . Journal of wind engineering andindustrial aerodynamics, 2005, 93: 361-382.

[71]   Yassin M. F. A wind tunnel study on the effect of thermal stability on flow and dispersion ofroof-

top stack emissions in the near wake of a building [J] . Atmospheric Environment, 2013, 65: 89-100.

[72]　Yoshihide T, Ted S. Steady and unsteady RANS simulations of pollutant dispersion around iso-lated cubical buildings: Effect of large-scale fluctuations on theconcentration field [J] . Journal of Wind Engineering and Industrial Aerodynamics, 2017, 165: 23-33.

[73]　Yoshihide T, Ted S. CFD simulations of near-field pollutant dispersion with different plume buoyancies [J] , Building and Environment, 2018, 131: 128-139.

[74]　Patankar S V, Spalding D B. Acalculation procedure for heat, mass, and momentum transfer in three-dimensional folws . [J] . Int J Heat Mass Transer, 1972, 15, 1787-1806.

[75]　Burro Series Data Report. LLNL/NWC Report No. UCID-19075, v. 12, 1982.

[76]　Coyote Series Data Report. LLNL/NWC, UCID-19953, Vol. 1 2. Oct. 1983.

[77]　Cormier B R, Qi R, Yun G W, et al. Application of computational fluid dynamics for LNG vapor dispersion modeling: a study of key parameters [J] . Journal of Loss Prevention in the Process Industries, 2009, 22, 332-352.

[78]　Falcon Series Data Report. Gas research Institute, 1987 LNG barrier Verification field trials, GRIReport No. 89/0138, Chicago, IL. 1990.

[79]　Fluidyn-PANACHE, User Manual, FLUIDYN France/TRANSOFT International, 2010 version, 4. 0. 7 Edition.

[80]　Giannissi S G, Venetsanos A G, Markatos N, et al. Numerical simulation of LNG dispersionunder two-phase release conditions. [J] . Journal of Loss Prevention in the Process Industries, 2013, 26: 245-254.

[81]　Han J, Arya S P, Shen S, et al. An estimation of turbulent kinetic energy and energy dissipation rate on atmospheric boundary layer similarity theory, NASA/CR-2000-210298. 2000

[82]　Golder D. Relations among stability parameters in the surface layer. Boundary-Layer Met, 1972, 3, 47-58.

[83]　Hanna S R, Strimaitis D G, Chang J C. Hazard response modelling uncertainty (a quantitative method) . Vol II - Evaluation of commonly used hazardous gas dispersion models [J] . Air Force Engineering & Services Center, Tyndall Air Force Base, Florida, USA. 1993.

[84]　Koopman R P, Cederwall R T, Ermak D L, et al. Analysis of Burro series 40-m^3 LNG spill exper-iments. Journal of Hazardous Materials, 1982, 6 (1-2): 43-83.

[85]　Lin W S, Zhang N, Gu A Z. LNG (liquefied natural gas): a necessary part in China's future en-ergy infrastructure [J] . Energy, 2010, 35 (11): 4383-4391.

[86]　Luo T, Yu C, Liu R, et al. Numerical simulation of LNG release and dispersion using a multi-phase CFD model [J] . Journal of Loss Prevention in the ProcessIndustries, 2018 56: 316-327.

[87]　Luketa Hanlin A, Koopman R P, Ermak D L. On the application ofcomputational fluid dynamics codes for liquefied natural gas dispersion [J] . Journalof Hazardous Materials, 2007, 140 (3): 504-517.

[88]　Lees F P. In S. Mannan (Ed.), Loss prevention in the process industries hazardidentification, assessment, and control, Vols. 1e3. Oxford: Elsevier/Butterworth-Heinemann, 2005.

[89]　Markiewicz M T. A review of mathematical models for the atmospheric dispersion of heavy ga-ses, part I classification of models [J] . ECOL CHEM ENG S. 2012, 19 (3): 297-314.

[90]　Morgan D L. Jr Morris L K, Ermak L R. SLAB -A time dependent computer model for the disper-

sion ofheavy gases released in the atmosphere. UCRL-53383, Livermore, California: Lawrence Livermore NationalLaboratory. 1983.

[91]　Qi R F,Ng D,Cormier B R,et al. Numerical simulations of LNG vapor dispersion in Brayton Fire Training Field tests with ANSYS CFX [J] . Journal of Hazardous Materials, 2010, 183: 51-61.

[92]　Spicer T,Havens J. User's guide for the DEGADIS 2. 1 dense gas dispersionmodel. Report of U. S. Environmental Protection Agency. 1989.

[93]　Sun B,Utikar R P,Pareek V K,et al. Computational fluid dynamics analysis of liquefied natural gasdispersion for risk assessment strategies [J] . Journal of Loss Prevention in the Process Industries, 2013, 26: 117-128.

[94]　Schreurs P, Mewis J. Development of a transport phenomenon model for accidental (heavy gas) releases in anindustrial environment [J] . Atmospheric Environment, 1987, 21: 765-776.

[95]　Tauseef S M,Rashtchian D,Abbasi S A. CFD-based simulation of dense gas dispersion in presence of obstacles [J] . Journal of Loss Prevention in the ProcessIndustries, 2011: 24: 371-376.

[96]　VDI Guidelines. VDI 3783 Part II Environmental Meteorology, Dispersion of heavy gases. Dusseldorf, Germany: Beuth Verlag Berlin/VDI; 1990 (in German) .

[97]　Biltoft C A. Customer report for Mock Urban Setting Test. DPG Document No. WDTC-FR-01-121, West Desert Test Center, U. S. Army Dugway Proving Ground, Dugway, Utah, 2001, 5: 8.

[98]　Belcher S E, Mixing and transport in urban areas. Philos Trans R Soc A. 2005, 363: 2947-2963.

[99]　Boppana V B L, Xie Z T, I P. Large-eddy simulation of dispersion from surface sources in arrays of obstacles [J] . Bound. -Layer Meteorol. 2010, 135: 433-454.

[100]　Branford S, Coceal O, Thomas T G, et al. Dispersion of a point-source release of a passive scalar through an urban-like array for different wind directions [J] . Bound. -Layer Meteorol. 2011, 139: 367-394.

[101]　Chang C H, Meroney R N. Concentration and flow distributions inurban street canyons: wind tunnel andcomputational data [J] . J. Wind Eng. Ind. Aerodyn. 2003, 91: 1141-1154.

[102]　Coceal O, Thomas T G, Castro I P, et al. Mean flow and turbulence statistics over groups of urban-like cubical obstacles [J] . Bound. -Layer Meteorol. 2006, 121: 491-519.

[103]　Coceal O, Thomas T G, Belcher S E. Structure of turbulent flow over regular arrays of cubical roughness [J] . J Fluid. Mech. 2007, 589: 375-409.

[104]　Chang J C, Hanna S R. Air quality model performance evaluation. Meteorol. Atmos. Phys. 2004, 87 (1-3) : 167-196.

[105]　Davidson M J, Mylne K R, Jones C D,et al. Plume dispersion through larger groups of obstacles a field investigation [J] . Atmos. Environ. 1995, 29: 3245-3256.

[106]　Davidson M J, Snyder W H, Lawson R E, et al. Wind tunnel simulations of plume dispersion throughgroups of obstacles [J] . Atmos. Environ. 1996, 30: 3715-3725.

[107]　Dejoan A, Santiago J L, Martilli A, et al. Comparison between LES and RANS computationsfor the MUST field experiment. Part II: Effects of incident wind angle deviation on the mean flowand plume dispersion [J] . Bound. -Layer Meteorol. 2010, 135: 133-150.

[108]　Gailis R. Wind tunnel simulations of the mock urban setting test - details on experimental procedures and data analysis. DSTO-TR-1532, DSTO Platform Sciences Laboratory, Fishermans Bend, Victoria, Australia, 2004: 47 .

[109]　Hanna S R, Tehranian S, Carissimo B, et al. Comparisons of model simulations with observa-

tions of meanflow and turbulence within simple obstacle arrays [J] . Atmos. Environ. 2002, 36: 5067-5079.

[110]　Hilderman T, Chong R. A laboratory study of momentum and passive scalar transport and diffusion within and above a model urban canopy - final report. Report Number CRDC00327, Coanda Research & Development Corporation. 2004: 70 .

[111]　Kumar P, Feiz A-A, Ngae P, et al. CFD simulation of short-range plume dispersion from a point releasein an urban like environment [J] . Atmos. Environ. 2015, 122: 645-656.

[112]　Macdonald R W, Griffiths R F, Cheah S C. Field experiments of dispersion through regular arrays of cubic structures [J] . Atmos. Environ. 1997, 31: 783-795.

[113]　Macdonald R W, Griffiths R F, Hall D J. A comparison of results from scaled field and wind tunnel modelling of dispersion in arrays of obstacles [J] . Atmos. Environ. 1998, 32: 3845-3862.

[114]　Mavroidis I. Velocity and concentration measurements within arrays of obstacles [J] . Int. J. Global Nest. 2000, 2 (1) : 109-117.

[115]　Martilli A, Santiago J L. CFD simulation of airflow over a regular array of cubes. Part II: analysis of spatial average properties [J] . Bound. -Layer Meteorol. 2007, 122: 635-654.

[116]　Milliez M, Carissimo B. Numerical simulations of pollutant dispersion in anidealized urban area, for different meteorologicalconditions [J] . Bound. -Layer Meteorol. 2007, 122: 321-342.

[117]　OKE T R. Street Design and Urban Canopy Layer Climate [J] . Energy and Buildings. 1988, 11: 103-113.

[118]　Santiago J L, Martilli A, Fernando M. CFD simulation of airflow over a regular array of cubes. Part I: Three-dimensional simulation of the flow and validation with wind-tunnel measurements [J] . Bound. -Layer Meteorol. 2007, 122: 609-634.

[119]　Santiago J L, Dejoan A, Martin F, et al. Comparison between Large-eddy simulationand reynolds-averaged navier-stokes computationsfor the MUST field experiment. Part I: Study of theflow for an incident wind directed perpendicularlyto the front array of containers [J] . Bound. -Layer Meteorol. 2010, 135: 109-132.

[120]　Uehara K, Murakami S, Oikawa S, et al. Wind tunnel experiments on how thermal stratification affects flow in and above urban street canyons [J] . Atmos. Environ. 2000, 34: 1553-1562.

[121]　Xie Z, Castro I P. Large-eddy simulation for flow and dispersion in urban streets [J] . Atmos. Environ. 2009, 43: 2174-2185.

[122]　Xie Z T. Large-eddy simulation of stratification effects on dispersion in urban environments [J] . J Hydrodyn, Ser. B. 2010, 22 (5-supp-S1) : 1003-1008.

[123]　Xie Z T. Hayden P, Wood C R. Large-eddy simulation of approaching-flow stratification on dispersion over arrays of buildings [J] . Atmos. Environ. 2013, 71: 64-74.

[124]　Yee E, Gailis R M, Hill A. Comparison of wind-tunnel and water-channelsimulations of plume dispersion through a large arrayof obstacles with a scaled field experiment [J] . Bound. -Layer Meteorol. 2006, 111: 363-415.

[125]　Yee E, Biltoft C A. Concentration fluctuation measurements in a plume dispersion through a regular array of obstacles [J] . Bound. -Layer Meteorol. 2004, 111: 363-415.

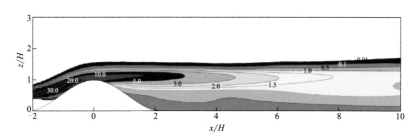

(a) 稳定条件下浓度剖面图

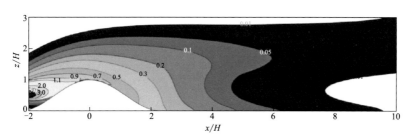

(b) 不稳定条件下浓度剖面图

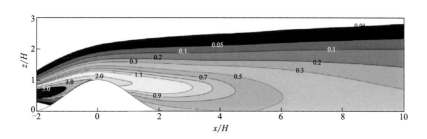

(c) 中性条件下浓度剖面图

彩图 1   不同稳定度条件下沿风向轴线污染物扩散的垂直剖面图

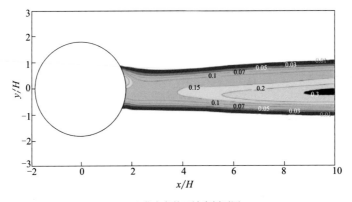

(a) 稳定条件下浓度剖面图

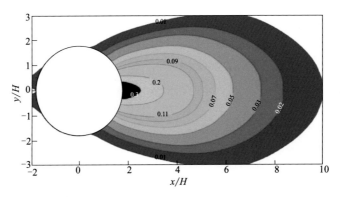

(b) 不稳定条件下浓度剖面图

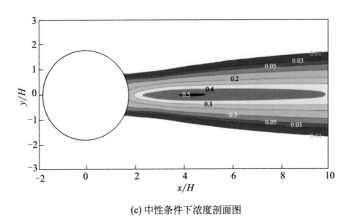

(c) 中性条件下浓度剖面图

彩图 2　不同稳定度条件下沿风向轴线污染物扩散的水平剖面图（$z=0.01\mathrm{m}$）

u/U_{ref}　1.2　1　0.8　0.6　0.4　0.2　0.1　0　-0.1　-0.2　-0.3　-0.4

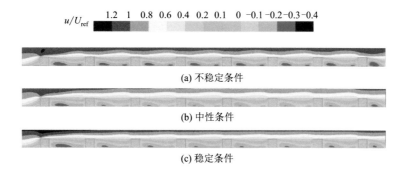

彩图 3　不同温度层结下矩阵中心面（$y/H=0$）上流向速度 u/U_{ref} 等值线

w/U_{ref}　0.3　0.2　0.15　0.1　0.05　0　-0.05　-0.1　-0.15　-0.2　-0.3

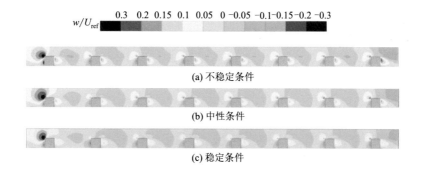

彩图 4　不同温度层结下 $y/H=0$ 平面上归一化垂直速度 w/U_{ref} 等值线分布

k/U^2_{ref}　0.18　0.16　0.14　0.12　0.1　0.08　0.06　0.04　0.02　0

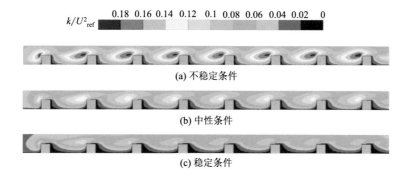

彩图 5　不同温度层结下 $y/H=0$ 平面上归一化湍流动能 k/U^2_{ref} 等值线分布

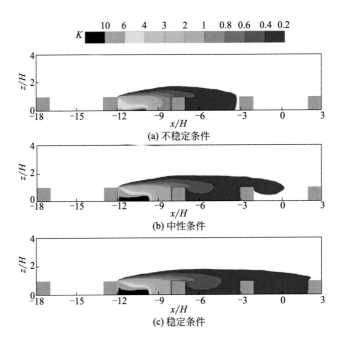

彩图 6　不同温度层结下归一化浓度 K 在矩阵中心面（$y/H=0$）上的垂直分布

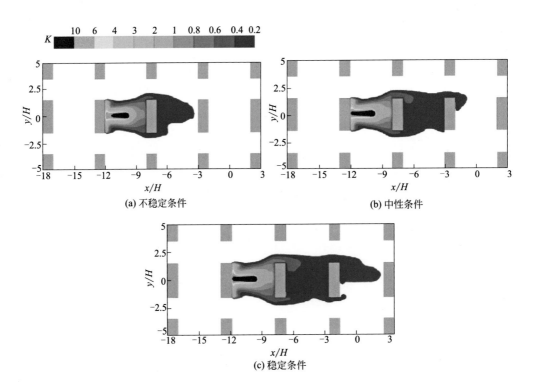

彩图 7　$z/H=0.1$ 平面上归一化浓度 K 水平分布